ラオス
農山村地域研究

横山 智・落合雪野＝編
YOKOYAMA Satoshi・OCHIAI Yukino

めこん

まえがき

横山　智

今でこそ、ラオスの農山村でフィールドワークをしている研究者は多い。しかし、つい最近まで、ラオスの農山村には、行くことすらできなかった。

私が初めてラオスを訪れたのは、今から一六年前の一九九二年である。青年海外協力隊員として、首都ヴィエンチャンで二年間生活したが、ヴィエンチャン以外の土地をほとんど知らずに帰国した。当時のラオスでは、人の移動が厳しく規制され、県境を越える際には通行許可証が必要であった。しかも、私のような外国人に対して、許可証は簡単には発行されなかった。

一九九四年に、その状況が大きく変わった。タイとラオスを隔てていたメコン川に友好橋が開通したことで、外国人旅行者に観光査証が発行され、通行許可証が廃止された。つまり、だれでも、ある程度自由にラオス国内を移動できるようになった。社会主義に転じた一九七五年以降、閉ざされてきたラオスの農山村が、一九年ぶりに外国人に開放されたのである。

これで、農山村に行けるようにはなった。しかし、フィールドワークすることは、まだまだ困難であった。一九九六年に北部の農山村でフィールドワークを試みたが、一人では村に入ることができず、結局、国連開発計画の助けを借りて、そのプロジェクト対象地で研究をさせてもらった。開発援助のための調査は許されても、学術目的の調査に対しては理解が得られない状態が続いたのである。

ところが、二〇〇〇年に文部省の派遣でラオス国立大学に留学した時には、状況はかなり改善されていた。調査地に設定したのは、道路でのアクセスができず、川伝いにボートでしか行けないような北部の村であった。最初だけは大学の先生と一緒に郡長に挨拶に行ったが、その後は私一人で村に入ることが許可された。つまり、ラオス農山村でフィールドワークができる環境が整ったのは、ここ七、八年のことなのである。

このような経過をへて、ラオスでのフィールドワークを心待ちにしていた研究者たちが、いよいよ本格的に動き出した。そのうちのひとつが、総合地球環境学研究所の「アジア・熱帯モンスーン地域における地域生態史の統合的研究：一九四五—二〇〇五」（平成一五〜二〇年度）である。ラオスを中心とする東南アジア大陸部を対象としたこのプロジェクト研究には、秋道智彌教授をリーダーにのべ一〇〇名近い研究者が参加した。

本書の執筆者一五名のうち一二名は、このプロジェクトの森林農業班のメンバーとして、ラオス農山村でフィールドワークを実施してきた。本書は、その研究成果を公表し、社会に広く還元することを目的として企画したものである。さらに、ラオス農山村の実態を伝えるために不可欠なトピックを加えるため、プロジェクトのメンバー以外にも、ラオスで豊富な調査経験を持つ三名の研究者が執筆に加わった。その結果、農学、林学、民族植物学、土壌学、農業経済学、社会学、地理学、人類学、歴史学の九つの学問分野にまたがる一五名の執筆者が協働して、本書を執筆することとなった。

ラオスは、他の東南アジア諸国に比べると、研究蓄積そのものが少ない。特に、最近までフィールドワークができなかった農山村の研究は、緒に就いたばかりである。外国語で書かれた書籍を含めても、ラオス農山村をここまで多面的に、かつ広範囲に論じた類書はない。本書は、多分野の研究者がラオス各地でフィールドワークを行ない、そこで見て聞いて、そして感じたことを手がかりに、ラオス農山村の多様な姿を探った、初めての専門書である。

ラオスは、国連が後発開発途上国（ＬＤＣ）と指定した、いわゆる最貧国である。農山村には、保健医療施設や小学校だけでなく、電気や水道すらもないことが多い。しかも、道路や情報通信など、経済活動に必要な基本的インフラの整備が著しく遅れている。

しかし、ラオスの農山村で、だれかが餓死したという話は聞いたことがない。村で人々と共に過ごすと、むしろ、生活が「豊か」だと感じるのである。電気がなくても、不便なことはない。日の出とともに起き、日が沈めば床に就いて、一日の時間を有効に活用している。食べ物はバラエティに富んでいる。季節ごとに、一番美味しい山菜を摘んできて食べる。時には、イノシシやシカなどのごちそうも出てくる。野菜を食べる時に農薬を、肉を食べる時に狂牛病や鳥インフルエンザを気にする必要はない。農山村の生活にはリズムがある。一日を単位とした生活リズムと、一年を単位とした生活リズムである。自然と共に生きる生活が、「豊かさ」を感じさせるのだ。

ラオス農山村の人々は、生物資源を循環的に使い続ける知恵を持ち、このような生活を維持してきた。生活に必要な最低限の現金収入も、生物資源を利用して得ている。自給的な農業を核に、狩猟や採集を組み合わせた複合的な生業構造は、ラオス農山村の人々の歴史的所産である。

ところが、二〇二〇年までに後発開発途上国から抜け出すことを目標としているラオス政府にとって、農山村の生活は改善すべき最優先課題である。政府は、農山村の開発のため、海外からの投資を促進している。伝統的な生活や複合的な生業構造を維持してきたラオスの農山村に、今、外国からの開発や援助、政府による法整備、近隣諸国の経済圏の拡大など、新たな波が押し寄せている。

新たな波は、わずか数年間のうちに、農山村の景観と人々の生活や生業に大きな影響を与えつつある。だが、その現状を変化、変容、変革といった簡単な言葉だけで表すことはできない。農山村に暮らす人々とその地域社会にはさまざまな葛藤があり、新たな波を受容したり、拒絶したり、また巧みに調整したりしているからである。

ラオス各地でのフィールドワークを通して、私たちは、その受容、拒絶、調整のありさまをつぶさに観察してきた。かつての日本の農山村のような、どことなく懐かしい雰囲気を醸し出すラオスの農山村に対して、伝統的な生活や複合的な生業構造をこのまま維持して欲しい、これからも変わらないで欲しい、と感じたこともある。しかし、化石燃料を大量に消費し、科学技術の恩恵を受け、世界で最も便利な生活を送っている私たちが、ラオスの人々に対して、どうして「あなたたちは変化する必要はない、伝統を守りなさい」、と言うことができるだろうか。

本書に収録した論考では、伝統と新たな波のはざまで揺れ動きながら、明日を模索していくラオス農山村の姿をありのままに描くことを試みた。ラオス農山村地域で暮らす人々にとって、「変わることの意味」と「変わらないことの意味」とは何なのか。本書を通じて、論考の数だけその答えが明らかになるに違いない。

これからラオスで調査を始めようとする研究者、ラオスを学ぶ学生、ラオスで活動するNGOや開発援助の専門家はもちろんのこと、ラオスに興味を持つ一般の読者にも、本書を手にとってもらいたい。そして、多くの人にラオスへの手がかりとして本書を活用されること、また、本書をきっかけにラオスの研究がより活発になることを、願ってやまない。

国境
ラオス県境
主要道路
鉄道
主要河川
首都
主要都市(ラオスは県都)
湖沼
海抜500〜999m
海抜1000m以上
中華人民共和国
景洪
ポンサーリー県
ポンサーリー
ウー川
ディエンビエンフー
ミャンマー連邦
R
A
N
ルアンナムター
ルアンナムター県
ウドムサイ(ムアン・サイ)
J
ボーケーオ県
ウドムサイ県
I
サムヌア
フエイサイ
O
B
P
ホアパン県
ハノイ
N
サイニャブリー県
ルアンパバーン
ルアンパバーン県
ポーンサヴァン
シェンクワン高原
サイニャブリー
ベトナム社会主義共和国
シェンクワン県
タイ王国
ヴィエンチャン県
ラオス人民民主共和国
トンキン湾
ポーンホーン
ヴィン
パークサン
M
メコン川
ボリカムサイ県
アンナン山脈
首都ヴィエンチャン
L
ヴィエンチャン
F
K
カムムアン県
ターケーク
G
Q
サヴァンナケート(ムアン・カンタブリー)
H
E
サヴァンナケート県
フエ
サーラヴァン県
サーラヴァン
セーコーン県
C
D
ラマーム
ボーラヴェン高原
パークセー
サーマキーサイ
チャムパーサック県
アッタプー県
カンボジア王国
本書で取り上げる研究対象地区
第２章（高井）
ウドムサイ県ナーモー郡: A
ウドムサイ県パークウー郡: B
第３章（中田）
チャムパーサック県バチアンチャルーンスック郡: C
チャムパーサック県パークソーン郡: D
第４章（富田）
ウドムサイ県ナーモー郡: A
第５章（小坂）
サヴァンナケート県チャムポーン郡: E
第６章（名村）
カムムアン県ヒンブン郡: F
カムムアン県セヴァンファイ郡: G
第７章（百村）
サヴァンナケート県チャムポーン郡: E
サヴァンナケート県カンタブリー郡: H
第８章（竹田）
ルアンパバーン県ヴィエンカム郡: I
ルアンパバーン県ゴーイ郡: J
サイニャブリー県ボーテーン郡: K
サイニャブリー県ケーンターオ郡: L
サイニャブリー県パークラーイ郡: M
第９章（落合、横山）
ポンサーリー県コア郡: N
第10章（横山、落合）
ウドムサイ県ナーモー郡: A
第11章（河野、藤田）
ウドムサイ県ナーモー郡: A
ウドムサイ県フーン郡: O
ルアンパバーン県ポーンサイ郡: P
小論１（増原）
サヴァンナケート県ヴィラブリー郡: Q
小論５（横山）
ルアンナムター県シン郡: R
0 50 100km

ラオス全図および本書で取り上げる研究対象地区

（ラオス国土地理院地形図および米国地質調査所 GTOPO30 デジタル標高データを用いて横山作図）

ラオス農山村地域研究　目次

第1部　社会

第2部　水田

第1章　ラオスをとらえる視点

河野泰之
落合雪野
横山　智

はじめに

ラオス（ラオス人民民主共和国）は、ベトナム、カンボジア、タイ、ミャンマー（ビルマ）、中国雲南省と国境を接して位置する、東南アジア諸国の一つである。ラオスの特徴や状況については、歴史、政治経済、宗教、文化など、さまざまな方向からアプローチすることができよう。そのような選択肢の中から、本章では、森林と農業を中心に取り上げて記述することにする。

ラオスでは現在もなお、多くの人々が農山村で暮らしている。その人々の生存や生活を支えてきたのが、生物資源の供給源としての森林であり、生産手段としての農業であった。森林と農業を基盤とした生存や生活に着目することにより、人と生き物とのかかわり、生態環境の中での生業、世帯や集落や行政など異なったレベルにおける人々の相互関係など、複合的な視野に立ってラオスの実態を分析していきたい。

以下では、まず地理的条件や人口分布、農地分布について、他の東南アジアの国々と比較することによって、ラオスの置かれている状況を明らかにする。次に、ラオスの農山村の住民がこれまで、いかに森林を維持し利用してきたのか、またどのように農業を営んできたのかについて、その全体像を把握する。最後に、最近の動向に注目し、インフラ整備に起因した、農業における土地利用、農山村における生業構造や民族関係の変化について紹介し、本書がラオスをとらえる視点を提示しよう。

一　東南アジアの中のラオス

❖内陸国

東南アジアは海の世界である。ここ五〇〇年ほどの間、海を交通路とする交易が富を生み出し、富に支えられた港市国家のネットワークが東南アジアの骨組みを作ってきた。舟運技術が発達し、大量の品物を遠距離輸送できるようになると、新たな交易品として米が登場した。その結果、大河川の下流域で農業開発が一気に進んだ。メコン川、チャオプラヤー川、エーヤワディー（イラワジ）川などのデルタでは、一九世紀半ば以降、ほぼ同時に水路網がはりめぐらされ、それまでの無人の荒野が水田地帯へと変貌した。交易で獲得した富と食料をもとに、港市国家は下流域だけでなく中流域、上流域をも統治し、広大な領域国家へと成長した。このような歴史的経緯の結果、ベトナム、カンボジア、タイ、ミャンマーといった東南アジア大陸部の多くの国々が、大河川の下流域に位置する政治経済の中心都市と、その繁栄を支える中上流域の後背地から構成されるようになった。

ラオスは、東南アジアで唯一の内陸国である。東南アジアを代表する大河川であるメコン川が国土を貫流しているが、カンボジアとの国境近くに位置するコーンの滝が舟運を阻むために、この川を介して海に出ることはできない。内陸国であることは何を意味するのか。

第一に、明確な中心地がないことである。一九世紀末、フランスによって植民地化される以前、ラオスには三つの王国が存在した。北部のルアンパバーン王国、中部のヴィエンチャン王国、南部のチャムパーサック王国である。これら三つの王国は統合と分裂を繰り返し、また近隣諸国からの侵略を受けた［上東 一九九〇］。これらの王国はメコン川という動脈でつながっていたが、この動脈には出口がない。そこに動脈としての脆弱性があり、三つの王国を統合しようとする凝集力の弱さがあった。現在でもこの構造は維持されている。北部、中部、南部のそれぞれの地方が独自の出口を探して、近隣諸国との経済協力を進めている。首都ヴィエンチャンは、それを完全に統括する力をいまだ持ちえていない。

第二に、熱帯デルタという米びつを持たないことである。タイのチャオプラヤー・デルタは約一五〇万ヘクタール、ベトナムとカンボジアに跨るメコン・デルタは約五九〇万ヘクタールの規模を持つ。近年、養魚池や野菜畑、果樹園、さらに宅地や商業用地などへの転用が進んでいるとはいえ、デルタの大部分はいまだに水田である。その水田は巨大な人口を扶養し、多量の余剰米を生産してきた。また、米輸出や精米業の発展が、それぞれの国の経済発展の礎となった。しかしラオスには、このような大規模な米の生産拠点がない。したがって米の生産と輸出を出発点に、経済発展をとげるというプロセスをたどることができなかった。

❖人口の分布

ラオスは人口が少なく、かつ人口密集地を持たない。最新の統計資料によると、二〇〇六年の総人口は五七五万人である[Committee for Planning and Investment 2007]。国土面積は二三万六八〇〇平方キロメートルなので、国全体の人口密度は一平方キロメートルあたり二四人である。ラオスは、一六の県と首都ヴィエンチャンからなる。首都ヴィエンチャンの人口は七一万人、人口密度は一平方キロメートルあたり一八二人に達するが、県単位での人口密度は、南部のチャムパーサック県の四〇人が最大である。地域ごとに人口密度を見ると、北部（ポンサーリー、ルアンナムター、ウドムサイ、ボーケーオ、ルアンパバーン、ホアパン、サイニャブリーの七県）が一八人、中部（首都ヴィエンチャンとシェンクワン、ヴィエンチャン、ボリカムサイ、カムムアン、サヴァンナケートの五県）が二九人、南部（サーラヴァン、セーコーン、チャムパーサック、アッタプーの四県）が二六人である。山地が多い北部の人口密度が特に低いが、中部と南部が高いわけでもない。人口希薄な地域が国土全体を被っているのである。

　こうした人口分布は、他の東南アジア大陸部諸国とは異なる。大河川のデルタには、人口密度が一平方キロメートルあたり五〇〇人を超える県がある（図1）。

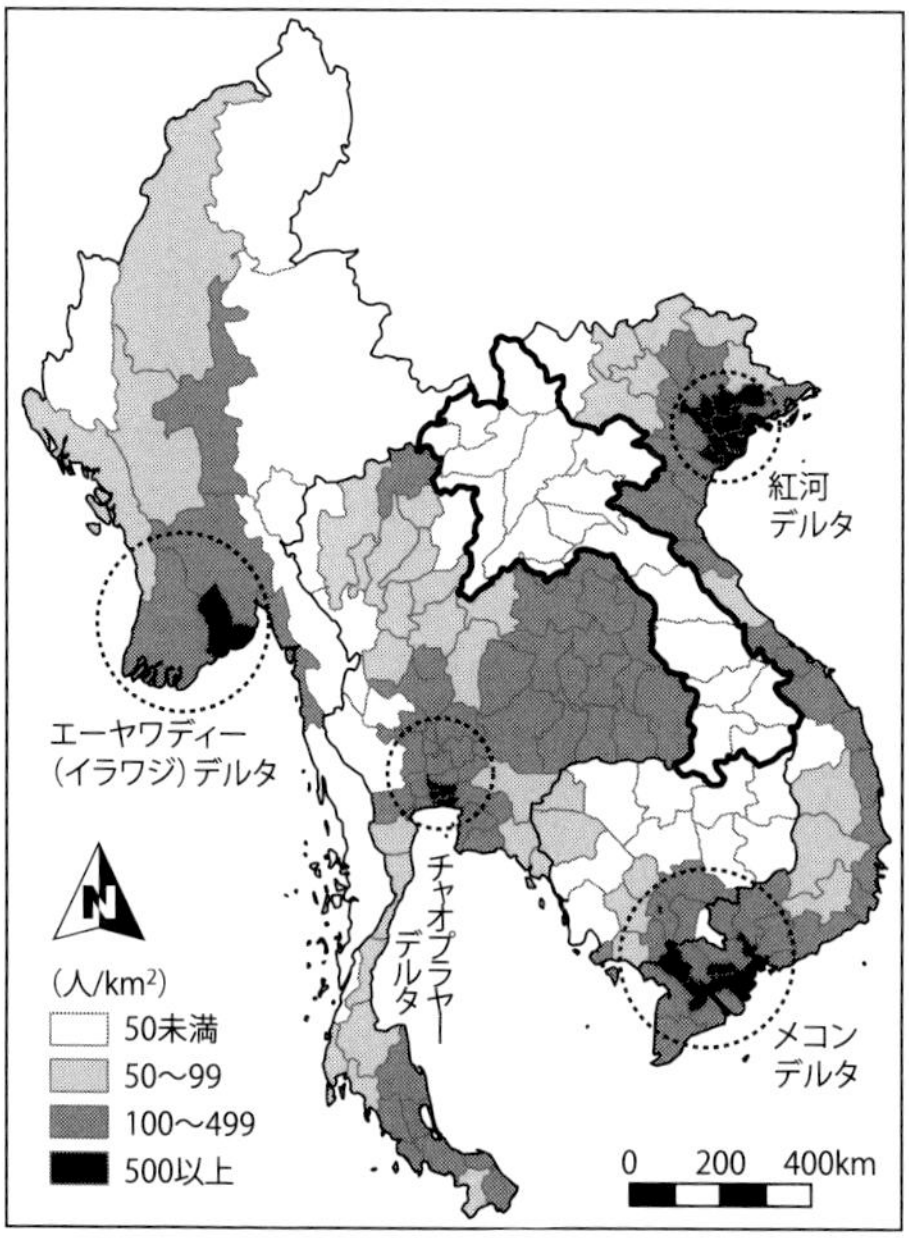

図1　東南アジア大陸部の人口密度（1995〜99年の平均値）
出典［佐藤　2006、74］より作成

紅河デルタにはベトナムの首都ハノイ（約三四〇万人）、メコン・デルタにはベトナム最大の都市であるホーチミン（約六四〇万人）とカンボジアの首都プノンペン（約二〇〇万人）、チャオプラヤー・デルタにはタイの首都バンコク（約五七〇万人）、そしてエーヤワディー・デルタにはミャンマーの旧首都ヤンゴン（人口四一〇万人）が立地し、国の政治や経済の中心地となっている。この人口は、水田を基盤とする集約的農業と都市化、工業化によって支えられている。ラオスにはこのような人口密集地や大都市がない。

さらに、図1に示したように、国境をはさんで、ラオスと近隣諸国の間にはデルタ以外の地域においても顕著な人口密度の違いが見られる。このような人口分布の濃淡は、どのような経緯で形成されたのであろうか。内陸国で、国土の約七〇パーセントが山地によって占められているという地形的条件のほかに、何世紀にもわたって行なわれてきた領土争い、そして戦後約二五年間も続いた内戦など地政学的な関係も見落とせない。つまり、自然環境だけではなく、政治的な背景も人口密度の低さを説明する要因と考えられる。

❖農地の分布

農地の分布も人口密度と同様の傾向を示している。東南アジア大陸部の農業は稲作を基盤とする。熱帯モンスーン気候が支配する東南アジア大陸部では、降雨の季節変化を利用して、雨季にイネを栽培してきた。土地面積に占める雨季作面積の割合は、デルタでは二〇パーセント、大きい県では四〇パーセントを超える(図2A)。土地面積には農地以外に、集落、道路、河川や水路などが含まれることを考慮すれば、作付面積が四〇パーセントを超えるような県では、見渡す限り水田が広がっていると考えて間違いない。そして国を単位として見ると、いずれの国にも、稲作が盛んに行なわれている県が集中している地域と、そうでない地域がある。これに対してラオスでは、首都ヴィエンチャン以外のすべての県で雨季作面積の割合は一〇パーセントに満たない。

一九六〇年代末、国際イネ研究所（IRRI）は化学肥料を与えることによって高い収量性を発揮するイネの新品種を開発し、普及活動を始めた。これが「緑の革命」である。伝統的なイネ品種が日長時間の季節変化に反応して出穂時期が決まる感光性であったのに対して、この新品種は栽培期間の積算温度によって出穂時期が決まる非感光性品種であったので、農民は季節に束縛されずに栽培期間を選択できた。この新品種の導入を一つの端緒として、東南アジア大陸部に乾季作が普及した（図2B）。

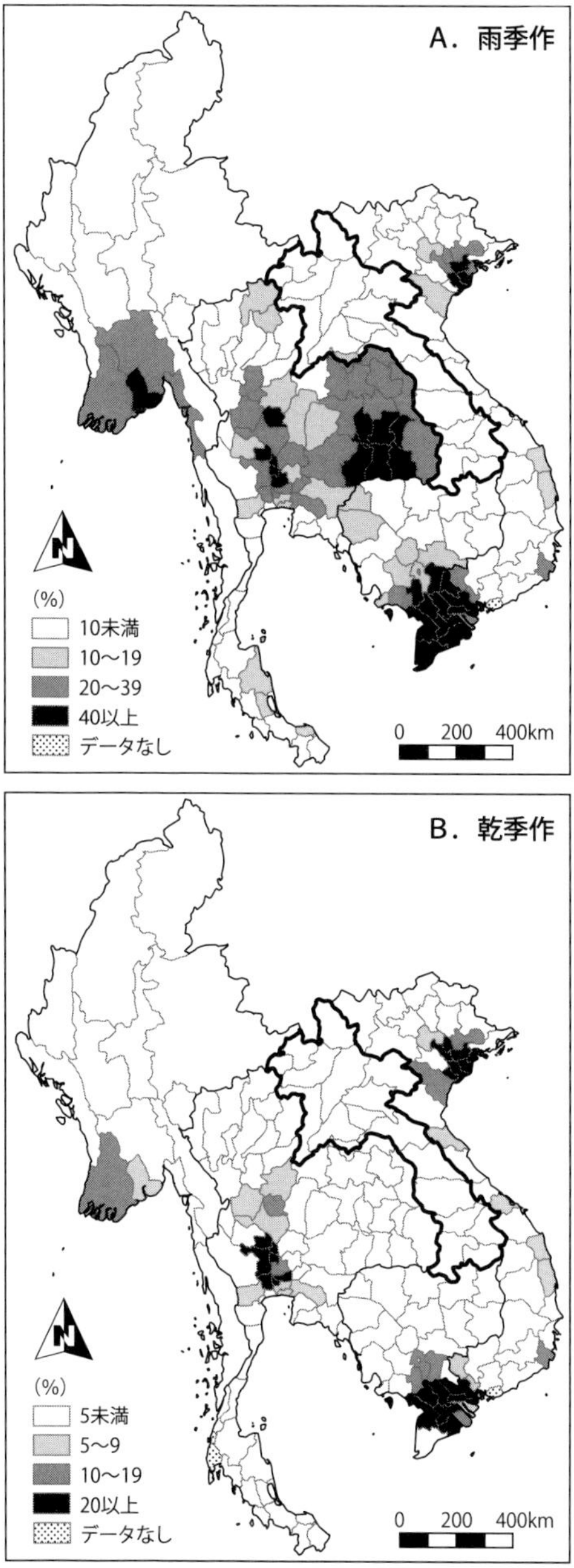

図2　東南アジア大陸部のイネ作付面積率（1995～99年の平均値）
出典［佐藤　2006、74］より作成

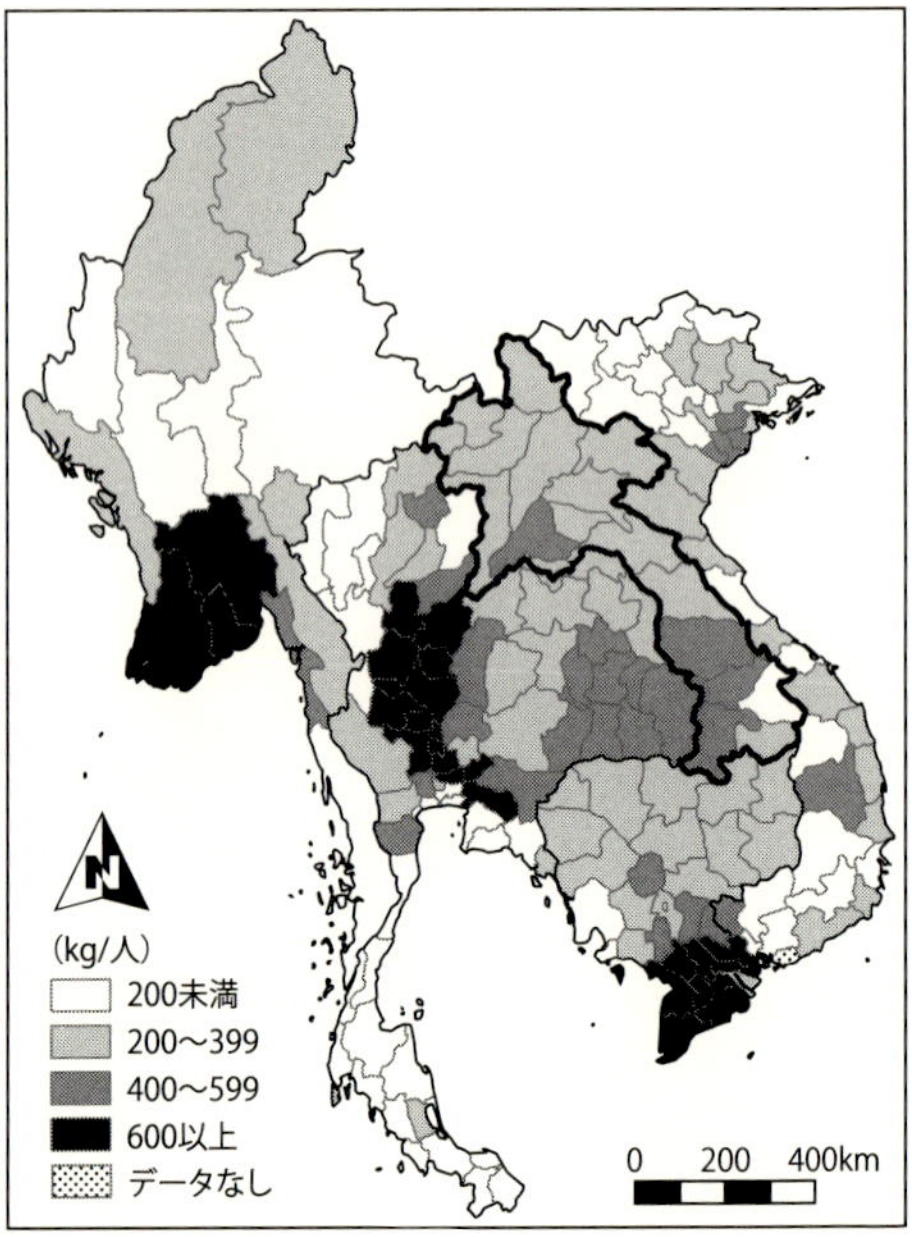

図3　東南アジア大陸部の1人当たり米生産量（1995～99年の平均値）　　出典［佐藤　2006、74］より作成

たとえば、タイのチャオプラヤー・デルタの灌漑地区では、雨季作面積が一九七〇～八〇年代を通じて一〇〇万ヘクタールであったのに対して、乾季作面積は一九七〇年代初頭から増加を始め、一九八〇年代前半には六〇万ヘクタールに達した［Kasetsart University and ORSTOM 1996: 92］。紅河デルタ、メコン・デルタ、そしてエーヤワディー・デルタも、チャオプラヤー・デルタと同様である。デルタは、稲作の集約化においても先駆的な役割を担ってきた。ラオスで、このような水田稲作の集約化が始まったのは一九九〇年代末になってからである［Schiller 2006］。人口だけではなく、稲作の集約化という点から見ても、ラオスでは中心地を持たなかった。

とはいえ、食料に関して、ラオスはけっして貧しい国ではない。近代技術を導入して食料生産の効率化を図ってきたわけではないのだが、人々は食べるのに困ってはいない。食料自給という点から見れば、ラオスは優れた国である。ほぼすべての県で、人口一人あたりの米生産量が標準的な需要量を満たしている(図3)。これに対してベトナムやタイ、ミャンマーでの米の生産量は、デルタで一人あたり六〇〇キログラム以上あるのに対して、山地に立地する県では一人あたり二〇〇キログラムにも満たない。つまり、山地と低地では顕著な格差が生じている。ラオスは、自給農業を基盤とした分散型社会であった。

二　森林

❖地図による分布の把握

ラオスは一八九九年にインドシナ連邦に編入され、ベトナム、カンボジアとともに、フランスの植民地となった。植民地統治においてフランスは、紅河とメコン川のデルタ農業に最大の関心を抱いていたが、同時に森林の適正な保全と効率的な利用にも取り組んだ。そのためには、森林分布を把握する必要があった。植民地政府は、現地踏査と地方の役人からの報告に基づいた森林地図作りに着手した。

ラオスの森林分布を示した最初の地図は、シャベールとガロワが一九〇九年に発行した『インドシナの地図(Atlas de L'Indochine)』に所収されている。この地図では、土地利用の様子が「密林(Forêt dense)」、「疎林（Forêt claire）」、「水田（Vallées rizicoles）」に区分されている。「密林」と「疎林」は、空から見た時に樹冠で覆われている森林の面積の割合、すなわち被覆率にもとづいて定義されているものと考えられる［Thomas 1999: 237-242］。

次に、モーランが、一九四三年に発行した『インドシナの森林（L'Indochine Forestière）』の中で森林分布図を作成している。この図では、森林が「豊かな密林（Forêt dense riche）」、「貧弱な密林（Forêt dense pauvre）」、「豊かな疎林（Forêt claire riche）」、「貧弱な疎林（Forêt Claire pauvre）」の四種類に区分されている。「豊かな」や「貧弱な」は森林の質を評価したもので、具体的には樹高や樹種構成などから判断したと思われる。

第二次世界大戦と抗仏戦争を経て、一九五四年にフランスによる植民地統治は幕を閉じた。しかし内戦や経済的混乱が続いたため、ラオス政府は自力で森林分布図を作成することができなかった。ようやく一九八〇年代後半になって、外国からの経済的、技術的支援を受け、リモートセンシングを利用した森林のモニタリングを開始した。その後は、詳細で精度の高い森林分布図が公表されている。その代表として、メコン委員会（Mekong River Commission）とドイツ技術協力公社（GTZ：Deutsche Gesellschaft für Technische Zusammenarbeit）が共同して作成した森林分布図を挙げることができる［Sisouphanthong and Taillard 2000: 20-21］。この図では森林を、乾燥常緑林、落葉混交林、乾燥フタバガキ林、針葉樹林、竹林、再生林（焼畑耕作後の休閑林）など、詳細に区分している。

❖三つの特徴

二〇世紀前半と二〇世紀末の森林分布図は、作成の基礎とした情報や森林区分の方法が異なるので、厳密な意味では両者を比較することはできない。しかし、二〇世紀を通じて、ラオスの森林がどのように変化したのか、あるいは変化しなかったのか、大きな流れをこれらの図から読み取ることは許されよう。そこにはどのような傾向があるのか。

第一に、ラオスの国土の大部分は、過去一〇〇年間、広い意味での森林に覆われていたということである。森林はさまざまに定義できる。たとえば世界の森林を網羅的に評価した世界食糧農業機関（FAO）による『世界森林資源評価二〇〇五（Global Forest Resources Assessment 2005）』では、森林を、「樹高五メートル以上の木が存在し、樹冠被覆率が一〇パーセント以上で、農地や都市的利用に供されていない面積〇・五ヘクタール以上の広がりを持った土地」と定義している［Forest Department 2005: 16］。これは、比較的、森林を広く捉えようとする定義である。ラオス中南部には多くの立木を残した水田、産米林が広く分布するが（本書第5章参照）、この定義に従っても、これはあくまで水田であって、森林には区分されない。ところが、地域住民がそこに生える樹木の幹を建築用材として、また果実や葉を日常の食材として利用しているという意味では、産米林は森林である。地域住民にとっての機能から森林を定義するのであれば、ラオスの国土はまさに森林に覆われ続けてきたのである。

第二に、多様な森林植生がモザイク状に分布してきたこと、それが今日まで続いていることである。気候や土壌に応じて、森林植生は異なる。北部では、盆地の熱帯雨緑林から高地の照葉樹林へと森林

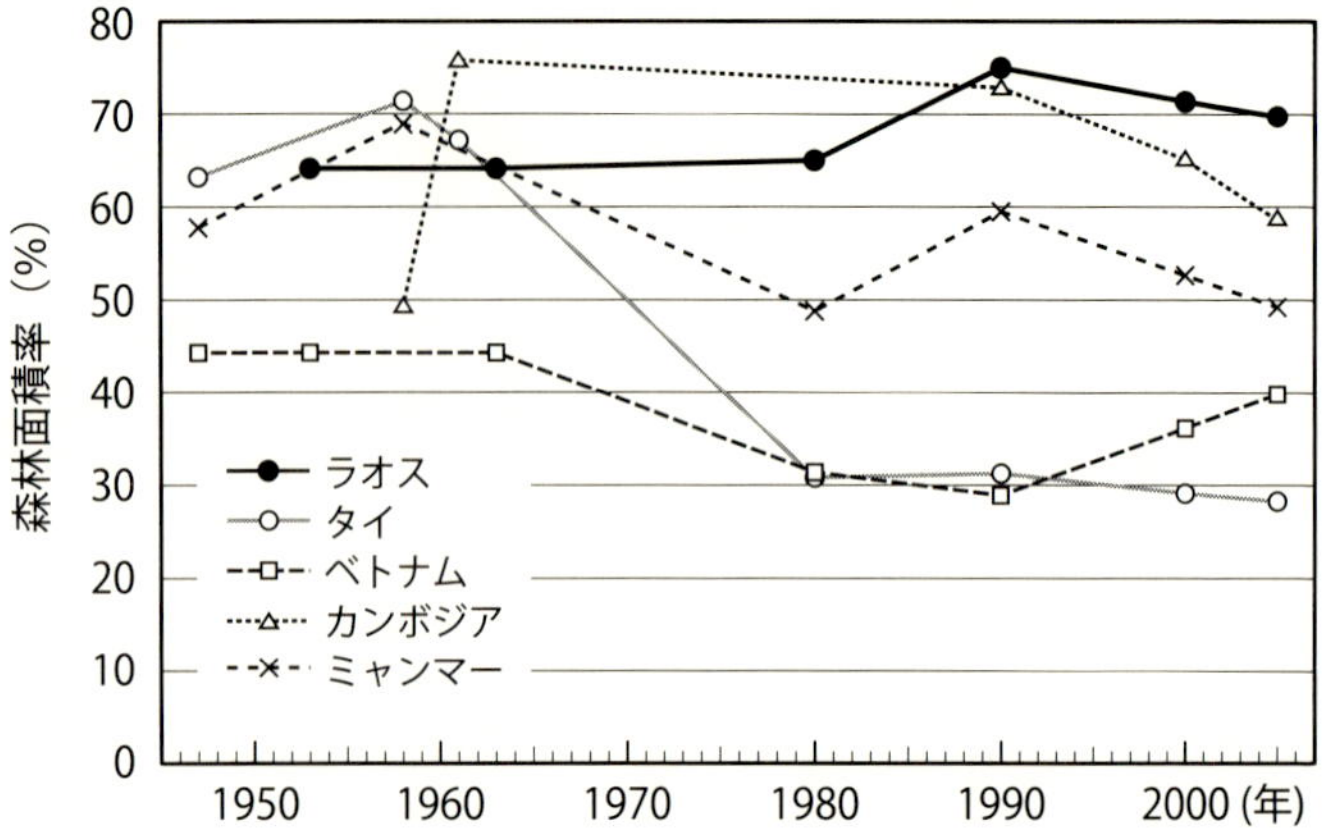

図4　東南アジア大陸部諸国の森林面積の推移

出典［FAO　2006］より作成

植生が変化する。中南部に広く分布するラテライト起源の土壌では、土層が浅いために乾燥フタバガキ林が成立しやすい。さらに自然環境に加えて、人為的な撹乱が森林植生をより複雑なものへと変化させてきた。焼畑休閑地では、休閑期間の経過とともに、日向で種子が発芽する陽樹から、日陰でも発芽することができる陰樹へと樹種の構成が移り変わる。火入れや野火で一時的に植生がなくなった土地には、竹林が侵入することも多い。

第三に、国レベルで見た場合には、森林面積に変化がないことである。ＦＡＯが公表したデータによると、国土面積に占める森林面積の割合は、一九五三年が六四パーセント、一九八〇年が六五パーセントであった。その後は、一九九〇年に七五パーセント、二〇〇〇年に七二パーセント、二〇〇五年に七〇パーセントとむしろ増加している（図4）。一九八〇年と一九九〇年の間にギャップがあるが、これは森林の定義が変わったためと考えられる。森林の分布は、狭い範囲を短い期間で見れば変化しているに違いない。焼畑による森林伐採とその後の休閑による植生の回復は、その典型である。しかし、国全体として約五〇年の間、森林面積の増減がほとんどない。このことは、伐採と天然更新による植生回復を繰り返すことができるような循環的な利用によって、森林が維持されてきたことを示唆している。

❖近隣諸国との比較

豊かな森林を維持してきた点において、ラオスと近隣諸国は対照的である。東南アジア大陸部全域を視野に入れて土地被覆を眺めると、紅河、メコン川、チャオプラヤー川のデルタは、農地や市街地として開発されており、森林植生は見られない。また、タイの東北部やカンボジアのトンレサップ湖周辺の平原も、大規模に農地として開墾されている（図5）。タイの東北部では、一八世紀以降、ラオス南部のチャンムパーサック地方から移住してきたラオ人によって農地が開拓された。開拓地はメコン川支流のチー川やムーン川を遡りながら拡大していった［福井 一九八八］。

コーラート高原はタイの東北部とラオスの中南部にまたがる。両者はメコン川によって分かれているが、地質的には同じ条件を持つ。コーラート高原の降水量は、タイ側の南西部では年間一〇〇〇ミリメートル以下で水田稲作を営むには厳しい条件だが、ラオス側の北東部では年間二〇〇〇ミリメートルを超えるため十分に稲作が営める。水田稲作という観点では、ラオス中南部はタイ東北部よりも恵まれた環境なのである。それにもかかわらず、メコン川を挟んで、タイ側では農地や林地が混在して

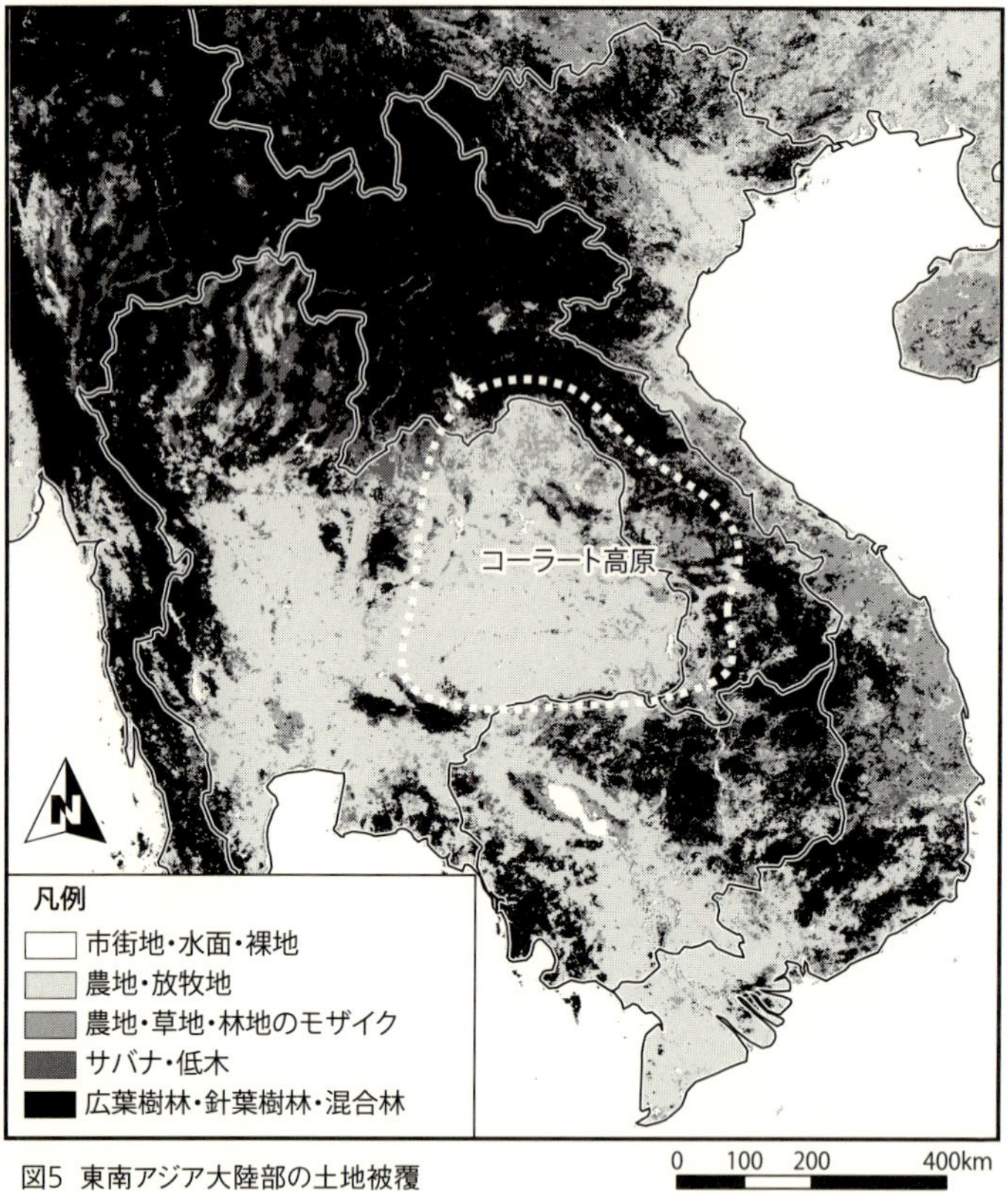

図5　東南アジア大陸部の土地被覆

出典　Eurasia Land Cover Characteristics Data Base Version 2.0 の USGS Land Use/Land Cover System Legend（Modified Level 2）を GIS で加工し、横山が作成。データは、米国地質調査所 USGS の Web サイト（http://edcsns17.cr.usgs.gov/glcc/euras_int.html）よりダウンロードした。

広がるのに対して、ラオス側は森林に覆われている。国境が土地利用の明確な境界になっている。

タイの森林面積率は、一九六〇年代までは六〇〜七〇パーセントだったが、一九八〇年代以降は三〇パーセント前後へと減少した。ベトナムでは、同じ時期に四四パーセントから三〇パーセントへと減少した。カンボジアでは、一九九〇年まで七〇パーセント以上だったのが、二〇〇五年には五九パーセントに減少した（図4）。

森林の減少を招いた原因は国によって異なる。タイでは、道路を中心とするインフラが整備され、その結果、商品作物栽培が普及したことによる。ベトナムでは、農業集団化による生産性の低下が農村を経済的に疲弊させ、それが森林資源の搾取をもたらした可能性が大きい。

二〇世紀は、今日に比べれば、国境を越える人とモノと情報の動きは小さかった。とはいえ、近隣諸国がこのような変化を示した中で、ラオスが森林を維持してきたことは特筆に値する。

❖維持されてきた背景

一方で、政府や国際機関、NGOは、ラオスの森林面積の減少を危惧し、その回復を目的にさまざまな政策を立案したり、プロジェクトを実施したりしている。一九七〇〜八〇年代にタイで見られたような森林から農地への転換が一気に起こることを多くの人が予想しているのである。しかし、近隣諸国の経験にならって対策を講じるまえに、これまでラオスの森林面積が、大きな減少を見せることなく維持されてきた要因を考える必要がある。

では、ラオスの森林が維持されてきた要因は何だったのであろうか。その答えは、伝統的な住民の森林管理や森林での生業活動から導くことができよう。

まず、住民が特定の森林を「精霊林」や「埋葬林」として位置づけ、その中での樹木の伐採を自ら規制したり、あるいは樹木の利用に関する禁忌に従ったりする例が知られている（本書第6章参照）。このような森林観が慣習的なルールとなって、森林の共同管理に役立ってきたのである。

次に、森林から得られる生物資源が、自給農業を補完するような形で住民の生活を支えてきたことである。低地の住民は、森林から得られるさまざまな資源を食料として、あるいは物質文化に利用し、そのための植栽を行なってきた（本書小論3参照）。さらに、山地の住民が焼畑耕作をする場合、十分な休閑期間をおいて二次林を再生させるサイクルを繰り返すことが、生産性を維持する上で必須であった（本書第9章参照）。

さらに、森林から得られる産物を交易するシステムが古くから構築されてきたことである。たとえば、香料となる安息香や漆器の製作に用いるラック、薬用や香辛料として利用されるカルダモンなど、価値ある非木材林産物が一四世紀のラーンサーン王国の時代から採取され、海外に販売されていたことが、歴史史料の分析から明らかになっている［Stuart-Fox 1998: 49］。このような非木材林産物の採取や販売は、現在でも形を変えつつ継続されている（本書第8章参照）。

非木材林産物の換金や日用品との物々交換には、低地に居住する「ラーム」と呼ばれる仲買人が重要な役割を果たしていた［Halpern 1958: 69-74］。現在では、農山村で開かれている市が交易の機能を担っている。市の形態には、毎日開催される常設市と、決まった日だけ開催される定期市がある。これらの市が、ラオス全土をくまなくカバーしている。市には、山地の住民がさまざまな非木材林産物を持ってやってくる。それを、仲買人に売って現金を得る。そして、この現金を使って、商人が販売している商品を購入する［横山 二〇〇六］。つまり、山地の住民は、森林から得られる自然資源を換金することによって収入を得ており、生活必需品を手に入れるのである。

住民が伐採と天然更新による植生回復を繰り返す循環的な森林利用を行なってきた背景には、信仰の対象としての森林、焼畑のサイクルを全うするための森林、生活必需品や現金収入源を得るための森林の存在があった。住民にとって森林は、精神的な意味においても、生きていくためにも必要な空間である。森林を絶やすような行為が生活を脅かすことを、地元の人々こそが十分に理解していたのである。

三　農業

❖自給農業

ラオスが自給農業を基盤とした分散型社会であることは先に述べた。ラオスにおける自給農業は、水田を基盤とするシステムと焼畑を基盤とするシステムからなる。いずれにおいても、イネが中心をなす作物であり、米が主要な食料である。しかし、ラオスの水田はイネだけを栽培する場ではない（本書第5章参照）。水田で採れる雑草や魚、カエルやカニ、コオロギなどの小動物は住民の日常的な食材である。一方焼畑では、雑穀、イモ類、野菜類、香辛料植物など、きわめて多様な作物が、陸稲と混作されている。また焼畑後の休閑地は生物資源の宝庫である。これらの作物や野生動植物は、食料となるのみならず、嗜好品や染料、薬として、あるいは儀礼のためにも利用される（本書第9章参照）。すなわち水田や焼畑では、人々が生活していくために必要なモノが包括的に生産されている。効率性という尺度で測ると高い評価を与えることはできないかもしれない。しかし、人の生存という点から見ると、自立的で豊かな生産システムであり、それがラオスの分散型社会を支えてきたのである。

農地面積の変化から自給農業を見てみよう。ラオスでは、作物ごとの収穫面積に関する統計データはあるが、作物ごとの作付面積のデータはとられていない。そこで、水田面積に相当すると考えられる水稲雨季作の収穫面積、焼畑面積に相当すると考えられる陸稲の収穫面積、常畑面積に相当すると考えられる陸稲以外の畑作物の収穫面積を集計した結果を図6に示す。畑作物では、トウモロコシ、イモ類、野菜類、ラッカセイ、ダイズ、リョクトウ、タバコ、ワタ、サトウキビ、コーヒー、チャの一一作目が統計データに含まれている。これらは水田の裏作や焼畑で栽培されている場合もあるので、常畑面積はここで示した畑作面積より小さい。しかし、その面積は限られているので、この合計値を農地面積と仮定して議論を進めよう。

ラオス全土の農地面積は、ラオス人民民主共和国が成立した直後の一九七六年には五八万ヘクタールで、国土面積の二・四パーセントであった。その後、社会主義経済を導入したことによって、

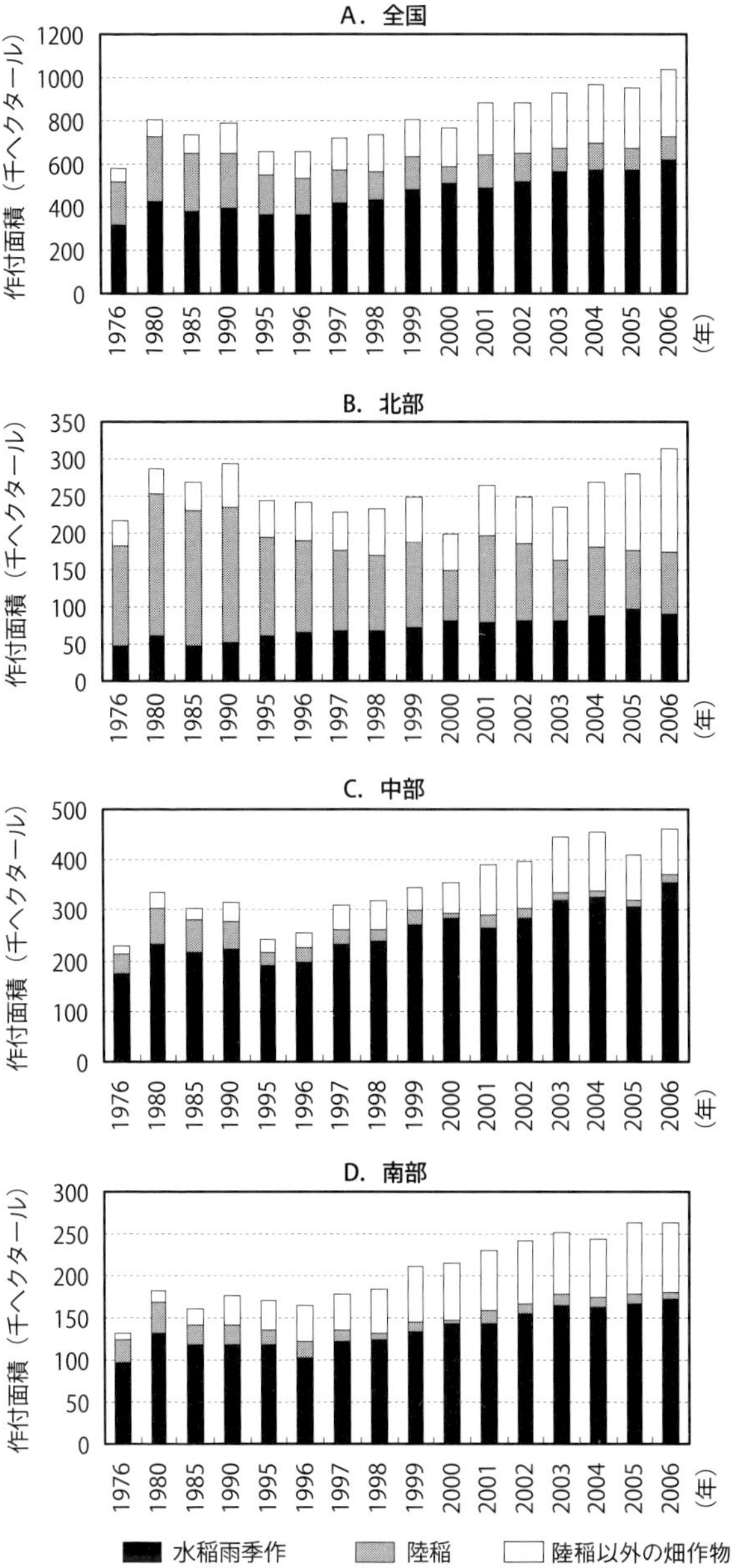

図6 作物の収穫面積の変化
出典［Committee for Planning and Investment 2005, 2007］より作成

部分的にではあるが農業集団化を実施した結果、一九八〇年には八〇万ヘクタール、三・四パーセントへと増加した。その後は減少に転じて、一九九五年には六六万ヘクタール、二・八パーセントになった。経済発展が農山村へと浸透するようになった一九九五年以降は、農地が徐々に拡大し、二〇〇六年には一〇四万ヘクタール、四・四パーセントに達した。一九七六年から二〇〇六年の三〇年間で一・八倍に拡大したことになる。年率に換算すると、平均二・〇パーセントの増加である。ラオスの人口は、この間、二八九万人から五七五万人へと、年平均率二・三パーセントで増加した。したがって国民一人あたりの農地面積は、〇・二〇ヘクタールから〇・一八ヘクタールとわずかに減少した。全体の流れを見ると、総農地面積や一人あたりの農地面積は、急激に変化していない。なにより重要なことは、国土に占める農地の規模が、現在でもきわめて小さいことである。

農地に占める稲作、つまり水田と焼畑の割合は、一九七〇～八〇年代は約九〇パーセントで、当時はもっぱら自分たちが食べる米を生産していたことを示している。だが、一九九〇年代になると商品作物栽培の浸透によって常畑が拡大した。このため稲作農地面積の割合は、一九九七年には八〇パーセント、二〇〇六年には七〇パーセントと減少した。その結果、国民一人あたりの稲作農地面積は、一九七六年の〇・一八ヘクタールから二〇〇六年の〇・一三ヘクタールへと、三分の二に減少した。この減少は、自給農業が弱体化したことを示すのではない。水田水稲作において農業技術の集約化が進み、また焼畑陸稲作から水田水稲作へ移行したことによって、自給農業を維持するために必要な農地の面積が小さくなったことを反映している。

❖水田の拡大

ラオスにおける自給農業の主体は、メコン川沿いの平野部や山間盆地における水田水稲作であり、山地傾斜面における焼畑陸稲作である。一九八〇年代までは、稲作耕地面積のうち、山地が広がる北部では焼畑が約七五パーセントを、メコン川沿いの中南部では水田が約八〇パーセントを占めていた。全国平均では水田が六割、焼畑が四割であった。水田水稲作や焼畑陸稲作は、単に生産や生活のための技術として存在するのではない。人々の社会組織や文化、信仰とも深く関連している。

農業技術の発展という観点から水田水稲作と焼畑陸稲作を比較すると、両者は対照的である。水田水稲作は、モンスーンアジアにおける中心的な農業生産様式であり、各国政府や国際機関が多額の資金と人材を集約化や多角化のための技術開発に投入し、品種改良や施肥技術、病害虫対策、機械化などにおいて実効性のある成果を挙げてきた。各国政府は、このような新技術を活用するために基盤整備や技術普及を精力的に実施した。これに対して焼畑陸稲作は、これまで農学的な研究の対象と取り上げられることは少なかった（本書小論4参照）。このため顕著な技術開発もなく、したがって政府も適切な支援の手を打てていない。

このような背景のもと、一九九〇年代になると、政府の各種プログラムと農民の自発的な行動によって、水田が拡大する一方で焼畑が縮小し、それまで固定的であった水田水稲作と焼畑陸稲作のバランスが崩れ始めた。中南部では、稲作面積に占める水田の割合が九五パーセントを超え、焼畑は消滅しつつある。焼畑が中心であった北部でさえ、一九九〇年から二〇〇六年までの一六年間で、水田面積が一・八倍に増加したのに対して、焼畑面積は約半分に減少し、生産量、面積の両面で水稲が陸稲を上まわるようになった。

米の生産様式は、ラオスの人々の生存と生活の根幹をなしてきた。したがって、水田の拡大と焼畑の縮小は、ラオス社会の再編を促す契機となる可能性を持っている。

四　最近の変化

❖インフラ整備

舟運を中心的な交通手段としてきたラオスにおいて、道路建設が始まったのは一九一一年である。フランス植民地政府がヴィエンチャンと南部を結ぶ国道一三号の建設を始め、一九四五年までに総延長四八二七キロメートルの道路が建設された。ベトナム戦争中には、交通網の整備のためにアメリカから援助を得たが、それは主として空路の整備に当てられた［パカスム 二〇〇三、四〇一―四〇三］。その結果、一九九〇年代初頭になっても、陸路による移動は困難であった。ヴィエンチャンから北部の中心都市ルアンパバーンまでの三八〇キロメートルを移動するのに、自動車で二日間を要した。さらに、通信設備の整備も遅れていた。首都ヴィエンチャンで電話網が整備されたのは、日本の援助によって導入されたデジタル式電話交換機が稼働し始めた一九九五年以降のことである。

一九八〇年代半ばに「チンタナカーン・マイ」（新思考）政策を打ち出したラオス政府は、近隣諸国を中心とする外国からの援助を得て、本格的な交通や通信などの整備に乗り出した。一九九〇年に一万四〇〇〇キロメートルであった道路の総延長は、一九九五年に一万八四〇〇キロメートル、二〇〇〇年に二万五一〇〇キロメートル、二〇〇五年に三万三九〇〇キロメートルと、一五年間で二・四倍に急増した（図7）。また、通信設備が大幅に改善され、現在では地方都市や農山村でも携帯電話が使えるようになっている。

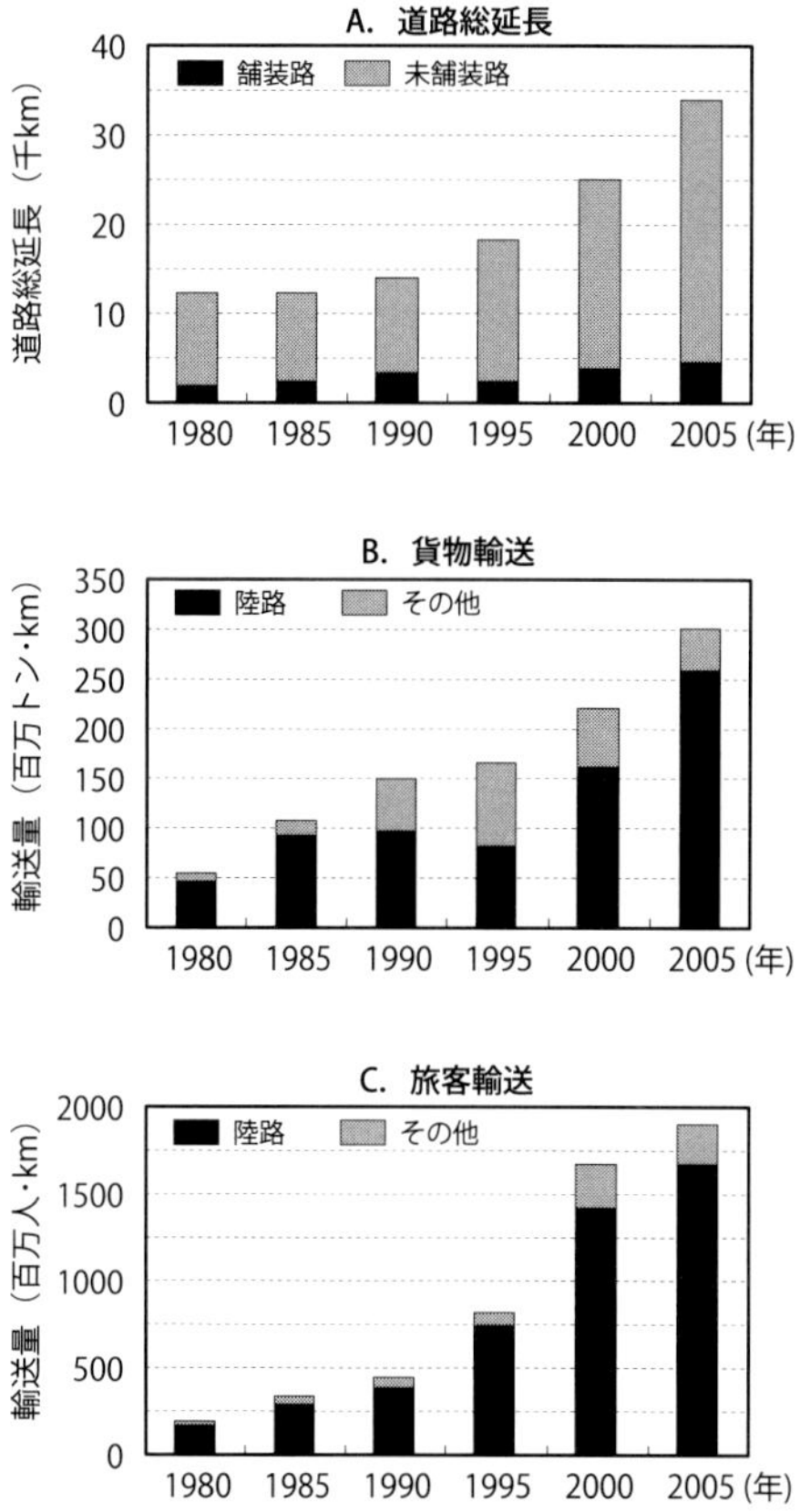

図7 道路整備と輸送量の増大

出典［Committee for Planning and Investment 2005, 2007］より作成

インフラ整備は人やモノの移動を促進する。一九九〇年から二〇〇五年までの一五年間に、国内の貨物輸送は九八〇〇万トン・キロメートルから二億六〇〇〇万トン・キロメートルと二・七倍に増加した。旅客輸送は三億九〇〇

〇万人・キロメートルから一六億八〇〇〇万人・キロメートルと四・三倍に増加した（図7）。また、国内輸送に占める陸路の割合が、貨物で八六パーセント、旅客で八八パーセント（いずれも二〇〇五年）に達し、国内交通の中心は陸路に移行した。

❖農業の変化

インフラ整備は、農山村をも巻き込んで、人やモノの移動を活性化した。その象徴が、商品作物栽培の普及である（本書第11章参照）。南部ではコーヒー、北部では飼料用トウモロコシが代表的な商品作物である。そして最近では、天然ゴムを生産するため、パラゴムノキが全国で急速に植栽されている。商品作物栽培の普及にともなって、森林を開墾して耕地にしたり、焼畑を常畑へと転換したりするなど、土地利用に変化が現れている。

このような近年導入された農業は、今までとは決定的に異なった変化を生む可能性がある。その理由は、以下の三点にある。

第一は、規定する要因の変化である。ラオスでは自給農業が中心であったため、農地が拡大しても、それは人口増加への対応を超えるものではなかった（本書第4章参照）。これに対して、主な商品作物はいずれも国外市場に向けて出荷される。ラオスの供給能力と比較するならば、国外市場の需要は巨大である。これまでの自給のための生産という枠組みに代わって、市場を介した経済合理性が農業と土地利用を規定するようになる。

第二は、アクターの変化である。これまでの農業や土地利用において、アクターは農民個人であった。農民が自ら開墾し、耕作し、土地を管理していた。ところが、トウモロコシやパラゴムノキの栽培においては、契約栽培や農園の企業経営が行なわれている。つまり、アクターとして民間企業が登場したのである。これらの民間企業の大部分は、ラオス国内ではなく、ベトナムや中国、タイなどの近隣諸国から進出してきた。

加えて、土地の利用に対する権限を強めている政府も、新たなアクターと言えるだろう。政府は、環境保全や土地の有効利用を目的に、用途ごとに土地を線引きし、その利用権を個人や企業に委譲する土地森林分配事業を行なう。さらに民間企業に対して特定の土地を開発するためのコンセッション（許認可権）を与える（本書第6章、第7章、第10章参照）。

第三には、生産技術と産物に求められる質の変化である。自給農業において、どの作物をどのような方法で生産するかは、生産者であると同時に消費者でもある農民自身が選択することができた。いいかえれば、農民自身が満足するレベルの作物を自然に任せた「タマサート」な栽培方法で生産してきたと言えよう（本書小論2参照）。

しかし商品作物を生産する場合、生産者と消費者が異なり、かつ両者は流通業者を介して結ばれている。広い意味での生産技術の選択や決定に、生産者である農民のみならず、流通業者や消費者の意向が反映されるようになる。農民は、自らの生活に必要なモノを包括的に生産するこれまでのシステムから、流通ルートに乗せることのできる、すなわち消費者が満足する商品を効率的に生産するシステムへと転換せざるをえない。

これら三つの変化は、その影響力の大小を問わなければ、ラオスが必ず経験しなければならないものであるし、既に萌芽的に起こっていることでもある。急速に進展しつつあるこのような変化をどのように活用するのか、今、ラオスの農山村は問われている。

❖生業構造の変化

インフラの整備とそれに伴う人やモノの移動は、農山村の生業構造にも影響を与えている。人の生存という点から見ると、それはラオスの分散型社会の核となっていた自立的で豊かな生産システムが、さまざまな外部との関係の中で、再編され始めていると見ることができる。

元来、ラオスの農山村では、作物の栽培だけを生業の主軸に置いていたわけではない。主食となる米を焼畑や水田で生産し、同時に生物資源を自然環境から得る。そして役畜として、資産としての家畜を飼育する。つまり、複合的な構造の生業を行なってきたのである。ところが、商品作物栽培の拡大によって、畜産のありかたに変化が起こった(本書第2章参照)。焼畑休閑地は減少し、水田には商品作物の裏作が導入された結果、これまでウシやスイギュウといった大型家畜を放し飼いにしてきた場が減少した。また、道路や交通手段の整備は、仲買人が都市から離れた農村を訪れ、ウシやスイギュウを買い付ける機会を増やした。結果、農山村の住民が手放した家畜が食肉に加工され、都市や集住地区の住民に販売されることとなった。自分たちの村でほかの生業と組み合わせながら家畜を育て、自ら屠り、食べるという生き方そのものが転換の時を迎えている。

また、国内の要因に加えて、外国からの影響が直接農山村の生業構造を左右する場合がある。欧米諸国のNGOによる農村開発プロジェクトでは、環境にやさしく持続的な農業を実践すべく、果樹栽培や家畜飼育が指導される。一方、中国人商人は農薬や機械や資材を投入した園芸農業を奨励し、特定の商品作物を栽培させ、国境を越えた市場に向けて出荷させる。貧困撲滅や環境保護をめざすNGOの論理と、農作物の供給基地としての経済性を重視する中国人商人の論理が、農山村で真っ向から対立するさなかに、地元住民は置かれることになる（本書第10章参照）。

さらに、住民が農業とはまったく別の産業に従事するようになった農山村もある。その代表的な例は、観光業への従事であろう。二〇〇四年にラオスを訪れた旅行者は、八九万四八〇六人であった［Lao National Tourism Administration 2005］。一九九〇年にはわずか一万四四〇〇人であったから、その年平均増加率は三四・三パーセントにもなる。旅行者の増加にあわせて、全国のゲストハウス（簡易宿泊施設）の数は、一九九六年には九八軒だったものが、二〇〇四年には八〇九軒になった。同じ時期に、旅行者向けの食堂は一一三軒から五一一軒へと増えている。現在では、相当な遠隔地の農山村であっても、旅行者が訪れるような場所には、一般の住宅を少し改築しただけのゲストハウスや食堂などが開業している。多くの住民が旅行者の増加をビジネスチャンスと捉えているのである（本書小論5参照）。

また鉱工業の発達にともなって、多数の農山村住民が工場の従業員として雇用されるようになった（本書小論1参照）。ラオス全国には、従業員一〇人未満の小規模工場が二万五二七一ヵ所、従業員一〇〜九九人の中規模工場が七二二ヵ所あるが、前者の九四・二パーセント、後者の七三・八パーセントが、首都ヴィエンチャン以外の県で操業している［Committee for Planning and Investment 2005］。このデータは農山村の住民が工場労働者になる機会が多いことを意味している。

❖民族関係の変化

最後にラオスにおける民族集団について考えてみよう。人やモノの移動の促進や生業構造の変化は、ひるがえって、農山村に暮らす人々の民族関係や民族意識にも影響を与えている。

多民族国家ラオスには、タイ系、モン・ヤオ系、チベット・ビルマ語系、オーストロアジア系など、言語系統を異にする四七とも六七とも言われる民族集団が存在する。この民族集団は、これまで主に地理的な生活条件に基づいて三つに分類されてきた。これが「ラオ・ルム」（低地ラオ人）、「ラオ・トゥン」（山地ラオ人）、「ラオ・スーン」（高地ラオ人）である。ラオスの通貨である一〇〇〇キープ紙幣には、これら三つの集団を象徴する人物像が描かれている。

これまで、ラオ・ルムは低地に住んで水田稲作に従事する人々、ラオ・トゥンは山の中腹に住んで焼畑耕作や小規模な水田稲作を営む人々、ラオ・スーンは山頂で焼畑耕作やケシ栽培などを主な生業とする人々として把握されてきた。しかし、最近では集落が立地する位置や農業の形態では、三つの集団を分けることができなくなっている。たとえば、土地森林分配事業の適用によって焼畑が事実上できなくなったラオ・トゥンやラオ・スーンが、高地から低地へと移住し、水田稲作を行なう例は珍しくなくない。また、高地にとどまりながらも、商品作物栽培に生業の重心を移すこともある。逆に、山地に進出し、商品作物の栽培に従事するラオ・ルムがいる。居住地や生業との関連では、三つの民族分類の違いを説明することは難しい。

さらに、ラオス南部のボーラヴェン高原のような開拓地では、さまざまな地域からさまざまな時期に人々が移り住んで村を作った結果、ラオ・トゥンがラオ・ルムに同化し、また、ラオ・ルムがそれを認めるなど、民族間の境界がぼやける現象が見られる。また、そもそもラオスの人々の間に、民族集団への帰属意識が薄い（本書第3章参照）。これは、世界の多くの地域で民族集団の差異が強調され、民族対立や民族紛争が後を絶たないこととときわめて対比的な現象である。

国民国家の出現は民族というものを生み出したが、ラオス特有の事情の中で、その関係やアイデンティティが確実に変化しつつあるのである。

おわりに

森林と農業を取り上げて検討した時、さまざまな事象に共通して、ラオスをとらえることのできる二つの視点を導きだすことができる。

一点目は、地域の生態環境の中で、分散型社会に生きる人々が培ってきた知恵あるいは継続してきた実践をあらためて見つめなおし、その伝統的なあり方に普遍的な価値を見出そうとする視点である。ラオスの農山村には、先進国で環境保全や生物多様性維持の必要性が強調されるずっと以前から、それを理解し、淡々と実行してきた人々がいる。自然生態系の豊かさだけでなく、生業のなかで自然と向き合ってきた人々の経験の豊かさこそが、この国の貴重な資源なのである。

二点目は、その知恵や実践が自国の政策に左右され、あるいは諸外国からの援助活動や市場経済に巻き込まれる中、さまざまに変容する様子に、地域特有の経過や結果を見出そうとする視点である。農山村では、住民が日々を生きる生活の営みと国家や世界の規模で枠組みされた制度とが対峙している。域外からの影響が、画一的に、均等に波及していくことはない。両者が時に融合し時に反発しながら、着地点を見出しつつ、ラオスの今を形作っているのである。

引用文献

上東輝夫　一九九〇『ラオスの歴史』同文舘。
佐藤孝宏　二〇〇六「東南アジア大陸部の統合型データベースを利用した稲作の地域間比較」河野泰之編『東南アジア大陸部の統合型生業・環境データベース構築による生態資源管理の地域間比較』、平成一五年度〜平成一七年度科

学研究費補助金（基盤研究（B）（二））研究成果報告書、京都大学東南アジア研究所、六四―八一頁。
福井捷朗　一九八八　『ドンデーン村――東北タイの農業生態』創文社。
パカスム S．二〇〇三　「運輸・通信」ラオス文化研究所編『ラオス概説』めこん、三九七―四二四頁。
横山智　二〇〇六　「山で暮らす豊かさ――ラオスの森の恵み」『地理』五一（一二）、三一―三七頁。

Committee for Planning and Investment. 2005. *Statistics 1975-2005*. Vientiane: National Statistics Center.

———. 2007. *Statistical Yearbook 2006*. Vientiane: National Statistics Center.

FAO. 2006. *Global Forest Resources Assessment 2005*. Rome: FAO.

Forest Department. 2004. *Global Forest Resources Assessment Update 2005, Terms and Definitions (Final Version)*. Rome: FAO.

Halpern, J. M. 1958. *Aspects of Village Life and Culture Change in Laos*. New York: Council on Economic and Cultural Affairs.

Kasetsart University and ORSTOM. 1996. *Agricultural and Irrigation Patterns in the Central Plain of Thailand: Preliminary Analysis and Prospects for Agricultural Development*. Bangkok: DORAS Project.

Lao National Tourism Administration 2005. *2004 Statistical Report on Tourism in Laos*. Vientiane: Lao National Tourism Administration.

Pravongviengkham, P. P. 1998. Swidden-based farm economies in northern Laos: diversity, constraints and opportunities for livestock. In *Upland Farming Systems in the Lao PDR: Problems and Opportunities for Livestock (ACIAR Proceedings No.87)*, Chapman, E. C., B. Bouahom and P. K. Hansen eds., pp. 89-102. Canberra: ACIAR.

Schiller, J. M., Hatsadong and K. Doungsila. 2006. A history of rice in Laos. In *Rice in Laos*, Schiller, J. M. *et al.* eds., pp. 9-28. Los Banos: International Rice Research Institute.

Sisouphanthong, B. and C. Taillard. 2000. *Atlas of Laos: Spatial Structures of the Economic and Social Development of the Lao People's Democratic Republic*. Chiang Mai: Silkworm Books.

Stuart-Fox, M. 1998. *The Lao Kingdom of Lan Xang: Rise and Decline*. Bangkok: White Lotus.

Thomas, F. 1999. *Histoire du Régime et des Services Forestiers Français en Indochine de 1862 à 1945*. Hanoi: The Gioi.

第1部
社会

第2章　消えゆく水牛

高井康弘

はじめに

のんびりと草を食む水牛、その背に乗って戯れる男の子。東南アジア旅行関連のガイドブックなどにはそんな写真がよく載っている。水牛は東南アジアの農村風景に欠かせぬ家畜として登場する。しかし、水牛がどのように飼われているのか、なぜ飼われているのか、今どのような運命をたどりつつあるのかについて、私たちはあまり知らないのではないだろうか。本章では、ラオス北部の農村を舞台に、水牛の飼育と利用およびその変容について記述する。水牛を飼い、利用するのは人間である。水牛を通して見ることで、今まで気が付かなかった当地の人々の生き方の特徴や問題が見えてくるかもしれない。

まずは、水牛という生き物について概説することから始めよう。世界の水牛の大半は南アジア、中国、東南アジアの熱帯・亜熱帯地域に生息する。そのほとんどはアジアスイギュウ（*Bubalus bubalis*）であり、家畜として飼われている。アジアスイギュウは、南アジアに分布する河川水牛と東南アジア、中国に分布する沼沢水牛に分けうる。

水牛はその生理的特徴から水場を必要とする。体毛や汗腺数が少ないので、太陽光線下では体温が上昇する。それに運動が加わると、体温、呼吸数、心拍数とも急上昇してしまう［清水 一九九五、一九〇―一九九］。そのため、昼間は木陰や藪の中で過ごすか、水に浸かり、じっとしている。

ラオスにはどれだけの水牛がいるのだろう。ラオス農林省が年毎の水牛頭数を公表している。村長が報告した各村の頭数を集計した数値だが、必ずしも実態を正確に映してはいないと現場の畜産関係者は述べる。しかし、参考までに見ると、ここ数十年のラオス全国の水牛頭数は一一〇万頭前後で推移している。牛の頭数もほぼこれに拮抗している［National Statistical Center 2005: 73–74］。

比較のために隣国タイの家畜経済統計を見ると、水牛頭数は一九九〇年代に急減するまでは四〇〇万頭台後半を推移していた［Krom Pasusat 1998］。タイの国土面積はラオスの二倍強、人口はおよそ一〇倍であるから、水牛が多かった時期のタイと比べてもラオスの一人あたりの水牛頭数は多い。

地域別に見ると、タイでは東北部の頭数が圧倒的多数を占めているが、ラオスでは中部のサヴァンナケート県、南部のチャムパーサック県の頭数が多い。いずれもメコン川に面し、沼や湿地が点在する広い平原を域内に有する県である。

本章は、山がちなラオス北部を記述の舞台とする。同じラオスでも中部や南部と比べれば、水牛の生育に適した水場のある地域は限られる。しかし、ラオス北部の山間を縫って流れるメコン川とその大小の支流沿いの谷あいや小盆地は、やや狭小ではあるが、水牛の生育に適した地域である。谷あいや小盆地には、ラオやルーや黒タイやヤンなど、タイ系の人々が主に村を構えるが、先住民のカムーなどの人々が低地に村を作ることも少なくない。いずれにしても、彼らは、渓流などから水を引き、水田稲作を行ないつつ、多くの場合同時に、周囲の山腹に火を入れて焼畑を拓き、陸稲や雑穀類を作っている。農作業の合間に、漁撈や昆虫の採集、野生動物の狩猟や山菜採りなども行なう。そして、ニワトリやアヒルやブタやヤギや牛や水牛などの家畜を、各世帯で小規模飼育している。さまざまな生業を同時に複合的に営むのが、その生活スタイルと言える。

以下では、第一に、農村の人々と水牛の多面的な関わりに注目する。水牛は大切な役畜であり、動産であるが、同時に、その肉は精霊や客人に供されるご馳走にもなる。

第二に、生業複合を特徴とする暮らしの中で人々がどのように水牛を飼っているのかに注目する。第三に、水牛がラオス北部の農村から大量に売却されつつある状況に着目する。ちなみに、前述した農林省統計では、ラオス全国の水牛頭数は減っていない。ラオス北部の県郡レベルの数値を見ても、近年ルアンパバーン県の水牛頭数が急減した以外は明白な減少傾向は見出せない［National

Statistical Center 2007: 55]。しかし、二〇〇〇年代中頃以降、北部の農村を歩くと、以前は水牛を飼っていたが全部売ったと話す人によく出会う。村人も、水牛を扱う流通関係の業者も、県や郡の畜産課の役人も、水牛が減っていると話す。そこで、水牛を農村から押し出す要因に言及する。第四に、水牛肉流通のルートと担い手について記し、食肉流通活発化の背景を考える。以下の記述は、二〇〇一年から二〇〇七年にかけて行なった調査の際の見聞に主に基づく。

一　水牛利用の多面性

従来、ラオス北部の農村では、農家は水牛をそれぞれ少数頭ながら飼ってきた。**表1**は三つの事例村について村長が集計した家畜頭数を記したものである。二〇〇三～二〇〇四年時には、三村とも世帯数の二倍以上の水牛を飼っていた。牛は皆無か、いても水牛より少ない。他の農村でも類似の傾向が見られる。まずは、農村の人々が水牛を従来どう利用してきたかについて述べよう。

❖役畜としての水牛

水牛利用のあり方として、誰しも思い浮かべるのは水田稲作での使役であろう。ラオス北部の水田稲作および犂などの関連農具について詳細な文献研究とフィールド調査を行なった園江によれば、

表1　事例村における家畜頭数の推移（2003～07年）（単位：頭）

事例村	ナーサヴァーン村(1)			ナーモータイ村(2)			ファーイ村(3)		
	水牛	牛	豚	水牛	牛	豚	水牛	牛	豚
2003年	—	—	—	—	—	—	125	0	150
2004年	309	129	134	200	0	—	88	0	200
2005年	230	120	—	86	0	74	—	—	—
2006年	192	76	159	—	—	—	—	—	—
2007年	160	60	120	30	0	—	70	23	242

(1) ウドムサイ県ナーモー郡に立地する世帯数131（2004年）のヤンの村。同村の2004年の家畜頭数は、松浦美樹の悉皆調査資料による。
(2) ウドムサイ県ナーモー郡に立地する世帯数74（2004年）のヤンなどの村。
(3) ルアンパバーン県パークウー郡に立地する世帯数60（2004年）のルーの村。

ラオスでは水苗代や本田の耕起は、水牛一頭が犂を曳く形で行ない、黄牛はほとんど使用されない［園江 二〇〇六、一五三］。雑草を食むことによる除草効果や糞の肥料効果も含めて、水牛は水田稲作に欠かせない役畜である。

ラオス北部では、雨季前半の五月から八月に耕起と苗代作りが行なわれる。後述のように、村人は雨季には通常、水牛を林野に放すが、水田が雨水を含んで柔らかくなった頃、一時連れ戻す。水牛の肩に頚木《くびき》を掛け、犂を曳かせるのである（写真1）。

水牛は疲れやすいので、たとえば、朝六時から一〇時まで使役し、休憩を取り、再び午後三時から六時まで使役するなど、長い休憩をとりながら働かせる。休憩の取り方にもよるが、一ヘクタールを犂耕するのに二週間前後かかる。さらに水牛に耙《まぐわ》を曳かせ、より細やかに耕す作業に約一週間、耙に竹製の代かき棒を差し、整地する作業に約一週間かかる。

水牛は泥地に浸かることは好むが、その中を歩き回るのは嫌がる。耕起経験のない水牛には二人がかりで訓練を施す。一人が鼻紐を引いて先導し、もう一人が後ろから追いたてる。こうしたこ

写真1　耙に竹製の代掻き棒を装着し、耕土を整える。棚田の背後には若い二次林（2003年8月、ファーイ村）

とを繰り返して、次第に背後から鼻紐を操る耕起者の指示どおりに歩くように馴らす。耕起に使役できるのは、通常五歳から、雄で一〇歳、雌で一二歳までだが、大事に飼えば一五歳頃まで使えると話す人もいる。耕起期間中の夜間は水牛を出作り小屋に繋留しておく。耕起が終わると、水牛に魂振《たまふ》り儀礼[*1]を施し（写真2）、再び林野に帰す。

近年はラオスでも耕耘機が普及している。耕耘機なら一ヘクタールの水田を耕起する全作業が二日で済む。しかし、ラオス北部では今でも水牛を用いての耕起を見かけることがある。山中の棚田など耕耘機を持ち込めない水田で水牛は活躍している。

搬送の主役は、道路整備が進むにつれて、エンジン付き荷車やバイクや自動車になりつつある。舗装道路では水牛は蹄を傷めてしまう。しかし、道路が未整備な地域では役畜が活躍する余地が残っている。たとえば、山腹で作った農産物や薪を荷橇《にぞり》に載せ、水牛に曳き降ろさせる。朝、一便曳かせ、休憩をとり、夕方にもう一便曳かせると村人は話す。

＊1　ラオスやタイでは人の身体の要所要所にそれぞれ魂（クワン）が宿るとされる。魂と訳したが、それは流動的な生命エネルギーに近い。心身の衰弱や死はこの魂が身体から離れた状態として語られる。水牛の身体にも魂が宿るとされる。水田耕起での使役後、さまざまな供物や水牛の好物のササなどを用意して、その魂を慰撫し、身体と強く結びつけ、水牛が健やかに育ち、今後もしっかり働いてくれるよう呼びかける。

写真2　水田耕起後の早朝、使役した水牛に魂振り儀礼を施す
（2003年8月、ファーイ村）➡

❖ご馳走としての水牛

ラオスやタイでは、人は水牛を精霊への贄《にえ》としても用いる。当地では、林野の霊、河川の霊、水田の霊、堰の霊、家屋の霊、村の霊、祖先の霊など、さまざまな霊を祀る人々の姿に出会う。タイ系の人々のあいだでは、霊を祀る行為は、通常、肉類を準備し、霊を招き、もてなし、その代わりに自分たちの願い事を容れてもらう交渉である。精霊は血肉を好むとされる。水牛や豚や鶏がよく用いられるが、強力な精霊には水牛の生肉料理を供えることが多い。

水牛肉は客人への宴の際のご馳走でもある。ラオスの人々の食事の内容は日常と宴の時で異なる。日常は、主食である蒸したもち米に若干のおかずが付くのみである。おかずは野菜、タケノコと淡水魚、カエル、貝類などである。家族だけの食事で家畜をつぶすことはほとんどない。しかし、宴の時は別である。たとえば田植えや稲刈りを結い協働で行なう場合、農家は手伝いに来た人を昼や夕の食事でもてなすが、通常、茹でたニワトリなどを出す。結婚披露、新築祝い、葬儀といった個人の通過儀礼の際も宴は不可欠である。これらの儀礼は当事者家族宅で催される。村の年輩者を始め、近在の人々、親類縁者が招かれ、あるいは祝福に訪れ、賑やかな雰囲気になる。主催者家族はお客にご馳走することが期待されている。

主催者は水牛を調達する。予算上無理ならブタになる。村人が手伝って生肉の「ラープ」などを作り、食する［高井 二〇〇七、九二］。現金収入が乏しい農家にとって、水牛は気軽に購入できるものではない。普段から飼っておくのは、この必要に備えての措置とも言える。そのほか、ラオ正月、ボート祭りなどの年中行事の際も、村のあちこちで宴となる。この場合は、各世帯がお金を出し合って水牛やブタを購入し、屠畜し、調理する。

❖動産としての水牛

村人にとって、水牛を飼うことは蓄財や利殖のための行為でもあった。自国通貨は価値が不安定であり、銀行に預金する習慣もなかった。そこで、彼らはまとまったお金ができると水牛に換えた。水牛は成長し、仔を生む。子供の入学、家屋の新改築など、大きな出費の際には、水牛を売り、資金を作った。

水牛は土地の次に重要な相続財でもあった。ラオやルーやヤンなどタイ系の人々の村では、息子たち娘たちに水牛や牛を均分相続するのが理念上の原則である。たとえば、中国国境に近いパーク川流域で水田稲作を大規模に営むナーサヴァーン村（表1）では、水田は息子たちに分ける（本書第4章参照）。しかし、水牛や牛は息子に加えて娘にも均分する。相続時期は結婚直後の場合もあれば、十数年たってからの場合もある。全員に分けるだけの頭数がない場合は、兄がまずもらい、できた仔を弟妹に分ける。夫が相続した家畜も、妻が相続した家畜も、基本的には夫婦の家計運営を支える貴重な共同所有財となる。

以上のように、村人が生業を営み、村落社会を生きる上で、水牛は役畜として、精霊への贄として、宴のご馳走として、動産として、欠かせない存在であった。

二　放し飼いの特徴と問題

❖焼畑休閑地での放し飼い

水牛を、人々はどのように飼っているのだろうか。ラオス北部の村々を訪ねる私は、「ポーイ・パー」という答えに何度も出会うことになった。村人は終日放したままの形態を「ポーイ（放す）」と呼ぶ。朝昼放すにしても、夜は繋留する場合は「リアン・アオ（飼う）」と呼ぶ。ポーイ・パーとは、つまり、水牛を終日「パー」の中に放したままにしておくということである。

ラオ語やタイ語のパーは、野原や藪から林、森までを幅広く指す。彼らは水牛を「パー・ラオ（休閑林）」に放すと言う。パー・ラオとは焼畑耕作後、放置され、草が生え、若木が生え出した野や藪のこと、すなわち休閑地である（写真3）。特に放置後二年までの休閑地には、水牛が好む草や若芽が多く、放し飼いの適地になる。

その後、次第に木々の樹高が高く、幹が硬くなると、水牛は木を倒して若芽を食べることができなくなる。また、下草もなくなり、休閑後四、五年以降の「パー・ケー（年をとった林）」には水牛はほとんど入らなくなる。パー・ケーはそろそろ火入れしても良い休閑林とも言える。人の手が入ったことのない原生林や、休閑後十数年を経た二次林は「パー・ドン」と呼ばれる。ラオス北部を訪れると、これら濃淡さまざまな緑が隣り合い、パッチワーク模様をなす風景を、何度も目にすることに

写真3　写真の中心部が陸稲を栽培している焼畑、その右手が「パー・ラオ」、その奥および手前が「パー・ケー」である（2005年9月、ウドムサイ県）

なろう。

焼畑後の休閑地に水牛を放すのは、山地の人も低地の人も同じである。低地の人々は水田稲作を生業としている。しかし、彼らは周囲の山腹でたいてい焼畑耕作も行なっている。拓いた焼畑で、通常一年、陸稲などを作った後、休閑地にする。休閑地は若い野原や藪になり、水牛を放す適地となる。歳月がたち、野原が林になれば、新しい適地に水牛を移す。ただし、野原や藪であればどこでもいいわけではない。飼い主は、渓流や窪地などの水場があり、水牛が好むササの類である「ニャー・ニュン」やススキの類である「ニャー・カー」などが豊かに茂っている地点を選ぶ。

❖水牛の群れと移動

飼い主は水牛を個々別々に放す場合もある

が、通常は何名かが同じ場所に放す。水牛たちは数頭から数十頭の群れを作り、行動する。群れにはリーダーが何頭かできる。リーダーは、五、六歳から一〇歳前後の壮年の水牛である。雌の場合が多いが、雄の場合もある。リーダー水牛たちを先頭に、群れは同じ渓流沿いの一定範囲を、草を食みつつ行き来する。

水牛は放し飼い中に自由に交配する。生殖のためには群れに若い雄が一頭いれば充分なので、村人は通常、雄を売却し、雌は残す。雄を去勢しない村もあれば、去勢する村もある。たとえば、**表1**のナーサヴァーン村は後者で、村人によれば、二歳から五歳までの雄は生殖活動が盛んなので種として使うが、六歳以上になると痩せてくるので、その頃に去勢すると言う。

飼い主たちは水牛の群れを放置しない。休閑地に分け入り、見に行く。毎日行く人もいれば数日や数ヵ月に一度の人もいる。個々がバラバラに行く事例もあれば、数人が輪番グループを組み、当番を決めて交替で数日置きに見回ることもある。放し飼い地点が日帰りできないほど遠方の場合は、複数名で当番を担当し、連れだって山に入る。

見回り人が自分の水牛を見つけるのは困難なことではないと、村人の多くは話す。リーダー水牛が率いるといっても、用心深い水牛は行き慣れた狭い範囲を動くだけで、しかも時間帯によって居場所はほぼ決まっているからである。ただし、藪の中にいて姿を確認できないことも多いので、水牛の首にはあらかじめ鈴を付けておく。近くまで行けば、後は鈴の音を頼りにして見つければよい。

見回りに行く際、村人は塩を携える。水牛は一定の塩分を補給する必要がある。塩分を含む土があれ

写真4　乾季、稲刈り後の水田に水牛を放す（2007年3月ナーサヴァーン村）

ば、水牛は土をなめる。林の中に自然の塩井《えんせい》があれば、そこに集まる。しかし、通常、休閑地の放し飼いでは塩分が不足しがちになる。水牛は用心深いので、見知らぬ人が来ると藪に入るが、飼い主が塩を携えて行けば近づいてくるという。

飼い主は角や尾の形状などで個体を識別し、状態をチェックする。水牛が怪我をしていれば、その場で手当てをする。重傷なら連れ戻す。雌が仔を孕んでいる場合、出産数日前に連れ戻す人もいる。出産後の母と仔は、肉食動物に狙われやすいからである。その他、飼い主は、嵐や大雨の際には水牛を安全な場所へ移動させ、また放し飼い地点の草が尽きてくれば、新たな地点に水牛を移動させる。

❖水田での放し飼い

水田稲作と焼畑耕作を行なう村では、雨季は休閑地で、乾季は稲刈り後の水田で水牛を放し飼いにする場合が多い。稲刈りは、乾季前半の涼しくなり始める一〇月下旬から一二月になされる。稲刈り後、稲株が残る水田に水牛や牛を放す（写真4）。

終日水牛を放したままにしても、通常は稲株だけでは飼料不足である。そこで、夕刻には高床式の出作り小屋の床柱や田端の樹木に繫留し、備蓄してある稲藁を与える。稲藁だけで足りない場合は、草を刈って補充する。そして早朝、再び放す。日中、水牛は稲株や雑草を食んだり、沼に浸かったりして過ごす。そして、夕刻になると小屋近くまで自分で戻ってくる。飼い主が鼻紐を取ると、おとなしく高床の階下に入り、繫留される。そして、田植えが始まる頃、水牛を焼畑休閑地に戻す。

❖放し飼いのメリットとデメリット

ラオス北部の人々は、焼畑休閑地や水田を巧みに利用しながら水牛を飼っている。休閑地に放すことで、村人は草刈りなど飼料調達の重労働を負担せずに済む。また、水田に放すことで、雑草除去の手間が省け、糞が土壌を肥沃にすることを、村人はメリットとして挙げる。当地における水牛や牛の放し飼いは、「農業との相互利用関係」の一例と言える。

しかし、水牛を半野生状態に置く放し飼いにはデメリットもある。水牛が他の獣に襲われたり、毒草を食んで命を落としたり、怪我したりすることも少なくない。また、寄生虫や疫病などで大量死したという話もよく聞く。水牛を放し飼いしている限り、水牛飼育は確実性のある蓄財や利殖の行為とは言えない。それでも、彼らは、水牛の死を反省材料として、手間はかかるが、より確実で生産的な飼養や飼育の方式を模索しようとはしない。このことは、彼らがさまざまな生業を同時に営む中の一つとして水牛を飼っているという事実を踏まえないと理解しにくい。水牛は村人の貴重な動産であり、仔が増えることは彼らにとっても資産が増す楽しみである。しかし、彼らは畜産のみを取り出して、その生産効率性や安定性を追求しようとはしないのである。

❖放し飼い地点の選択と社会関係

次に、放し飼いについて考える際に重要な、土地の所有や利用をめぐる人と人の関係に話題を移そう。

村人は放し飼い適地であれば、どこでもランダムに水牛を放すわけではない。それぞれが基本的には毎年ほぼ同じ場所に水牛を放している。村人の話からわかるのは次のことである。

まず、自分たちの所有する水田へ引く渓流の上流部の休閑地が適地であれば、そこに水牛を放す傾向がある。すなわち、まず乾季に水牛は飼い主の水田に建つ出作り小屋付近に放される。放された場所が近い水牛同士は群れを作る。田植えが始まる頃、飼い主たちはその群れを渓流の上流部へと追いたて移動させる。しかし、渓流上流域に適地がない場合は、自分の水田と異なる渓流域に放し飼い地点を求めることになる。

焼畑休閑地は、多くの場合、村の共有地として扱われており、特定の人に排他的な使用権はない。基本的に使用は自由である。ただし、それぞれの飼い主は相互の関係を配慮して、自らの放し飼い場所を定めているように見える。

さらに、村内に適地がない場合は、他の村に適地を求めることになる。従来、ラオス北部では、他村の飼い主が自村の休閑地に水牛を放すことを寛容に認めてきた。通常、水牛を放す側が事前に相手の村に簡単な断りを入れれば、他村の領域でも放し飼いが認められた。**表1**のナーサヴァーン村の事例を挙げておこう。

ナーサヴァーン村は比較的豊かな村で、村人であるヤンの人々は昔から多数の水牛を所有していた。ラオス北部の農村としては例外的に広い水田面積を誇り、焼畑耕作はわずかしか行なっていなかった（本書第4章参照）。周囲に放し飼い適地はなく、彼らは数年ないし十数年前まで南方の山地部のモンの村の焼畑休閑地に放し飼い地を求めていた。毎年、田植えが終わる頃、ナーサヴァーン村の人々は村の水牛を順次移動させ、雨季の間、モンの村の焼畑休閑地に放し、当番を決めて見回った。ナーサヴァーン村だけでなく、別の隣村の人々もこの焼畑休閑地を利用していた。モンの人々も自分たちの水牛を放しているが、それぞれ別個の適地に群れを放すことができたので、他村からの利用者に見返りを求めたりしなかった。稲刈り後は、ナーサヴァーン村の人々は水牛を連れ戻し、水田での放し飼いに切り替えた。

この事例は、エスニシティを異にする村の間で放し飼い適地の利用がおおらかに行なわれていたことを物語る。そして、そのおおらかさは適地が豊富にあることを前提にしている。

しかし、一九九〇年頃を境にモンの村はナーサヴァーン村の放し飼いに難色を示し始める。モンの村で商品作物の栽培が始まり、水牛による農作物食害が懸念されるようになったことと、村境の確定が進み、領域意識が強まったことが背景にあるようである。現在ではナーサヴァーン村の人々は、東方のカムーの人々の村域に至るパーク川流域など、いくつかの放し飼い適地を、それぞれ小グループに分かれて使用している。

❖不充分な条件下での水牛飼育

自由な放し飼いは、豊富な適地の存在と周囲の人々の了解があってこそ、円滑に行なうことができる。逆に言うと、たとえば、よそ者の往来が多かったり近隣との関係が悪かったりして、放し飼いの水牛を盗まれる懸念のある地域、また、適地が限定され、農地近くで放さざるを得ない地域などでは、自由な放し飼いは難しくなる。しかし、こうした地域でも、放し飼いの水牛に常時見張りを付けたり、夜間のみ繋ぎ置きを取り入れることで、村人の多くは放し飼いを継続してきた。道路脇や水田端などに放した水牛の見張りや小屋への追いたては、通常は子供や老人が担当する。しかし、焼畑休閑地に放す場合は壮年男性が担当せざるを得ない。農地に近づいた水牛をそのたびに山へ追いたてる作業などはかなりの重労働だからである。

いずれにしても二〇〇〇年代前半まではラオス北部の農家の大半が、水牛を焼畑休閑地に終日放すか、あるいは水牛に見張りを付けたり、夜間のみ繋ぎ置いたりしながら、その放し飼いを続けていた。しかし二〇〇〇年代中頃以降、土地利用の変化などによって、多くの農村で周辺の焼畑休閑地における自由な放し飼いが不可能になり、また、放した水牛を見張る作業も以前より苦労の多いものになる。他方で、農村の人々は商品作物の栽培などで忙しくなり始める。このような理由により、飼っていた水牛を全部売ってしまう農家が増え始める。

三　水牛の売却

私が訪れたラオス北部の農村の多くでは、二〇〇〇年代中頃以降、水牛の飼育頭数が急減していた。聞き取りの中で見えてきた急減の道筋は以下のとおりである。

❖農作物食害係争の多発

二〇〇〇年前後から水牛や牛による農作物食害をめぐる係争が頻発し始めた。従来から、放し飼いの水牛や牛が時々焼畑や水田に入り農作物を食べることもあったが、農家自体が気づかなかったり黙認する傾向があった。しかし、食害が無視できないほど多発し、被害農家が水牛や牛の所有者に弁償を求めることが多くなった。

農作物に対する食害が増大した背景には、土地利用をめぐる変化がある。主なものの一つは、一九九六年に制定された森林法に基づく土地区分の実行である。森林法は無秩序な森林伐採や焼畑から森林を保護することを目的とする。森林は保護林、保全林、生産林などに区分されるが、焼畑用の割り当てはない［Yokoyama 2004: 133］。新たな焼畑が行なわれなくなると、次第に休閑してから年が浅い野原や藪もなくなり、水牛や牛の所有者は放し飼いの適地を見出しにくくなる。

もう一つは、トウモロコシやキャッサバなどの商品作物の作付け耕地の拡大である。雨季だけではなく、乾季でも年中水を引くことが可能な水田では、稲刈り後の裏作としてニンニクやスイカなどさまざまな商品作物が作られるようになってきている。商品作物の多くは、近隣国で消費される。たとえば、ウドムサイ県の場合、トウモロコシについてはベトナムとタイのハイブリッド品種が入っている。農家が作ったトウモロコシは中国の会社が買い付け、中国との国境のボーテーンを経由して中国市場へ運ばれる。あるいはポンサーリー県を経由してベトナムのディエンビエンフーに輸出される。

放し飼いの適地が縮小する中、飼い主は水牛や牛を農地近くに放すようになる。他方、農家は元手のかかった換金作物の損害に敏感である。食害にはもはや寛容でなくなっている。水牛や牛が農作物を食害したら、農家は飼い主に弁償を求める。農家と飼い主の間で話し合いがつかない場合は、村長が調停に入る。多くの村では、家畜が食害防止用の柵を破って農地に入り農作物を食べた場合、被害量と同量の籾を支払う決まりである。柵に落ち度があると判定されれば、弁償は部分的なものに酌量される。そこで二〇〇〇年代前半には、有刺鉄線が農地を囲うようになる。

こうした状況では、自由な放し飼いは次第にできなくなる。飼う側は特にイネの花が匂って、水牛や牛の食欲を誘う頃には、群れを農地から離したり、見張りを付けたり、夜間には繫留したりするなど気を使う。それでも、農作物食害をめぐる係争は多発し、業を煮やした農家が食害した水牛を銃で撃つなどの事件が起きた村もあったと聞く。従来、水牛飼育と農業は相互補完関係にあった。しかし、土地利用の変化の中で、両者の関係は対立的なものに変質したのである。

農家を管轄指導する立場の県農林局の中でも、農林課と畜産課の関係が同様に変化したようである。ある県の畜産課の関係者が話すには、県農林局内で両課は二〇〇〇年頃まで協調していた。両課とも放し飼いは農地を肥やし、農林業にも効果があるという認識を共有していた。しかし、商品作物栽培の拡大をめざす農林課と畜産振興をめざす畜産課の意見は次第に対立するようになった。県としては、安定的な輸出産業として外貨獲得に貢献できる方に軍配を上げたい。牛や水牛の輸出には寄生虫や狂牛病の検疫など不安材料が多く、この点畜産課は不利である。

❖焼畑からゴム園に

土地利用については近年、さらに新たな動きが見られる。幹線道路沿いの山腹部におけるパラゴムノキ植林の急速な進行である（本書第11章参照）。山を焼いた後にパラゴムノキの苗を植える。最初の年と二年目は、苗の間に陸稲なども植える。パラゴムノキが順調に成長すれば、三年目以降はパラゴムノキだけの園地にする。八年目からようやく樹液の採取が可能になり、以降三〇年は採取を続けることができる。現在、ラオス北部の幹線道路沿いの山腹にはさまざまな年期の二次林が見られるが、将来はゴム園が続く景観になる可能性がある。

パラゴムノキ植林は、中国国境に近いルアンナムターなどでいち早く始まった。この地では既に樹液の採取が始まり、巨額の売上金を得る農家も現れている。たとえば、あるモンの村では一九九五年に村の土地をゴム園用地として村人に分配する事業を始めた。家族労働力の多寡に応じて植林数は違うが、一農家あたり平均二〇〇〇本の苗を植えた。村の全戸が植林を行なっている。

ある農家は銀行から多額の借金をして、苗購入に投資した。ところが、苗の多くが枯れ、四〇〇本だけが残った。借入金には利子がつき、二〇〇四年には返済必要額は当初の借入金額の倍になった。しかし、同年から樹液が採れるようになる。樹液を買うのは中国側の最寄りの街から来る業者である。複数の業者が来るので、農家の班長が交渉し、最高値を付けた業者に売る。結局、この農家は初年の採取分だけで最初の投資額の二五倍の売上金を得ることができた。班、村長、郡役所への手数料等を納め、借金を一括返済しても、余りある金額である。そして、二〇〇五年以降は樹液採取量も増加し、年間売上額は五〇〇〇万キープに達している。[*2] 順調なので、この農家は新たに土地を分配してもらい、さらに三〇〇〇本の苗を植えている。

こうした成功者の後を追って、誰もがパラゴムノキ植林に飛びつく状況が生じている（本書第7章参

＊2　この額は、地方における日雇い賃金四年半分に相当する。なお、二〇〇二～〇七年のおよその為替レートは、一円が八〇～一〇〇キープ前後である。

照)。パラゴムノキの苗木は水牛の好物である。その食害弁償の相場は二年もの一本一〇万キープ、三年ものなら五〇万キープ、四年ものなら一〇〇万キープと言われる。二〇〇七年のラオス北部の地方街の日雇い賃金相場は三万キープ前後であるから、これは村人にとっては高額な弁償金である。

❖放し飼いの禁止と残された選択肢

水牛が頻繁に農作物を食害する事態を受けて、ラオス北部の行政は次のように動く。すなわち、市街地近郊の低地や比較的標高の低い幹線道路近くの山腹など交通の便の比較的良い場所では、商品作物栽培をより振興するために、水牛や牛の自由な放し飼いを禁止し、その代替案として農地から離れた放牧区域に放すよう指導し始める。新たな土地区分を設けることで事態の解決を図る試みである。ルアンナムター市街近郊の農村などでは、二〇〇〇年前後からその指導が始まった。そして二〇〇五年以降は農村の大半で自由な放し飼いは禁止になっていた。

放し飼い禁止区域では食害防止柵が姿を消しつつある。この区域での食害は家畜を放置した飼い主側に一方的に非があることになり、もはや柵の有無は問題にされないからである。禁止区域で水牛や牛を放すと、多額の食害弁償に結果することになるので、飼い主は放し飼いを自粛せざるを得なくなっている。

放牧区域については、畜産課の関係者は、川や深い森に囲まれ農地から遮断された所が望ましいと話す。水牛や牛が出ないよう柵をめぐらす必要がないからである。しかし、畜産課の関係者が放牧区域の選定や設営に積極的に関与した例はわずかであり、この点に関するアドバイスや具体的な支援はあまりなされていないようであった。自ら放牧地を定め、水牛や牛を移動させた村もあるが、放牧区域における飼育への転換は円滑に進んでいない印象を受けた。たとえば、村域内に適地がなく、放牧区域を設定できない事例があった。また、村域内に放牧区域を設けたものの、有料であることへの不満や遠隔地の不便さや牧草の状態の悪さなどから、村人が実際には使用していない事例などが見られた。

飼い主に残された選択肢には、飼育委託もある。他の地域の人に牛や水牛を一定期間飼育してもらい、期間中に産まれた仔を所有者と飼育者で折半するのである。たとえば、ルアンナムター市街近郊の農家は牛や水牛を多数放し飼いしてきた。しかし、自由な放し飼いの禁止後、二〇〇四年には灌漑施設が整備され乾季稲作が本格的に始まったため、稲刈り後の水田での放し飼いができなくなった。二〇〇六年にいくつかの農家を訪ねたが、彼らは行政の管理範囲外の遠隔山地部のカムーやモンの人々に牛を預けていた。

ただし、飼育委託については失敗話をよく耳にした。放牧先の水質の悪さ、放牧地の不足、飼育者の世話不足などが原因で、預けた牛が痩せ細り、仔を産まなかったり、死んでしまったりといった話である。委託側が飼育側の技量や放牧地の状態を充分把握しないまま安易に預けるため、失敗が多いようであった。飼育の失敗後も飼育者側がその間の飼育料を要求したため、両者の関係が損なわれた事例も見られた。

❖水牛の売却加速と耕耘機の普及

結局、多くの場合、農村地域における自由な放し飼いの禁止は水牛や牛の売却につながった。大量の飼料や水場を必要とする水牛の売却が特に進んだ。たとえば、表1に示したナーモータイ村は郡内では水牛の多い村として有名であったが、二〇〇四年五月に行政が放し飼いを禁止すると水牛の飼育が困難になった。放牧区域にできる土地が村内にないため、昼は見張り、夜は繋留しなければならない。しかし、村人は農作業等もあり、世話に時間を割けない。結局、彼らは水牛の売却を選択し、飼育頭数は急減した。

水田耕起に欠かせない役畜を売却した農家は、売却益で耕耘機を購入する場合が多い。売却先の屠畜業者や仲買業者が耕耘機の購入や搬送の便宜を図る場合もある。県庁所在地級の街であれば、耕耘機を販売する農業機械店は複数ある。聞き取りした限りでは、農家の多くは大型水牛二頭から三頭強の価格の耕耘機を購入している。[*3]

ルアンナムター市街近郊等では耕耘機は一九九〇年代後半に普及し、自由な放牧の禁止は二〇〇〇年代初めであるから、放し飼いの禁止が耕耘機普及を促進したという図式は当てはまらない。しかし、ウドムサイ県ナーモー郡等では、二〇〇〇年代中頃以降に耕耘機の購入が増えている。耕耘機が普及する背景には、道路の整備、現金収入の増加、そして時間短縮志向などの変化があるが、それらに加えて、放し飼いの禁止によって水牛の飼育が困難になったこととの関連にも注目する必要がある。

四　活発化する食肉流通

農村における水牛や牛の売却の動きは買い手がなければ加速しない。そこで、以下は、ラオス北部の食肉流通の活性化について記述したい。

ラオスでは一九七五年の社会主義政権成立当初、食肉流通は国家直轄になった。しかし、ほどなく国有会社が担うようになり、市場開放政策への転換が進んだ一九九〇年頃から個人営業が公認された。国有会社と民間業者が一時並存した街もあったが、一九九〇年中頃までに前者は撤退し、その後の食肉流通業界は、相次いで参入した民間業者の競争の場になっている。

❖農村部の仲買人と地方市場での食肉販売

農村に水牛や牛を仕入れにやって来る業者には、市街の住人も農山村の住人もいる。仲買人の大半は後者だが、彼らにはさまざまなタイプがある。たとえば、農業の傍ら、農閑期に村々を仕入れ

＊3　たとえば、二〇〇五年～〇七年にナーサヴァーン村やナーモータイ村では農家の多くは大型水牛を三五〇万～四〇〇万キープ余りで売り、耕耘機を八〇〇万～一二〇〇万キープで買っていた。一般に中国製の耕耘機は安価で、タイ製は高価とされるが、この地域では、中国製エンジンにタイ製機材を組み合わせたものが出回っているようである。

に歩く人がいる。乾季は数人で組んで、合資して仕入れ資金を作り、山に分け入る。十数日かけて、山上や山腹に点在するモンの村などを泊まり歩き、牛を仕入れて曳いて帰る。雨季は低地農村を回り、水牛を仕入れる。また、あらかじめ村々に家畜を買い付けると触れ回っておく人もいる。そうしておいて、山の人々が家畜を曳いて商談に来るのを待つのである。そのほか、軽トラックを運転して農産物や旅客の輸送を請け負う傍ら、沿道で家畜を仕入れる人もいる。

仲買人は水牛や牛を一定数仕入れたら、主要な街の屠畜・食肉卸業者などに連絡を入れ、商談に入る。ちなみに、ルアンパバーン県域中央部の場合、仲買人は二〇〇二年時点で四〇名近くいた。そのうちの二〇名余りはウー川流域の人だが、一九九〇年代中頃時点では同流域の業者は七、八名だったそうである。

地方では、幹線道路の整備が進むにつれ、沿道の要所に集住地区が形成され、小市場もできている。小市場では周辺の村人が数名で班を組み、班員が合資してブタか牛か水牛を仕入れ、屠畜し、肉を売っている。ナムトゥアム市場とナーモー市場の事例を紹介しよう。

ルアンパバーン市街から幹線道路を北に一〇九キロメートル走れば、ナムトゥアムに至る。ナムトゥアムはかつてラオの人々の小村だったが、政府の開発拠点に指定され、一九九四年にポンサーリー県からカムーの人々が政府の指導で来住するなどして、集住地区になった所である。同年に定期市が始まり、一九九五年からは道路の拡張舗装工事が始まった。工事は九七年に完了し、市場は二〇〇〇年以降、常設になる。二〇〇四年に訪ねた時は、六つの班が市場での食肉販売に関わっていた。

班員はすべてカムーの人々であった。

六つの班は、三班ずつの二グループに分かれ、五日ごとに交替して売り場を担当していた。担当グループは、一日にブタ二頭を屠畜し、売っていた。さらに、同市場では平常市に加えて、一〇日に一度、盛大な市が立つが、この日には一方のグループが水牛三頭分を売り、もう一方のグループがブタ四頭分を売り、次の十日市では担当を入れ替えていた。

ナーモー市場は、ウドムサイ県都のサイからルアンナムターへの幹線道路沿いにある。郡の交通拠点の一つで、やはり一九九〇年代以降大きくなった市場である。二〇〇四年の時点では、市場の隣の二つの村の業者が一日交替で売り場を担当し、一方が当番日に牛か水牛を二頭、もう一方がブタを二頭、それぞれ屠畜し、食肉処理して売っていた。

ちなみに、牛と水牛担当の村には三つの班があり、その一つは二〇〇〇年から参入した五名のカムーの人が組む班であった。彼らの仕入先は前述したナーモータイ村やナーサヴァーン村など郡内の農山村だが、五人ともバイクも車も持っていないので、徒歩で行くか、乗り合いバスを利用していた。行き先で仕入れた牛や水牛の多くはサイ市街の屠畜業者に転売された。一ヵ月あたり三五頭程度を取引した。また、一部は当番日に屠畜し、ナーモー市場で売っていた（写真5）。肉が残ったら、荷車に載せ、付近で行商するとのことであった。

かつて地方には牛や水牛の屠畜や食肉販売に従事する業者はほとんどおらず、食肉を売る市場もなかった。従来、農村の人々は、祭りなどの際に協働して屠畜し、宴で共食する以外に、牛や水牛

写真5　ナーモー市場隣村で水牛を食肉処理する業者たち（2004年8月）

の肉を食する機会がなかった。それがここ十数年で地方市場ができ、幹線道路周辺の村々の人々は手軽に肉を購入するようになってきたわけである。

❖屠畜・食肉卸業者から生鮮市場の小売人へ

ラオス北部の主要な街を拠点に活動する屠畜・食肉卸業者や生鮮市場の小売人の状況については、二〇〇三年時点のルアンパバーンとサイの事例を紹介しよう。

ルアンパバーンの街では、周辺地区に住む八業者が、水牛と牛の屠畜・食肉卸業を担っていた［高井 二〇〇五、二八九］。業者たちは携帯電話と大型トラックを所有しており、仲買人などから入荷の連絡が入ると、現物を見分しに行き、肉の量を即座に判断し、値段交渉に入る。商談が成立すると、牛や水牛を引き取り、自宅裏の広場などに放しておく。

彼らは自ら小売する一方、数名ずつ小売人の得意先を持っている。小売人の大半は市内の生鮮市場を売り場とする女性である。彼女たちから肉の注文を受けて、翌日の屠畜頭数を決める。冷凍保存設備がないので、余分に屠畜すると、生肉として売れない肉が多量に生じて損をするからである。

彼らの一部はビエンチャン方面の業者へ牛や水牛を転売してもいる。ラオス北部の人は水牛肉を好み、中部の人は牛肉を好むので、牛を転売することが多いと話す。屠畜は市の屠場などで深夜になされる。実際の作業は、屠畜・食肉卸業者が雇った作業員が行なう。屠畜数は一定しない。参考までに、二〇〇三年六月の資料を見ると、月間の水牛と牛の屠畜頭数は八業者で四二八頭、一日平均は一三・八頭であった。ラオ正月やボート祭りの月には、一日あたりの屠畜数は五〇頭近くに増えると言う。

食肉処理作業を経て、明け方に肉は小売人等に渡される。市内にはいくつかの生鮮市場がある。最も大きいポーシー市場では、二七軒の小売人が毎日朝から夕方まで牛肉や水牛肉を台に並べて売る。そのほか、仕入れた肉をバイクや軽トラックに載せて近郊農村を回る男性行商人もいる。

ルアンパバーンの街で水牛と牛を扱う屠畜・食肉卸業者や作業員や小売人の多数は、一九五〇年代中頃以降にポンサーリー県域の村などから来住した黒タイの人々とその子孫である。なお、当地の特色として、外国人観光客向けのレストランなどが大口顧客であり、牛肉や水牛肉のサーロインなど最上質肉を買い取っていることを付記しておく。

サイの街の場合は、一二名の食肉卸業者が一班を組み、牛や水牛を農家や地方の仲買人から仕入れている。彼らは一日平均三頭前後を私設屠場に送る。頭数は不定で、農繁期は少ないが、ラオ正月の四月は一日一〇頭前後に増える。私設屠場は三名の経営者が一九九〇年代前半に合資設立したもので、作業員を使って有料で屠畜を請け負う。食肉卸業者は肉を受け取り、売り子に市内生鮮市場で販売させる。売り子たちは肉を仕入れる資金がないので、食肉卸業者から肉を預かって一人一〇〜二〇キロを小売している。売り上げ一キロあたり五〇〇キープ（約五円半）の出来高賃金を受け取る契約である。

市内生鮮市場の水牛肉や牛肉売り場は、二つの班が隔日で交替する輪番制を採っており、各班一七名の売り子が加入していた。食肉卸業者も屠場経営者も売り子もすべてカムーの人々であり、一九八〇年代から九〇年代に市街居住地区に移住した人々である。

そのほか、前述したルアンパバーンの黒タイの屠畜・食肉卸業者の一人が、二〇〇〇年に市街近くの陸軍駐屯地内に私設屠場を建て、一日あたり水牛約二頭を屠畜し、販売している。ルアンパバーンとサイの街では、屠畜・卸・小売のあり方に相違があるが、移住者が流通を担う点で共通する。

ラオス北部の水牛や牛の屠畜頭数や食肉消費量の推移は、農村での屠畜や闇での流通分があり、把握しにくい。参考までに聞き取り調査の結果を紹介すると、ルアンパバーンの街の業者の一日の屠畜頭数は国有会社時代と現在で大きくは変わらない。サイの街の業者の場合は、国有会社時代は一日一頭でも売れ残ったと聞くが、現在は通常月でも一日五頭前後を屠畜しており、地方の小市場でも食肉が日常的に流通するようになっている。

❖集住地区の暮らしと食肉需要の増加

ラオス北部での食肉消費の増加の背景としておそらく重要なのは、市街周辺部や幹線道路沿いへの人々の移住と集住地区の形成である。たとえば、サイの街の周辺部住民には、一九七五年以降各地から来住した公務員のほか、一九八〇年代後半以降、県内県外から移住してきたカムーやホーやプーノーイなどの人々が多い。八〇年代まで人家がほとんどなかった地域に、二〇〇〜三〇〇世帯の新居住区が複数できている。また、前述のナムトゥアムも、一九九〇年代後半以降、急激に戸数を増やした集住地区である。ナーモー市場地区も、一九六〇年代には人家がほとんどなかった。それが一九八〇年に政府経営の小さな店舗ができ、一九八〇年代後半から人々が集まり始め、小さいながらも街の様相を呈し始めた。

集住地区での暮らしは、故郷でのそれとは異なる。彼らは故郷では、焼畑などで主食の米を生産する傍ら、林産物を採り、河川の魚、水田の生物などを捕って、おかずにしていた。水牛などの家畜は貴重な財であり、その肉は年に一、二回の宴でのみ食するご馳走であった。しかし、集住地区では多くの場合、移住者は農耕適地を充分確保できない。農業で生計を立てることが難しい。林野も不足し、漁撈も乱獲や水質汚染で難しくなる。他方、日雇いの農業労働などの賃金労働や小売業などの雑業で現金を稼ぐ機会が増える。

　前述した水牛肉関連の仲買人や屠畜・食肉卸業者の多くも、こうした事情から同業界に参入した移住者であった。農外就労で多忙な人々は、困難になった漁撈や採集に時間を割くよりも、肉の小片を気軽に日常的に購入するほうを選ぶようになる。また、商品作物栽培などで現金収入が増加した農村では、宴が派手になり、頻度も増し、肉を食する機会は増えているように見える。ラオス北部の人々の暮らしの変化は、農村から水牛を市場に押し出す一方で、その消費をも後押しする。

　ただし、ラオス北部における牛や水牛の流通の活況は既にピークを過ぎつつあり、長くは続かないと流通関係者の大方は観測する。ルアンパバーン県中央部の仲買人たちは、一九九八年から二〇〇〇年までよく儲かったが、二〇〇一年以降は農村の牛や水牛の頭数が減るのに同業者の数は増える一方で、商売が苦しくなってきたと話していた。

　また、ルアンパバーンやサイの街の屠畜・食肉卸業者が牛や水牛を仕入れる場所は、二〇〇三年頃まで比較的近郊の農村であった。それが二〇〇七年になると、近郊農村の牛や水牛は枯渇し、仕入先が遠方に移っていた。同年に会ったナムトゥアムの業者も、沿道農村の水牛は減り、山に住む人が平地に降りたため山地の牛も減っていると話していた。関係者の中には、このままでは近い将来、ラオスも水牛や牛を輸入するようになるかもしれないと語る人も多い。

おわりに

ラオス北部農村の人々の暮らしは今、大きく変わりつつある。本章では、水牛という窓口から、その変化を眺めてみた。

従来、この地域の村人にとって、水牛は重宝な生き物であった。水牛は大地を耕す役畜となり、精霊と人を結ぶ儀礼では贄となり、人と人を結ぶ宴ではご馳走となる。つまり、水牛は人と自然、人と精霊、人と人の間を媒介する存在であり、村人自らが他と関わる上で欠かせない存在であった。

そんな水牛を、彼らは放し飼いにしていた。ただし、放し飼いの場は、手付かずの自然ではなく、焼畑休閑地や稲刈り後の水田であった。そこは、人が手を入れた後、放っておくことで生じる放し飼いの適地であった。また、林産物の採取や小動物の捕獲など他の多様な活動の舞台でもあった。村人は焼畑や水田に入り、水牛を世話する行き帰りに他の活動もこなすことができた。彼らは水牛を放し飼いにすることで労力と時間を有効に活用してきたと言える。

たしかに、人為による徹底した管理ができない放し飼いは、生産の効率性や安定性を脅かす要素を多く抱えている。しかし、畜産の観点から水牛の放し飼いの難点を挙げるだけでは、それを一方的に断じることにしかならない。むしろここでは、水牛の放し飼いが彼らの生業複合的な生き方の一部としてあり、他の生業をこなしつつ水牛を飼うには放し飼いがきわめて適合的な方法であったことを強調したい。

しかし、ここ数年で、水牛の置かれている状況や位置づけは大きく変化してしまった。市場経済の波に呑まれる中で、農地は商品作物を生産する場としての機能に特化するようになった。商品作物の栽培に常時使われる土地が増え、放し飼い適地が減り、従来、大切な家畜であった水牛は商品作物を食する害獣とみなされるようになってしまった。現在、放し飼い禁止の指導強化などによって、身近な暮らしから水牛の姿は消えつつある。

その一方で、人々はお金さえあれば、自ら飼い育てた水牛を屠畜する際の心的葛藤を経験することなく、市場に並んだ水牛の肉を気軽に買うことができるようになり、また、訓練を施した水牛で何日もかけて行なっていた水田の耕起を、耕耘機で手早く済ませることができるようになりつつある。

ラオス北部の農村における水牛をめぐる変化は、人々の生き方全体の変化を象徴している。従来、人と家畜と他の生き物が共存する生態環境を持続する知恵を、人々は生活の経験の中で当たり前なこととして代々身に付けてきた。これは、生き方そのものであり、水牛と人との関わりもこの生き方に属するものであった。ところが、生態環境自体が激変し、これまでの経験はそのままでは生きる知恵にならなくなったのである。

ラオス北部の場合、その生態環境を他国の消費市場向けの農作物供給地に化す方向で開発が進んでおり、人々は戸惑いつつも、その流れに乗り遅れまいとしている。彼らは交通の便の良い地区に集住するようになり、遠隔の山地では過疎化が進んでいる。人々の暮らしは、人と家畜と他の生き物との共存から離れ始めている。

　しかし、こうした方向の先に、ラオスの人々の豊かな生き方の実現はあるのだろうか。現代産業社会の利便性を誰もが享受できるようにすることは大切なことだが、はたしてそのように事態は進むであろうか。現在の方向が、熱帯モンスーン気候に育まれた豊かな森林と河川を有するラオス北部の発展の方向なのだろうか。

　人と水牛をともに育んできた当地の人々の従来の生き方は、地域の特徴を活かし、他の生命とつながりながら人間が生きる知恵として評価すべきものである。人々自身がこの知恵に誇りを持ち、長期的な展望のもと、従来の生き方と市場経済との折り合いを主体的に模索できるようにすることが大事なのではなかろうか。

引用文献

清水寛一　一九九五「東南アジアの水牛生産――牛生産との関係および中国、インドおよびパキスタンとの比較」『東京農業大学農学集報』三九(四)、一八七―二一二頁。
園江　満　二〇〇六『ラオス北部の環境と農耕技術――タイ文化圏における稲作の生態』東京外国語大学アジア・アフリカ言語文化研究所。

高井康弘　二〇〇五「ルアンパバーンの牛・水牛肉流通と黒タイ来住民――ラオス北部の社会経済変化の一側面」北原淳編著『東アジアの家族・地域・エスニシティ――基層と動態』東信堂、二八八―三〇四頁。

――――　二〇〇七「ラープ」秋道智彌編著『図録　メコンの世界』弘文堂、九二頁。

Krom Pasusat. 1998. *Khomun setthakit kanpasusat pracam pi 2541*, Bangkok（タイ国農林省畜産局一九九八年家畜経済統計資料）.

National Statistical Center. 2005. *Statistics 1975-2005*, Vientiane: National Statistical Center.

———. 2007. *Statistical Year Book 2006*, Vientiane: National Statistical Center.

United Nations Development Programme. 1996. *Socio-Economic Profile of Oudomsay Province.* Vientiane Rural Development Programme Formulation, UNDP.

Yokoyama, S. 2004. Forest, ethnicity and settlement in the mountainous areas of northern Laos. *Southeast Asian Studies* 42(2): 132-156.

第3章　民族間関係と民族アイデンティティ

中田友子

はじめに

国民国家が当たり前となっている現在、国家内に複数の民族を抱える多民族国家の場合、民族間関係はしばしば非常にデリケートなものとなり、時には大きな民族紛争にまで発展することがある。その中で、少数民族と多数民族との関係は後者が圧倒的な権力を握って前者を支配するという図式が多いのではないだろうか。ラオスは、ラオを含むタイ系集団のほかに、モン、ヤオといった集団やチベット・ビルマ系集団、そしてオーストロアジア系（モン・クメール系）集団など多くの民族集団が暮らす多民族国家である。二〇〇五年のセンサスの結果を見ると、四九の集団が挙げられている［Steering Committee for Census of Population and Housing 2006: 15］。

多様な民族集団は、かつて三つに分類されており、現在もこの分類は根強く残っている。この三つとは、「ラオ・ルム」（低地ラオ）、「ラオ・トゥン」（山地ラオ）、「ラオ・スーン」（高地ラオ）であり、言語的な分類ではなくむしろ共通の地理的な生活条件に基づいて分類されている。ラオ・ルムはラオなど平地に住む集団を指し、ラオ・トゥンは山の中腹に主に住む集団を、そしてモンやヤオを含むラオ・スーンは山頂に主に暮らす集団を指している。ただし、ラオ・ルムにはラオ以外に、黒タイや赤タイなど主に山地に住む集団が含まれている。

ラオ・トゥンと呼ばれる人々は言語的にはオーストロアジア系に属す集団であり、かつて「カー」（奴隷）と呼ばれ、もっとも「遅れた」人々とされていた。フランス植民地時代、彼らはラオを含むタイ系集団やモン・ヤオに比べて明らかに低く扱われていたが、ラオス王国政府はこの呼び名が侮蔑的であることに気づき、敵であるパテート・ラオが作った呼び名、ラオ・トゥンを代わって用いるようになった。そして一九七五年の革命後はこの呼び名が制度的に用いられるようになった［Evans 1998］。この分類は一説では、もともとはラオの共産主義者がベトナムのアドバイザーに相談し、ラオスの民族集団を「ラオ」という接頭語を用いることを通して一つに結びつけるために、政治的戦略として採用したとされる［Evans 1999a: 26］。一九八一年にラオス革命の中心的指導者の一人、カイソーン・ポムヴィハーンがこの分類に代わるより詳細な新しい民族分類を公的に確立することを提唱し

[Polsena 2002]、センサスや政府が発行する統計などでこれを目にすることはなくなった。しかし、この三つの分類が定着していることは、人々の日常会話で現在も頻繁に使用されていることからもうかがえる。

さて、多数民族として位置づけられるラオは全国民のせいぜい五〇パーセント程度しか占めておらず、同じタイ系集団の黒タイや赤タイなどを含めても約六〇パーセントに過ぎないと言われる。[*1] 隣国のタイ、ベトナム、カンボジアではそれぞれ多数民族が人口の八〇数パーセントから九〇パーセント以上を占めていることを考えれば［綾部 一九九五、八三・カンウェラヨティン 一九九五、七五・綾部 一九九六、八六］、ラオはラオスでは圧倒的多数を誇る多数民族とは言えない。本章では、このような状況でラオと少数民族、特にラオ・トゥンがどのような関係を結んでいるか、そこにどのような民族アイデンティティのあり方が見られるかを考えたい。まず、神話や伝承、儀礼において、ラオ・トゥンが、また両者の関係がどのように表象されているかを概観した上で、村落レベルで実際に起こっていることをもとに、両者の関係を明らかにしたい。

なお、本章で扱う事例は、私の一九九八～九九年、および二〇〇四～〇六年のフィールドワークに基づいている。どちらもラオス南部のチャムパーサック県、パークセーとパークソーンを結ぶ国

＊1　二〇〇五年のセンサスでは、ラオは全人口の五四・六パーセントを占めるという結果が出ている。一方、シャゼによれば、ラオは全人口の約三五パーセントしか占めておらず、ラオ以外のタイ系諸族が人口の約二〇パーセントを占め、あわせて約六〇パーセントがタイ系民族としている［Chazée 1999:7］。

道沿いの地域で行なった調査であり、一九九八〜九九年には一年間、住み込み調査を、また二〇〇四〜〇六年は年に三〜四週間の調査を行なった。

一　ラオとラオ・トゥンとの関係の諸様相

❖表象に見る関係

オーストロアジア系集団であるラオ・トゥンの人々がラオの神話・伝承や儀礼でどのように表象されているかを一言でいえば先住民である。これは歴史的事実とも重なり、ラオは現在の中国から漢族らに押されて徐々に南下し、七〜八世紀ごろ、当時クメール帝国の勢力下にあった現在のタイ、ラオス、ビルマの北端に移動してきたとされる［上東　一九九〇、二二］。その当時、ラオ・トゥンは既にこの地に居住しており、ラオは後から来た人々ということになる。両者の間にはかなり古い時代から接触があったと考えられる。

一九七五年の革命によって途絶えたラオの王家であるが、かつて宮廷で行なわれていた儀礼でラオ・トゥンの人々が重要な役割を果たすことは珍しくなかった。[*2] これに関しては、神話・伝承からその背景の詳細を知ることができる。ラオスの創世神話として代表的なものは、クンブロムの物語である。クンブロムは、まだ天上と地上の交通があった混沌の時代に、天界から支配者となるべく地上に送られた最初の王である。天からはさらにカボチャ（あるいはヒョウタン）が送られ、ある神がカボチャに焼けた鉄で穴を開けたところ、黒い人々（カー＝ラオ・トゥン）がそこから出てきて、冷ました鉄で穴を開けたところ、白い人々（ラオ）が出てきた。[*3] これが人類の祖先である。そののち、天と地の交通は断たれた［飯島 一九九六；Phinith *et al.* 1998］。したがって、ラオの創世神話には既にラオ・トゥンが登場している。

ラオ・トゥンの中でも、ルアンパバーン付近に古くから住むカサックと呼ばれる人々とルアンパバーン王家との関係は突出したものと言えよう。カサックの人々はラオ・トゥンの一つ、カムーのサブグループとされることもあれば、カムーと言語的にも文化的にも近いが異なる集団とされることもある。

彼らとルアンパバーン王家との関係について言及した伝承は複数ある。ドレによれば、クンブロ

＊2　タイや雲南においても、オーストロアジア系民族は先住民とされ、彼らを征服したタイ系集団が建国を果たしたとされている。そのため、同様の守護霊儀礼が見られる。たとえば、ランナー王国の流れをくむタイ北部では、プーセ・ヤーセ精霊祭祀の中で先住民のルワの祖霊が仏教に帰依するパフォーマンスが行なわれる［田辺 一九九三・馬場 二〇〇七］。また、雲南のシプソン・パンナー王国でも、先住民プーランの祖霊であるアラワカ・ヤックが仏教に帰依し、王の捧げる水牛を食べるようになったというモチーフの守護霊祭祀が存在する［馬場 二〇〇七］。

＊3　このクンブロムの神話にはたくさんのヴァージョンがあり、ラオとカー以外に、中国人や他の民族も出てきたとするヴァージョンもある。

ムには六人の子供がおり、彼の死後、六人はそれぞれ異なる領地を治めるために散らばった。長男のクンローはルアンパバーンへ行き、この土地がとても気に入ったが、そこには既に先住の民である カサックの人々がおり、クンローがこの土地を荒らすことを好まなかった。両者の間に戦いが起こり、カサックの人々は完敗を喫した。勝者は敗者に対して広い山地をあてがい、スイカや米、カボチャなど焼畑の作物を毎年、王に貢納することを条件に、その所有権を保証した［Doré 1980: 50-51］。

これ以外にも、両者の関係についての伝承がいくつも残っており、その中には両者を兄と弟という関係で語るものが複数見られる。それらは一様に、ばか正直で情愛深い兄（カサック）を、ずる賢く悪知恵の働く弟（ラオ）がだまして勝利をおさめるというモチーフに基づいている。たとえば、領土を画定するための争いにおいても、またボートレースによる水路の所有権をめぐる争いでも、弟がお人好しの兄をまんまとだしぬき領土と水路の所有権を獲得している［*ibid.*: 53, 56］。さらに、統治権をめぐって弓を競い合った際は、矢の先に糊をつけて放った弟が、矢を的である対岸の岩に接着させることに成功し、兄を出し抜いて統治権を獲得したといった伝承もある［田村 一九九六、一〇八］。

先住の民でありながら山地へと追われた兄と、統治権を得た弟という両者の関係は、かつてのルアンパバーン王家の儀礼にもさまざまな形で表象されていた。たとえば、両者の間には儀礼的交換が定期的に行なわれており、毎年ラオ暦一二月にカサックの人々はルアンパバーン王と王家の血筋にあたる四家に対し、タバコや脱穀したての米、つぼ酒などを贈っていた。

またこれ以外に、ラオ正月には三年毎に王は彼らから四つの「健康と長寿のカボチャ」を受け取ったとされる。このカボチャの栽培はカサックの人々にのみ許された特権であった。その際、カサックの人々は王に対し、黒と白、二頭のスイギュウを供犠する年であることを告げ、王はそのための資金を与えた。カサックの人々は必要に応じて、道具類や衣服、塩などを王に対し要求し、王はこれを与えており、また王によって課せられる税と賦役労働を免除されていた。さらに王の即位式では、あらゆる魔力を王から遠ざけるために、カサックが王を玉座まで手をひいて導いていた。一九〇四年のシーサヴァンヴォン王の即位式では実際にこのような儀礼が行なわれていた［*ibid.*: 62］。

征服者であり統治者であるラオと被征服者であるラオ・トゥンとの関係は、南部では若干異なっているが、*4 後者が先住民とみなされている点においては共通している。そして、ルアンパバーン同様、チャムパーサック王家の儀礼でもラオ・トゥンは重要な役割を担っていた。たとえば、クメール遺跡、ワット・プーでかつてラオ暦六月に行なわれていた水牛供犠では、スイギュウを殺す役割をラオ・トゥンの人々が担っていた［Archaimbault 1956］。

＊4　アルシエンボーの分析によれば、ラオス南部の神話でも、人間はカボチャから生まれたとされるが、生まれた時に既に異なる民族集団にそれぞれ生まれた人々が属していた北部とは異なり、天の国の王女の過ちによって偶然カボチャから生まれた人間は、監視の目がなければ、互いに交わりあい、また殺しあうといった混沌状態にあった。この混沌に終止符を打つために、神は使者をこの地に送り込んだ。しかし、儀礼の際には、この性的自由が再現されるのであり、先住民の統合は社会化されたセクシュアリティのレベルで実行される［Archaimbault 1964: 62-63］。

また、毎年ラオ暦一一月に行なわれるボートレースでも、彼らの参加はきわめて重要な意味を持っていた。王家にとって重要な儀礼であったこのボートレースには、かつてボーラヴェン高原やセーコーンからラオ・トゥンの七〜八集団の人々がやってきていたという。ラオ・トゥンがなぜこの儀礼に参加するのかは、王家の年代記を参照すれば理解できる。それによると、一七二四年にチャムパーサック王は、サーラヴァン地方に住むラオ・トゥンの先住民二人がある洞窟の中で宝石でできた仏像を発見したことを知った。王はこれを王都へ持ってくるよう命じたが、ボートで運ぶ途中、仏像は川の中に落ちてしまった。捜索もむなしく、仏像を見つけることはできなかったが、王は天の神のお告げにより、この仏像を運んでいた先住民二人を川の中に潜らせたところ、一人がこれを見つけ、持ってくることに成功した。仏像は王座の間に置かれ、その後「宝石の仏像のカーの村」と名付けられた村に住むようになった先住民たちは毎年、この仏像に捧げるためにさまざまなものを持ってくることになった。

一八一一年にこの仏像はシャムに奪われ、バンコクに持ち去られてしまったが、先住民たちはラオ暦一一月に行なわれる宣誓の儀式にはチャムパーサックに来訪し続けていたという［Archaimbault 1972: 56］。ボートレースに参加するためにやってきたラオ・トゥンの人々は専用の衣装を身につけ、王国の守護神である「宝石の仏像の奴隷」の子孫として、王都の繁栄を見守る者とされていた［*ibid.*: 57-58］。

北部と南部で共通しているのは、ラオ・トゥンがラオに対して先住民という位置づけを与えられ、ラオによって支配される人々とされていることであろう。ただし、彼らは被支配者とはいえ、ルアンパバーン王家にとっては魔力を遠ざける存在として、チャムパーサック王家にとっては守護神である宝石の仏像を発見しもたらした存在として、重要な位置づけを与えられていることも見逃すことはできない。そして何よりも、彼らがラオの世界観においてまったく排除されておらず、それが周辺的なものであるにせよ、一定の位置を与えられ、その中に統合されていることは両者の関係を考える上で重要なポイントの一つと言えよう。

❖村落内での関係

ラオス南部の少数民族はほぼすべてラオ・トゥンの集団で占められており、北部同様、伝統的に彼らは主に山地や高原部に住み、ラオはメコン川沿いの平地に住むとされる。両者の間にはこのようなはっきりとした住み分けがあるとされるが、少なくとも村人たちの話を聞く限り、実際には山地や高原部にもラオは住んでいたと考えられる。ラオの村人に出身地を尋ねると、サーラヴァン県あるいはアッタプー県といった地名を聞くことが珍しくないからである。いつ頃から、どのような経緯でラオが山地あるいは高原部に住むようになったのかは不明であり、その歴史はせいぜい数十年かもしれないが、ラオ・トゥンの住む地域とされるところにラオたちがそれほど抵抗感なく移住しているものと思われる。

私がフィールドワークを行なってきた地域は、ラオ・トゥン（写真1・写真2）とラオの人々が他の地方からさまざまな時期に移動してきて作った村で構成されている。その時期は、一九四〇年代の

写真2　ラオ・トゥンの伝統的な酒で、儀礼には欠かせないつぼ酒。この地域ではごくわずかな村だけが今もこれを作る（2005年10月、バチアンチャルーンスック郡）

フランス植民地時代から一九七五年の革命後までの間であり、特にベトナム戦争やラオス内戦の時期にあたる一九六〇年代に比較的集中している。ラオ・トゥンの集団はその多くがもともとセーコーンやサーラヴァンなどに住んでおり、これらの地域は戦争中ホーチミン・ルートを狙ったアメリカ軍による空爆が非常に激しかったことで知られている。そのため彼らは難民として低地に移住したのである。

一方ラオは、ラオ・トゥンの人々とは違い、集団ではなく個人あるいは家族単位でやってきて住むようになった。そのため、ラオが単独で村を作るのではなく、むしろ既存の村に入って定住するケースが少なくない。私が聞き取り調査を行なった国道二三号沿いにある三一の村のうち、ラオがもともと作った村は二村しかなく、どちらの村も出自の異なる人々が集まって作ら

写真1　ラオ・トゥンの伝統的なパイプたばこ。この地域ではごく稀にしか目にしなくなった（2005年10月、バチアンチャルーンスック郡）➡

れた村であった。この二村以外はすべてラオ・トゥンによって作られた村である。ラオがこの地方にやってきた理由として圧倒的に多いのが、農地を求めてというものである。この地域では、フランス植民地政府によるボーラヴェン高原開発のために一九二七年にパークセーとボーラヴェン高原を結ぶ道路が建設された。一九三〇〜四〇年代にかけて開発が進むにつれ、開拓用の土地に余裕のあったこの地域に住民が集まり始めた。ラオもこれを求めて一九四〇年代から入ってくるようになり、かつてはラオ・トゥンの村であったが、いつしか人口構成が逆転し、現在ではラオが住民の多数を占めるようになっている村も少なくない。また、個人でやってきたラオの中には、ラオ・トゥンと結婚して村に住むようになったケースも珍しくない。親戚のところへ遊びに来て、あるいは農園に働きに来て現在の夫あるいは妻と出会ったという話は頻繁に耳にする。

私が一九九八〜九九年にフィールドワークを行なったバチアンチャルーンスック郡にある世帯数約三〇戸のK村では、三八組の夫婦のうち、ラオとンゲの夫婦が五組、ラオとタリアンの夫婦が三組、ラオと赤タイの夫婦が一組で、計八組のラオとラオ・トゥンの通婚が見られた。ただしこの中に、ラオと自称してはいるが実際は両親ともラオではない者が三人含まれていた。ラオと称する三人は姉妹で、彼女たちの父親は幼い時に子供のいないラオの夫婦の養子となった。父親は結婚して彼女たちが生まれてからもラオの養父母とともに長く暮らしたことにより、ラオ・トゥンの妻との間に生まれた娘たちのアイデンティティもラオになっていると思われる。このケースについては後でさらに詳しく述べる。

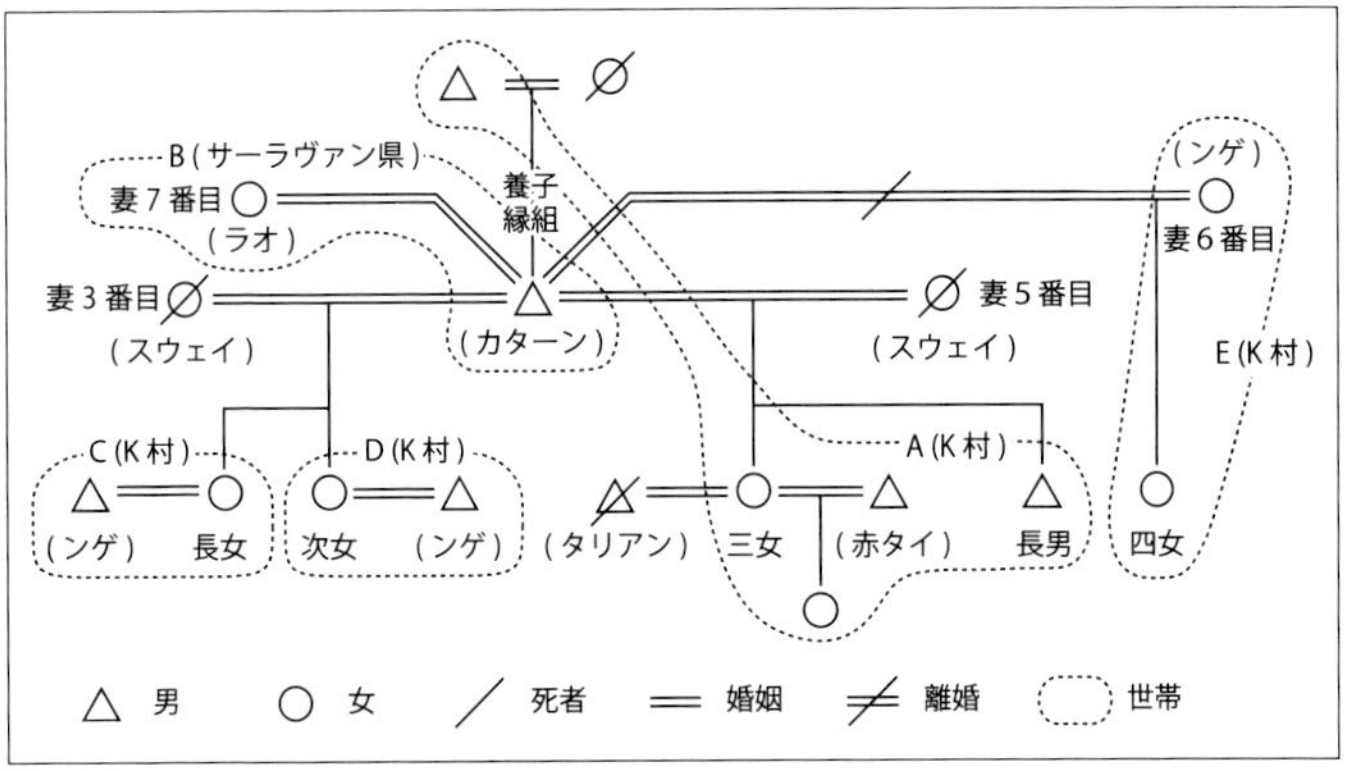

図1　K村のラオ系一家の親族関係図（1999年）

（注）離別した妻１番目、妻２番目、妻４番目は子がいないため省略した。

また、パークソーン郡Q村でも世帯調査を二〇〇六年に実施した。Q村は世帯数約九〇戸の比較的大きな村で、一九四〇年代前半にラヴェーンによって作られた村である。ラオは一九四五年ごろからこの村に入ってきたという。Q村では把握しただけでもラオとラヴェーンの夫婦が一六組、さらにラオとラヴェーンの間に生まれた村人とラオとの夫婦が三組、ラオとラヴェーンの間に生まれた村人同士の夫婦が一組、ラヴェーンとラオの夫婦が一組見られた。ラオとラヴェーンとの間に生まれた二世が結婚する世代となっていることは、両者の間の通婚が古くから行なわれていたことを示している。先に挙げたK村とQ村の数字から、ラオとラオ・トゥン系との通婚がけっして珍しいものではないと言えるだろう。

❖あるラオ系一家の事例

K村に一九七三年から暮らすラオの一家（図1）は、一九九七年の調査当時、ラオの八〇歳代の男性（妻は既に死亡）と、孫娘夫婦とその幼い娘、そして孫息子で構成されていた(世帯A)。この老人と妻は共にラオで、子供がいなかったため、サーラヴァンでカターンの男の子を養子に迎えた。孫娘らはこの養子の娘である。この養子は七回結婚を繰り返し、一番目と二番目の妻はともにラヴェーン、三番目がスウェイ、四番目がラヴェーン、五番目がスウェイ、六番目がンゲ、そして現在の妻がラオである。三番目と五番目の妻とは死別で、他はすべて離別である。彼は、三番目の妻との間に長女と次女をもうけ、五番目の妻との間には三女と長男をもうけた。そして六番目の妻との間に四女をもうけた。当時、養父とともに暮らしていたのは、三女と長男である。そして養子は、七番目の妻が住むサーラヴァンへ一九九一年ごろ移った(世帯B)。

長女と次女はK村のンゲの男性と結婚し(世帯CとD)、三女はK村に住んでいたタリアンの男性と最初結婚したが、死別し、その後近所にある軍の学校に所属していた赤タイの男性と再婚した(世帯A)。唯一の息子は中学校を中退した後、家の農作業に従事した。四女は両親の離別後、母親(やはりK村の村人)とともに暮らしていた(世帯E)。

さて、この一家についてまず指摘できるのは、その家族関係がきわめてマルチエスニックになっている、と同時に民族間の垣根が低いことである。ラオの夫婦がラオ・トゥンの子供を養子にして育て、生涯共に暮らした結果、養子は実の両親ではなく、養父母の民族集団であるラオのアイデンティティを持つことになった。実際、長女は最初、自分はラオであり、自分の親もラオであると、私に語っていた。その後、調査を進めていくと、実は自分の父親はカターンで、ラオの夫婦の養子となったと説明してくれたのだった。

単純に考えれば、彼女は最初私に嘘をついたことになる。ラオ・トゥンよりはラオのほうが一般に社会的な地位は上と見られているため、このような嘘をつく理由は十分にある。しかし、それは嘘ではなく、彼女自身の民族的アイデンティティの複雑さがそこに表れていると見るほうが妥当であろう。ラオの養父母に育てられた父はラオの文化の中でこれを吸収しながら成長した。彼から生まれた子供たちも彼と彼の祖父母に育てられ、同様にラオの文化の中で成長した。ラオの文化とは、単純に言ってしまえば、ラオ語を日常的に話し、仏教徒となることを意味している。したがって、彼女の父も彼女自身もラオであり、彼女の民族的なアイデンティティではラオとなっていると考えられる。しかし、その一方で、父の生みの両親はラオではなくラオ・トゥンであるという事実も忘れてはいない。その事実を重視すれば、父も彼女もラオではないことになり、結果的に二つのアイデンティティを持つことになるのではないだろうか。

このような民族的なアイデンティティの揺らぎ、あるいは二重性はおそらくそれほど珍しくないのではないかと考えられる。というのは、Q村でもこれに似た語りを聞いたからである。その時は、あるラオ女性が自分の娘の夫を最初はラオと語っていたが、その後、ラヴェーだと言った。私が矛盾を指摘すると、その女性は、ラヴェーも今じゃラオと同じようにラオ語を話すし、ラオと同じようになっているからラオみたいなものだと弁解したのである。

この場合は、娘の夫はあくまでもラヴェーの両親から生まれ、彼らに育てられており、ラオの文化の中で育ったとは言えない。しかし、Q村ではラオ・トゥンの住民のほとんどが仏教徒となっており、また日常的にラオ語を話す。普段の生活の中で、両者間に文化的な差異はまったくと言っていいほど感じられない。つまり、文化を基準とすれば、彼らもラオと呼んでも間違いではないというのが彼女の言い分であろう。

ただし、ラオ・トゥンの人々の中で、仏教徒ではなく精霊祭祀を保持している人々に対しても、「ラオ」と呼ぶかといえばそうではない。というのは、民族に関係なくすべての住民がラオ語を話し、衣食住に関わる生活スタイルでもほとんどラオと区別のつかないこの地域のラオ・トゥンの人々とラオとを差異化する最後の基準となるのが祭祀と言っても過言ではないからである。精霊祭祀には多くの場合、動物供犠を伴い、これが殺生を戒める仏教とは相容れないものとして、仏教徒の違和感を誘う。

ラオは仏教徒とはいえ精霊祭祀も実際には行なっているが、少なくともこの地域では動物供犠は行なわない。たとえば、K村で毎年、収穫後に米倉で行なわれる儀礼でも、ンゲの世帯はニワトリをその場で供犠するが、ラオの世帯はニワトリをあらかじめ料理したものを供えるにとどまる。けっして供犠の形をとることはない。ラオの意識の中では、自らの祭祀とラオ・トゥンの人々の精霊祭祀との間には明確な線引きがされているのである。

さて、話をK村の一家に戻そう。長女には一滴もラオの血が流れていない。それは、彼女の妹（次女）も、また彼女の腹違いの妹（三女）と弟（長男）も同様である。それにもかかわらず、自分を含むこれら四人をラオと称していた。それはこの四人が父親の養父母であるラオ夫婦と長く暮らしたからである。これに対し、一番下の妹である四女のことをラオと呼んだことはなかった。それは、四女の母と父とは早くに別れ、その後、四女はンゲの母親のもとで育ったからだと考えられる。現在も四女は母親と共に、仏教徒ではなく精霊祭祀を行なう母方のンゲの家族と一緒に暮らしている。そのため、いくら父親がラオでも、そしてラオである自分の腹違いの妹でも、ラオとは呼ばないのであろう。

以上を総合すると、彼らにとって民族的アイデンティティは、文化的な基準が血統という基準に対して優先すると考えてさしつかえないのではないだろうか。

この事例でもう一つ際立っているのが、民族間での通婚頻度の高さである。養子は七回結婚しているが、妻の民族はラヴェーン、スウェイ、ンゲ、ラオと四集団に及ぶ。また、彼の娘たちの結婚相手も、ンゲ、タリアン、赤タイと多様である。彼は、ラオの養父母によってラオとして育てられたが、配偶者に選んだのはラオよりもラオ・トゥンの出身者のほうが多い。娘たちについても同様である。四女は、私の調査当時、一〇代前半で未婚の少女だったが、三女は、最初の夫がラオ・トゥンのタリアンであり、次の夫がラオと同じくラオ・ルムに分類される赤タイである。長女と次女は二人ともンゲと結婚している。つまり、ラオとして育てられても、配偶者とするのは、必ずしもラオでなければならないわけではないのである。ここでも、民族間の垣根の低さが見て取れる。

❖民族間の近しさと差異

ラオ・トゥンの村に入って住むようになる、あるいはラオ・トゥン出身者と結婚するラオが珍しくなく、頻繁に見られるということは、両者の間が断絶したものではなく、心理的な距離感も近いことを示していると言えるだろう。その一つの要因として考えられるのは、この地域に移ってきたラオ・トゥンが現在では少なからず、「ラオ化」していることである。彼らのほとんどはラオ語を完璧に理解する。この地域の住民でラオ語をまったく話せない人には少なくとも私は会ったことがない。衣服もラオと同じものを身につけ、伝統的な民族衣装を身につける者はいない。食事も、ラオと同じようにもち米を食べ、「パーデーク」と呼ばれる淡水魚を発酵させた調味料を日常的に使う。彼らが住む家屋もラオ式の高床式住居とまったく区別はつかない。

これに対し、両者の間の文化的な面での代表的な違いとして挙げられるのが宗教であり、一般に上座部仏教徒であるラオに対して、精霊祭祀を行なうラオ・トゥンの人々という図式で語られる。ただし、この地域に住むラオ・トゥンの人々は、一部キリスト教徒もいるとはいえ、仏教徒に改宗しているケースがとても多い。あるいは仏教と精霊祭祀を並行して実践するケースも珍しくない。伝統的な精霊祭祀のみを行なっている人々はむしろ少数派であり、彼らの伝統とされる水牛供犠を現在も保持している村は、この地域ではごくわずかである。これに加えて、ラオも実際には仏教と並行して村の守護霊を祀る「ホー・ピー」（写真3）あるいは「ラック・バーン」を持ち、年中行事として精霊をもてなす儀礼「リヤン・ピー」を行なっている。

したがって、実践レベルでの宗教的な差異は、一般に考えられているほど大きくないと言えよう。ただし、人々の意識あるいは表象レベルにおいては、精霊祭祀を行なうラオ・トゥンと仏教徒のラ

←写真3　村の守護霊を祀る祠「ホー・ピー」。年に1度ないしは2度、供物を捧げ、儀礼を行なう（2005年10月、バチアンチャルーンスック郡）

オという区別が厳然としてあるのも事実である。そしてこのような区別があるにもかかわらず、仏教徒のラオと非仏教徒の少数民族との間の通婚は頻繁に見られるということが、逆に実態レベルでの両者の近しさを物語っていると考えることもできるかもしれない。

では、経済的な、あるいは社会的な面では、両者の間にどれだけ差異があるだろうか。元来ラオ・トゥンは山地や高原に住み、焼畑で陸稲作りを中心に行ない、他方のラオは低地で水田耕作を行なうという図式が定着している。ただし、この地域の自然環境面での特殊性として、水田適地が限られているため、この図式をあてはめることはできない。水田の代わりにこの地域ではボーラヴェン高原を中心に、フランス植民地時代に導入されたコーヒーやチャを中心とする商品作物栽培が盛んに行なわれてきた（写真4）。この商品作物栽培は、その後ボーラヴェン高原だけでなく、より低地へと広がった。ボーラヴェン高原からパークセー方面へ下ると気温が上がり、コーヒーやチャの栽培には適さなくなるが、その代わりパイナップルやドリアン、ランブータンなどの果物が生産できるようになる。

フランス植民地時代には、いわゆる土地のコンセッション（許認可権）を得てボーラヴェン高原に入植してきたラオが少なからずいた模様である。私の調査でも、ボーラヴェン高原付近の複数の村で一九四〇年代にこの土地に「スワン」（常畑）を作るために来たと語るラオに多く出会った。彼らは今もコーヒー園を中心に農園を所有し、中には一〇ヘクタールを超えるような大規模経営を行なっている世帯も見られる。スワンを作るための土地を求めてやってくるラオは、近年も多く、パークセーに近い

写真4　カティモール種のコーヒー園（2005年10月、パークソーン郡）

バチアンチャルーンスック郡では、主にパイナップルやドリアンなど果物を生産する。

しかし、結婚によって、あるいは労働者として単独でこの土地に移ってきたラオの場合、結婚相手の家族がわずかな土地しか所有していないとなると、農作業の傍ら日雇いの賃労働に就かなくてはならない。また、家族でやってきたとしても、広い土地を購入する資金を持っていなかった場合も同様である。中には、勤勉に働き、資金を蓄積し、土地を増やしていく世帯もあるが、全体的にはラオといってもその経済的な状況は大きなばらつきがある。

そして、同じくラオ・トゥンについても、彼らがこの地域にやってきた時期や理由によって経済的な状況には差異が見られる。もともとラオ・トゥンの村がまばらに数えるほどしかなかった場所に、フランス人たちがボーラヴェン高原開発のためにやってきて、道路を建設し、一九三〇〜四〇年代に入植者を入れ、労働者が注入された。この時の労働者の多くはラオ・トゥンであり、一部はベトナム人であった。またこの時代には、治安維持のために奥地からこの地に移動させられるラオ・トゥンの村もあった。その後、一九六〇年代に戦争難民として主にバチアンチャルーンスック郡にサーラヴァンやセーコーンから多くのラオ・トゥンがやってきていくつも村を作った。また村を作らないまでも、既存の村に移住する難民も数多くいた。戦争以外でも、疫病や洪水などにより移住してきた村も複数存在する。また、土地を求めてやってきた村もある。

一九四〇年代にボーラヴェン高原のコーヒー園などで働くための労働者としてやってきたラオ・トゥンの人々の多くは、コーヒー園で働く傍ら、開いた土地で細々と焼畑で自給用の陸稲を栽培していた。あるいは、陸稲栽培の代わりに、わずかな土地でコーヒーやチャを栽培する世帯もあった。また、自ら土地を開墾し、コーヒーやチャの栽培を生業の核として行なうようになった人々もいる。現在は、焼畑用の土地が農業プロジェクトのために没収されるなどして、極端に減少しており、このような場合は日雇い労働のみで生活しなければならなくなっており、彼らの経済的な貧困化が目立っている。

これに対し、バチアンチャルーンスック郡では、ラオ・トゥンの人々は焼畑で自給用の陸稲を作っていたケースが多い。幸いなことに、焼畑用地はかつて十分に確保でき、しかも政府による焼畑の規制もなかったため、好きな土地を好きなだけ開墾することができた。ただし、自給自足的な生

写真5　パイナップルと陸稲が混ぜて植えられている様子（2005年10月、バチアンチャルーンスック郡）

活から離れ、ラオと同じような生活スタイルをとりはじめた彼らが、ずっと陸稲だけを作ってきたわけではない。並行してドリアンやランブータンなどの果物を栽培し、現金を獲得するようになっていく。それは、幹線道路沿いに住み、市場への交通の便に恵まれている彼らにとって、当然のなりゆきと言えるかもしれない。そして、村の中では徐々に商品作物栽培の比重が大きくなり、自給用の米よりもむしろドリアンやパイナップルの栽培に重点を置くようになっているケースも見られる。このような村の一部では、水撒き用に電気ポンプを設置して地下水を汲み上げるなど、農業への投資をも見られ、商品作物栽培が生業の中心となっていることがうかがえる。

一九九〇年代に森林破壊の原因になるとして焼畑を規制する動きが出始め、さらに自給自足的な農業では貧困から抜け出すことができないとして、バチアンチャルーンスック郡では行政の指導により焼畑での自給用作物栽培から常畑での商品作物栽培への転換が促された。ただし、即座に商品作物へ転換し、稲作を完全に放棄してしまうことに不安があるのか、行政は商品作物と陸稲の混作を薦めている(写真5)。さらに近年、この地域ではパラゴムノキの植林が急速に拡大しており、[*5]ラオ・トゥンの伝統的な生産活動とされる焼畑での陸稲栽培は継続がきわめて困難な状況になっている。

両者が一つの村にともに暮らす、あるいは近隣の村に暮らして、日常的に接触する機会が多くなってから久しく、互いの間の垣根が低くなっている現在、民族的な帰属によって彼らの生活スタイルのみならず、経済活動も説明することは非常に困難となっている。私が最初に調査したK村は、ラオもンゲの村人同様、焼畑で陸稲を栽培し、自給用の米を賄う傍ら、果物などを市場で売って現金収入を得ていた。両者の間に生活スタイルや経済的な点において目だった差異はまったくと言っていいほど見られず、きわめて均質的であった。

しかし、Q村はK村のような均質的な村とは異なる。村自体の規模も大きく、また歴史も古い。既に述べたように、主にプランテーション労働者であったラヴェーンの世帯と、農園経営を行なうためにやってきたラオの世帯、さらにはこれ以外の民族集団出身の世帯が混住している。大規模なコーヒー園を経営する世帯の多くはラオだが、ラオ・トゥンの世帯にも少数存在する。そして、労働者となって日雇いの仕事に就いているラオも少なからず存在する。ラヴェーンの村人の中に労働者が多いのは、彼らの親の世代がもともと労働者であり、子に相続させる土地を所有していなかったという要因が大きく影響している。ラオであっても、大きな土地を持たない村人との結婚によってこの村に移ってきた村人などは、労働者となるか、あるいは商売など他の仕事に就く以外に選択肢はない。つまり、均質的とは呼べないQ村においても、民族的な帰属と経済状況や経済活動との間に必ずしも密接な相関関係は存在しないのである。したがって、文化的な側面を見ても、経済的な側面を見ても、現在のこの地域ではラオと少数民族の人々との間に大きな差異があるとは考えにくいと言えよう。

二　民族間関係とアイデンティティの比較

❖国家による民族分類の歴史的経緯

少なくとも私の調査地では現在、民族間の対立や差異よりもむしろ親和性や融合性のほうが目立

＊5　二〇〇五年から始まったベトナムの二企業とラオス政府との間の合弁のゴム園開発は、地域住民の生活を大きく変えつつある。ゴム園用地として画定された区域内に土地を所有し利用していた住民は、所有地のすべて、あるいは大部分を失い、陸稲作も商品作物栽培も継続することができなくなっている。特に、陸稲作を行なっていた世帯は、補償金すら受け取ることができなかった。

つが、ラオ・ルム、ラオ・トゥン、ラオ・スーンという三つの分類以前に、民族分類はそもそもラオスにおいていつの時代に、どのようなプロセスで行なわれてきたのだろうか。

公的に民族が取りあげられたのは、おそらくフランス植民地政府によるセンサスの機会においてであろう。一九一一年、一九二一年、一九三一年、一九三六年、そして一九四一年にセンサスが行なわれており、そこでは一九四一年のそれを除いて、ラオスの人口を構成する九つの民族集団が記載されている。それは、ラオ、タイ、カー、メオ／ヤオ、ベトナム人、中国人、ヨーロッパ人、カンボジア人、インド人／パキスタン人である[Polsena *op.cit.*]。つまりこの時代、細かい民族分類は公的には行なわれていなかったことになる。

こうしたおおざっぱな民族分類は独立後も続き、ラオス王国政府による一九五五年のセンサスでは、ラオとタイ系集団は一つにまとめられたが、カー、メオ／ヤオという残り二つのカテゴリーはそのままであった。これは、他の二つの集団に対し、ラオとタイ系集団を一つにすることで数的優位を作りだすためであった[*ibid.*]。そして、この三つがのちにラオ・ルム、ラオ・トゥン、ラオ・スーンという分類へ移行するのである。

民族集団については、一九七三年にラオス政府が五八の民族集団を認め、そのうち一二集団をラオ・ルムに、三五集団をラオ・トゥンに、そして一一集団をラオ・スーンに分類した。革命後の一九八五年にはラオス人民革命党が四七の民族集団を公的に認めた[*ibid.*]が、一九八九年には社会科学委員会がラオとそれ以外の六七民族集団を認めた[Chazée *op.cit.*: 5]。一九九五年のセンサスではラオス人民革命党による四七集団という数が使用されたが、これで最終的に確定したわけではなく、一九九九年には混乱状態を解決するためのデータ収集キャンペーンが行なわれ、その結果、四九の民族集団を認めるに至り［Polsena *op.cit.*］、二〇〇五年のセンサスはこの数に基づいて実施された。

では、人々の民族的なアイデンティティはどのようなものなのだろうか。一九八五年に実施されたセンサスの時点では、ラオスの民族数が公式に決定されておらず、調査員たちは八二〇もの民族名を拾ってきた。これは人々が民族名を尋ねられると、大多数は出身地の名前を答え、ほかはクラン名やサブクラン名[*6]、居住地の名などを民族名として答えたためである。また首都ヴィエンチャンでは、登録された住民の約三〇％がこの質問に答えるのを拒否、あるいは自分の民族的な帰属を見出すことに困難を示した［Kossikov 2000: 229］。

このような調査は一九九九年にも約四ヵ月間かけて行なわれたが、この時、調査員たちは五五の集団名が載ったリストを手に調査を行なった。最終的にこの数は四九に落ち着くのだが、実際には四五〇万人あまりの全人口中、二万四〇〇〇人以上がこの時点で自分の民族的帰属を答えることができず、一万人以上がリストには自分の民族名が載っていないと答えたという。結局、一三の新しい集団名が地方レベルのデータに載ることになり、リストになかった五つの新しい集団名が国のセ

＊6　クランとは、父方または母方を通じて出自をたどる単系出自集団であり、サブクランとはその下位集団である。多くの場合、クランは神話的な始祖をもち、その系譜を明確にたどることができない。

ンサスの民族名にあらたに加えられた［Polsena *op.cit.*］。

このような現象に関しては、二つの見方が可能であろう。一つは、ラオスが国家として公的な民族の確定を明確に行なっていないために人々の民族的アイデンティティがあいまいになるとするものであり、もう一つは、人々の民族的アイデンティティがあいまいだから公的な民族の確定が遅れているとするものである。確かに、民族名が公的に古くから決まっていれば、これが人々の間に浸透し定着している可能性はより高くなる。それがもともとは恣意的なものであったとしても、である。しかし、より実態に即した形で民族名を確定しようとすると、いつまでも明確に決定することができない。いずれにせよ、相当な数の人々が自分の民族的帰属に対する認識がほとんどない、あるいはごくあいまいにしか持っていないという状態が現在も見られることは確かである。

民族的なアイデンティティのあいまいさに対し、既に述べたように、ラオとラオ・トゥンとの間には比較的明確な線引きが、特に神話や伝承など表象レベルで顕著に見られる。ところが現実に起こっていることを見ると、時に両者の境界があいまいになる、あるいは一方から他方への移動が可能になっているのも事実であり、ラオ・トゥンの「ラオ化」が見られる。

ここで私がラオ・トゥンの「ラオ化」と呼ぶのは、前者が言語も含めラオの文化を模倣することである。社会的地位が下位にある人々が上位にある人々を文化的な面で模倣するといったことは、他のさまざまな地域でも観察される。しかしこの模倣によって、下位にある人々が上位にある人々と同等とみなされるとは必ずしも言えないのが現実である。しかしラオスでは、精霊祭祀を保持するラオ・トゥンはたとえラオ語を自在に操り、日常的にもラオと同じ生活スタイルをとるようになったとしても、ラオと呼ばれることはない。だが、仏教徒となったラオ・トゥンは、特に婚姻関係や親族関係でラオと結びついている場合には、自らをラオと名乗るだけでなく、一定の文脈においては周囲からもラオと同一視されることがある。それは単に模倣というよりはラオへの同化とも言える現象だろう。ラオ・トゥンの人々の「ラオ化」がどのような条件で起こるのかを明らかにするために、他地域の例と比較してみたい。

❖黒タイとシン・ムーン

ラオ・トゥンが他集団に「同化」する現象は北部でも見られるようであり、これについてはエヴァンスが分析している［Evans 1999b］。ただし、それは「ラオ化」ではなく、「タイ化」である。北部のフアパン県で行政が黒タイと位置づける村には、実際にはラオ・トゥンに属するシン・ムーンの人々の集落が含まれている。彼らはそこで水田耕作を行ない、文化的にも黒タイの物質文化、儀礼と神話、そして言語を借用する。黒タイの人々は、大伝統の保持者としてのプライドを持つが、シン・ムーンの人々にはこのようなプライドはなく、むしろ劣等感を持ち、より高い社会的地位を目指して黒タイ文化を採用する。しかし、シン・ムーンの人々は土地の先住者であることを印す固有の儀礼を手放すことができず、これが完全な黒タイ化を防いでいる。

両者の間に通婚は見られるが、頻度は低い。なぜなら、伝統的に階層社会を形成する黒タイが階層レベルでの内婚を志向することが大きく影響しているからである。ちなみに、ラオとシン・ムーンとの通婚の頻度は黒タイとシン・ムーンのそれより高い。また、黒タイとシン・ムーンとの間には水田という資源をめぐる争いが存在し、これが上昇志向のシン・ムーンのジレンマとなっている。黒タイの貴族の姓である「シン」という姓を持つ人々は、黒タイだけでなくシン・ムーンを含む山地民の中にも一部あり、これが自主的な「タイ化」を促す要因の一つだとエヴァンスは分析する。ただし、ラオスが近代国民国家へと変貌するに伴い、黒タイの「ラオ化」が見られるようになり、シン・ムーンの人々のアイデンティティの二重性は複雑化しつつある［*ibid.*］。

この事例で注目すべきは、黒タイがラオとは異なる階層的な社会であり、また資源をめぐる争いが黒タイとシン・ムーンの間に存在することであろう。両者の関係はこの二つの要因によってより複雑なものとなっていると言えよう。

❖ベトナム中部高原の山地民とキン

ベトナムでは、少なくとも中部高原に関して「キン化」と呼べる状況はあまり報告されていないようである。ベトナムの多数民族であるキンはもともと山地を不吉な場所として忌み嫌い、住む場所と考えていなかった。山地や高原にはもっぱら少数民族が暮らし、比較的最近までキンがデルタ地帯や沿岸部を離れて山地や高原に移住することはなかった。その中で、ベトナム中部高原の歴史的状況は、私が調査したラオス南部のそれと比較的共通点があるように思われる。というのも、ベトナム中部高原もフランス植民地時代にプランテーション開発が行なわれたからである。

一九二〇年代、フランス人が経営するゴム園やコーヒー園で働くためにキン族の労働者が数万人規模でこの地域に移住し、[*7]独立以降、その移民数は数十万人を数えた。さらに一九七五年の南北統一後も、キンの新経済区建設のため、あるいは一九八〇年代後半からは自由移民として、大規模な移民が流入した。このため、中部高原の人口は現在、その三分の二がこれら移民とその子孫で占められ、ベトナムでは少数民族であるオーストロネシア系とオーストロアジア系集団は、先住地でも少数民族になってしまった［新江 二〇〇三、九七、九九］。

かつて先住民たちが焼畑に利用していた土地は、ベトナム戦争中に戦略村政策等によって広大な無人地帯となり、戦後、国営農場および国営林として収用された。社会主義経済政策が崩壊した後、これらの土地は移住したキンにその使用権が譲渡された。こうして再編された新経済県・新経済社では、移民たちの故郷の名を冠した地名が次々とつけられ、先住民の使用していた地名を抹消してしまった［同書、九九―一〇二］。

このような状況において、かつて保有していた土地のかなりの部分を失ってしまった先住民とキ

＊7　もともと人口密度が高いベトナムのデルタ地帯や沿岸部では、土地不足による貧困が際立っていたことで知られている。フランス植民地時代には、ベトナム国内だけでなく、逆に人口密度が低く恒常的な人手不足に陥っていたラオスにベトナム人が官吏や労働者として数多く送られた。

ンが同じ村に住むことはないとされる。新設された「社」と呼ばれる行政区は多民族からなるが、その下の村は単一民族で構成されることが多く、民族の住み分けは、中部高原全域で一様に見られるものと言ってよい。当時、先住民のジャライと移民としてやってきたキンとの間に土地をめぐるトラブルが絶えないことは頻繁に耳にした。また、民族の住み分けもきわめて明確で、両者の間に通婚もほとんど行なわれていないようであった。ジャライとキンは一目で区別がつき、その違いは身体的な特徴に加えて、服装や道具など物質文化にも顕著に表れていた。ラオス南部の調査地では、数十年の接触の歴史を経てラオと少数民族との間に融合的あるいは親和的な関係が生まれているのに対し、ベトナム中部高原ではその距離がまったく縮まっていないように思われる。

［同書、九八］。

一九九七年に二ヵ月間、中部高原で調査を行なった私が目にしたものは、以上の状況を裏付ける

おわりに

黒タイとシン・ムーン、キンと中部高原の少数民族との関係をラオとラオ・トゥンとの関係と比較してみると、前者の関係はラオとラオ・トゥンほど融合的ではないが、後者の関係よりは敵対的でないと言えよう。黒タイはラオ同様、ラオ・トゥンを先住民とみなしていることから、やはりその

世界観の中にラオ・トゥンが統合されていると考えられる。ただし、ラオとは異なり、階層社会を形成する黒タイは上下関係により敏感であり、あきらかに下層に位置するラオ・トゥンとの通婚の頻度を下げる結果につながっているのである。

これに対し、キンと中部高原の少数民族との接触の歴史はおそらくそれほど深いものではないだろう。山地を忌み嫌っていたキンが山地へ移住するようになったのは二〇世紀に入ってからである。ラオの神話や伝承にあるように少数民族を先住民として、その世界観に統合するといったことは、少なくとも私の知る限り見られない。むしろ、中部高原の山地民はキンにとって比較的最近まで、周辺にすら位置していなかったのではないだろうか。神話や伝承に表れる世界観が、現実の関係にどのような影響を及ぼしたかを知ることは困難だが、ブルデューの、権力者によって組織だてられた世界像は「ある条件下では、世界それ自体を現実に組織だてることもある」［ブルデュー　一九八八、二一五］という主張に従うならば、その影響力を過小評価することはできないだろう。

もう一つの大きなポイントは資源をめぐる争いである。黒タイとシン・ムーンとの間には、ラオス南部の調査地でほとんど見られない水田をめぐる争いが存在する。焼畑農耕民として知られるラオ・トゥン（シン・ムーン）に対し、水田農耕民である黒タイが水田という重要な資源を分け与えることを拒み、焼畑耕作を続けるべきだと主張し、両者の間に緊張が生まれているのである。いわば、彼らは自分たちの既得権を主張しているのであり、これはおそらく水田地帯に固有の状況であろう。

またベトナムの中部高原でも資源をめぐる激しい争いが存在した。かつては忌み嫌っていた山地へ移住したキンが、圧倒的な数の力と政治力によって先住民の土地を収奪したため、先住民である少数民族と入植者であるキンとの間に土地をめぐるトラブルが絶えない。こうした資源をめぐる争いが両者の関係を悪化させることはあっても好影響を与えることはないだろう。

ラオスは伝統的に人口密度がベトナムに比べて極端に低く、土地を中心とする資源をめぐる熾烈な争いが起こりにくい。ラオスの人口は、急速に人口増加が進んでいるとされる現在も、せいぜい六〇〇万人程度である。ラオスより少し国土面積が広いだけのベトナムでは七〇〇〇万人を超えている。両国のこうした人口密度の違いはフランス植民地時代に既に指摘されており、ラオスの恒常的な労働力不足に植民地政府は頭を悩ませ続けた。[*8]

調査で人々に尋ねても、土地をめぐる争いの話を聞くことはほとんどなかった。しかし、水田は焼畑とは異なり、適地が限られるため、希少性の高い資源である。それゆえにこうした資源をめぐる争いも起こりうるのだが、これがラオス全体に広く見られる現象というわけではない。ラオス南部ではラオとラオ・トゥンとの関係を悪化させるような資源をめぐるトラブルが見られないことは指摘できる。

民族間の境界、あるいは民族アイデンティティは、さまざまな条件により強化されたり、あるいはぼやけたりするものではないだろうか。ラオスでは、もともと人々の意識の中で民族を問うことがあまりなく、これに基づいた明確な線引きが必ずしもされていなかったところに、国家により線引きが行なわれた。しかし、その歴史は浅く、さらにその民族分類自体も不安定なままである。そのため、「民族」というものが地域住民の意識に深く定着するにいたってない状態にある。このような状況でいわゆる「民族」を問題にすること自体、無理があると言えるのかもしれない。既に挙げた事例が示す民族アイデンティティの揺らぎは、このような不安定な状況を反映したものであると考えれば納得できるのではないか。

さらに、民族間の垣根が低くなる、あるいは境界がぼやけるということが起こりうるのは、一方の民族の文化を他方が受け入れるだけでなく、民族間の通婚・縁組という双方向的な歩み寄りにおいてではないだろうか。たとえ、社会的に低い位置付けをされている集団が高い位置付けにある集団の文化を一方的に借用し、表面的には同化したとしても、後者が前者を受け入れなければ、潜在的な境界線はそのままの状態である。しかし、ラオス南部の事例で見たように、通婚や養子縁組などによって結びつき、双方が「ラオ」と認知することで、その境界線はさらにあいまいなものとなるのである。

「同化」と言えば、一般に国家による民族の同化政策という文脈で使われることが多く、あたかも民族が外部の力によってその固有の文化的特色を消されてしまい、支配者である多数民族への吸収を

＊8　ラオスの人口が周囲の国に比べて極端に少ない原因は定かではない。現在、ラオスに住むラオ人の人口を東北タイに住むラオ人の人口が上回っているという現象が見られる。東北タイにラオ人が多く居住している原因の一つは、一八世紀にシャムによってヴィエンチャン王国が滅亡させられたのち、シャム人たちがヴィエンチャン王国に住んでいたラオ人を大量にメコン川西岸へと移住させたことである［林 二〇〇〇、六二］。

余議なくされるという暴力的なイメージがつきまとう。しかし、ラオスの場合、為政者によって同化政策がとられているのではなく、少数民族自身の選択による同化であり、またラオも非ラオの人々がラオと名乗ることを必ずしも拒まないのである。ラオス南部で見られるような自発的で軋轢を生まない同化は、世界の多くの地域で起こっている激しい民族紛争のニュースを見聞きすると、奇異にすら思えるかもしれない。しかし、このような同化を可能にする要因について考えることは、逆に民族や民族紛争の本質を浮かび上がらせることに結びつくのではないだろうか。本稿は、ごく一部の要因について提示したにすぎないが、今後の事例研究の積み重ねがラオスの「民族」のみならず「民族というもの」についての解明にもつながると考える。

引用文献

綾部恒雄　一九九五　「民族と言語」綾部恒雄、石井米雄編『もっと知りたいタイ（第二版）』弘文堂、七二―九五頁。

――――　一九九六　「民族と言語」綾部恒雄、石井米雄編『もっと知りたいカンボジア』弘文堂、八五―一〇一頁。

新江利彦　二〇〇三　「ベトナム中部高原における開発の歴史と山岳民――コーヒー長者ク・ペン氏の話をめぐる一考察」『ベトナムの社会と文化』第四号、八九―一〇九頁。

飯島明子　一九九六　「歴史的背景、六．ラオ人の「歴史」伝承」綾部恒雄、石井米雄編『もっと知りたいラオス』弘文堂、一三—一五頁。
上東輝夫　一九九〇『ラオスの歴史』同文舘。
カンウェラヨティン S.　一九九五「タイ人が少数民族ターイに出会う——ターイ族の暮らし」坪井善明編『アジア読本ヴェトナム』河出書房新社。
田辺繁治　一九九三「供犠と仏教的言説——北タイのプーセ・ヤーセ精霊祭祀」田辺繁治編『実践宗教の人類学——上座部仏教の世界』京都大学学術出版会、三五—七〇頁。
田村克己　一九九六「宗教と世界観、1．儀礼と世界観」綾部恒雄、石井米雄編『もっと知りたいラオス』弘文堂、一〇五—一二〇頁。
馬場雄司　二〇〇七「タイ・ルーの移住と守護霊儀礼——多民族世界における表象」『自然と文化そしてことば』三、一一六—一二五頁。
林　行夫　二〇〇〇『ラオ人社会の宗教と文化変容——東北タイの地域・宗教社会誌』京都大学学術出版会。
ブルデュー P.　一九八八「構造と実践——ブルデュー自身によるブルデュー」石崎晴巳訳、藤原書店。

Archaimbault, C. 1956. Le sacrifice du buffle à Vat Ph'u (sud Laos). *Présence du Royaume Lao,* numéro special de France-Asie: 841-845.
——— 1964. Religious structures in Laos. *Journal of the Siam Society* 36: 57-74.
——— 1972. *La Course de Pirogues au Laos: un complexe culturel.* Ascona: Artibus Asiae Publishers.
Chazée, L. 1999. *The Peoples of Laos: Rural and Ethnic Diversities.* Bangkok: White Lotus.
Doré, A. 1980. Les joutes mythique entre l'aîné Kassak et de puiné Lao: contribution à l'étude de la fondation du Lane Xang. *Péninsule* 1: 47-72.
Evans, G. 1998. *The Politics of Ritual and Remembrance Laos since 1975.* Chiang Mai: Silkworm Books.

——— 1999a. Introduction: what is Lao culture and society. In *Laos: Culture and Society,* G. Evans ed., pp.1-34. Chiang Mai: Silkworm Books.

——— 1999b. Ethnic change in highland Laos. In *Laos: Culture and Society,* G. Evans ed., pp.125-147. Chiang Mai: Silkworm Books.

Kossikov, I. 2000. Nationalities policy in modern Laos. In *Civility and Savagery: Social Identity in Tai States,* A. Turton ed., pp.227-224. Surrey: Curzon Press.

Phinith S., P. N. Souk-Aloun and V.Thongchanh. 1998. *Histoire du Pays Lao: de la préhistoire à la république.* Paris: L'Harmattan.

Polsena, V. 2002. Nation/representation: ethnic classification and mapping nationhood in contemporary Laos. *Asian Ethnicity* 3(2): 175-197.

Steering Committee for Census of Population and Housing. 2006. *Results from the Population and Census 2005.* Vientiane: National Statistics Center.

Turton, A. ed. 2000. *Civility and Savagery: Social Identity in Tai States.* Surrey: Curzon Press.

小論1　人魚伝説とゴールド・ラッシュ

増原善之

日はとっぷりと暮れていた。

私たちを乗せた車は、少しばかり急な斜面をガタガタと音をたてながら上っていく。坂を上り詰めると、外灯の光に照らされて、頑丈そうな白壁がぼんやり見えてきた。サヴァンナケート県ヴィラブリー郡情報文化課のSさんに導かれて車から降り、門の中に入って数歩進んだところで思わず息を呑んだ。

眼下には、無数の黄色灯が輝く、不夜城のごとき光景が広がっていたのだ。そこには外灯がかなり稠密に、そして均等に立てられているらしく、こんもりとした「光の森」のように見えた。この森は光にあふれているが、それを少し外れると光らしきものはまったく見えない。光と闇の対照に目を奪われていると、Sさんが私に声をかけた。「この金鉱は二四時間操業なんですよ」

写真1　出荷を待つ銅のインゴット。主に中国、タイ、ベトナムなどアジア諸国へ輸出される。

❖ラオス版ゴールド・ラッシュ

この「金鉱」とは、オーストラリアの鉱山会社が、サヴァンナケート県ヴィラブリー郡において進めている「セーポーン金・銅鉱山開発プロジェクト」のことである。[*1] プロジェクトの心臓部である生産プラントは、ヴィラブリー郡役場のあるブンカム村から車で一〇分ほどの所にあり、それが「光の森」の正体だったのだ。この鉱山会社は、二〇〇二年から金、二〇〇五年から銅の生産を開始し、二〇〇六年の生産量は、金が一七万三五二四オンス、銅が六万八〇三トンに上り、利潤税と鉱物資源税を合わせた納税額は、およそ七二〇〇万ドルで、ラオスにおける納税額第一位の座に躍り出た。また、従業員三〇〇〇名のうち、九〇パーセントがラオ人で、その半数が地元ヴィラブリー郡の住民と言われ、現地雇用の創出にも一役買っている。ラオス・ベトナム国境に程近い、静かな農村だったこの地域は、突如到来したゴールド・ラッシュによって、ラオス経済の牽引役へと一瞬にしてその姿を変えることになったのである。

ヴィラブリー郡役場が便宜を図ってくれたおかげで、私たちはプロジェクト・サイトを見学する機会を得た。プロジェクトの広報を担当する女性職員に先導されて構内に入った私たちは、きれいに整備された周回道路、威容を誇る金・銅生産プラント、毎日ヴィエンチャンへ直行便が飛び立つという専用飛行場、巨大な廃棄物・汚水処理施設などを目のあたりにした（写真1）。プロジェクトの構内と柵の外側に広がるのどかな農村地帯とのギャップにしばし当惑し、自分たちがラオスにいることさえ忘れてしまいそうな不思議な体験だった。

ところで、金・銅生産プラントのすぐ近くに、小さな森がいかにも肩身の狭そうな風情でぽつんと残されている。周囲の採掘現場からは金網によって明確に隔てられているが、それが何であるかを示す標識などはどこにも見当たらない。さらに、その森の中には少なくとも二、三ヘクタールはありそうな平坦な草地が広がっている。実は、私たちがプロジェクトの見学を願い出たのは、なに

＊1　ラオス政府と鉱山会社の間で右鉱山の資源探査をめぐる交渉が行なわれていた時期、当該地域はサヴァンナケート県セーポーン郡に属していたが、その後、行政区域の再編にともない一九九三年にヴィラブリー郡が新設され、当該地域も同郡に属することになった。しかし、プロジェクト名は変更されることなく、現在に至っている。

も金や銅の採掘現場を見るためではなかった。この草地こそ、本稿の舞台なのである。

❖語り継がれる「人魚伝説」

まず、この草地を含む小さな森が、金網で囲まれることになった経緯から説明しよう。プロジェクトが開始される前、ラオス政府と鉱山会社は、プロジェクト・サイト内に貴重な文化財などがあった場合、そこを保全区域とし、採掘を行なわないことに合意したのだった。それを受けてラオス情報文化省は、ヴィラブリー郡情報文化課に対して、保全すべき文化財の有無を把握するため、住民への聞き取り調査を行なうよう指示を出したという。そこで、同郡情報文化課のSさんらが村々を回って調査を行なった結果、この草地は、古くから周辺の住民によって「人魚水田」と呼ばれ、人魚の霊が宿る場所として畏怖されてきたことがわかったのである。その後、人魚水田は、保全すべき文化財として認められ、周囲に金網が張り巡らされることになったというわけである。では、人魚水田にまつわる伝承とはどのようなものだったのか。ヴィラブリー郡ムアンルアン村の古老が私たちに語ってくれた「人魚伝説」は次の通りである。

昔、一組の人魚の夫婦がいた。ある時、その夫婦が、土地の支配者の息子を連れ去った。支配者は、霊力に優れた呪術者に夫婦を捕まえるよう依頼した。呪術者は、水面を逃げる夫婦の後を追って地面を走った。夫婦はセーギー川方面へ逃れようとしたが、ヒンソム（明礬《みょうばん》）山に行く手を阻まれ、それより先へは進むことができなくなった。呪術者は、夫婦に追いつくと、その場で夫婦を捕まえて鼻輪をつけ、コーヒアンの木（ヤシ科ビロウ属）に結びつけた。

その後、呪術者は、ある川の淵で夫の人魚を斬り殺したので、その淵は「ウァンパート（斬淵）」と呼ばれるようになった。呪術者は、さらにその肉を切り刻み、川に撒き散らしたので、至るところに人魚の霊が宿ることになった。村人たちは、その肉が撒き散らされた川の水を汲み、汁を作ったので、この川は「ケーン（汁）川」と呼ばれるようになった。また、別の川から石を拾ってきて竈《かまど》にしたので、その川は「キアン（竈）川」と呼ばれるようになった。なお、村人たちが調理を行なったのは、ナムパーケーン村へ行く途中のヒンサームサオ（三叉石《さんさいし》）あたりだったという。

ところで、そのまま木に縛り付けられていた妻の人魚は、必死に逃げようとして激しく動いたため、仕舞いには鼻がもげてなくなってしまったが、なんとかノーイ川のウーンシウ・ウーンソーあたりまで逃げることができた。

昔からこの地域では、川に入る時、大きな声を出してはいけないという言い伝えがある。というのも、川の中で大声を出している人がいると、妻の人魚が「もげてしまった自分の鼻のことを笑っている人間がいる」と誤解し、怒ってその人を連れ去ってしまうからだ。

私たちは、周回道路の脇に車を停めて、人魚水田を見に行った。Sさんによれば、かつてはこの土地で水田耕作が行なわれていたそうだが、今では高さ三〇センチほどの雑草が生い茂っているだ

写真2「人魚水田」から銅の採掘が進められているヒンソム山を望む。

けである。金網の外の周回道路では、採掘現場と生産プラントを結ぶ大型トラックが絶え間なく行き来しているのに、ここは静寂に包まれ、少し寒々とした雰囲気が漂っている。前方に見える山は、山すそから中腹にかけて銅の採掘が進められており、その一部がエメラルド・グリーンに光っている(写真2)。どうやらこれが夫婦の行く手を阻んだヒンソム山らしい。さらに、人魚水田の脇には、高さ一〇メートルはあろうかというコーヒアンの木が並んでいるが、夫婦が縛り付けられたというのは、この木々のことだったのだろうか。また、私たちに同行してくれた女性職員が、「面白いものがありますから」と言って連れていってくれた場所は、人魚水田を挟んでコーヒアンの木立とは反対側に位置する微高地で、そこには直径三〇～四〇センチの石が、直径六～七メートルの円周上に埋め込まれていた。彼女によれば、これは夫婦を供養した場所だと言われているそうだ。

ここまで状況証拠が揃っていると、人魚の夫婦が、この水田跡のどこかから私たちを見ているような気がしてくるから不思議である。この地域の人々も日頃からただならぬ何かを感じていたからこそ、人魚水田の存在を情報文化課の職員に語って聞かせたのだろう。プロジェクト全体から見れば、人魚水田として残された保全区域は、猫の額ほどの面積でしかない。しかし、人魚水田にまつわる伝承が、依然として語り継がれているという事実は、数字で表される面積以上の意味を有しているように思われる。人魚の夫婦は、私たちのようなよそ者にさえ、何かを伝えようとしているのではないか——そんなことを考えながら、私たちはヴィラブリー郡をあとにした。

❖地域に根ざした「生ける物語」

では、「人魚伝説」の内容を少し検討してみよう。

この物語の始まり方は、いくぶん唐突である。人魚の夫婦が支配者の息子を連れ去った理由が明らかにされておらず、一方的な人魚成敗物語に仕上がっている。あるいはもっと詳細な場面設定がなされていたのに、いつのまにかそれらが省略されてしまったのかもしれない。ムアンルアン村以外でこの物語の再録を試みれば、ことの次第が明らかになるかもしれないが、それは今後の課題としてとっておくことにしよう。

ここで指摘しておきたいのは次の二点である。一点目は、物語に登場する地名の多く——セーギー川、ヒンソム山、ケーン川、キアン川、ナムパーケーン村、ヒンサームサオ、ノーイ川――が、現在でもヴィラブリー郡内に実在しているということである。このことは、物語がこの地域で生まれ、現在に至るまで綿々と語り継がれてきたことを示している。村の古老が「人魚伝説」を語る時、かたわらの子供たちは、日頃、見たり、聞いたりしているヒンソム山の風景に、呪術者に追い詰められ、逃げ場を失った人魚の夫婦の姿を重ね合わせることで、物語の一場面、一場面を自らの記憶にしっかりと刻み込んでいく。つまり、話し手と聞き手が同じ地域社会の中で生活し、その土地の風土や習慣に関して基礎的な理解を共有しているからこそ、伝承は現実味を帯びた生きた物語として世代を超えて語り継がれていくのである。反対に、この地域の住民が、新たな耕作地を求めて、あるいは戦火や伝染病から逃れるため、他の土地に移住し、子供たちが「ヒンソム山」という地名を聞いても、その情景をまったくイメージできなくなってしまえば、この伝承は一気にリアリティーを失い、子供たちにとって、自分の暮らす世界とはかけ離れた、どこか遠くの国の物語になってしまうことだろう。

二点目は、この物語が「人魚伝説」という衣を身にまといつつ、在地の知識や教訓を次世代へ継承するという役割を担ってきたということである。物語の中ほどで、ウァンパート、ケーン川およびキアン川という三つの地名の由来が説明されている。おそらく、この物語を初めて聞く子供たちも、これらの地名を耳にする機会はあったにちがいない。しかし、村の古老にその名前の由来を説明してもらうことによって、こうした在地の知識は世代間で共有されていくことになる。また、物語の最後で、「川に入る時、大きな声を出してはいけない」という教訓が示されるが、これは何も「人魚伝説」においてのみ語られるものではない。「川の精霊に迷惑をかけてはいけない」とか「ワニなどの危険な動物を驚かせてはいけない」など理由はさまざまに説明されるものの、この種の教訓は、ラオスの多くの地域で一般的に語られてきたことなのである。この「人魚伝説」では、その教訓の理由を「妻の人魚に連れ去られるから」と説明しているが、村で生きていくためのルールを大人から子供へ継承していくという重要な役割をこの「人魚伝説」は見事に果たしているのだ。

❖「ローカルな知」を求めて

今、ラオスは経済発展の只中にある。ＧＤＰ成長率は年七パーセントを超え、中でも急激な発展を続ける鉱物資源開発は、電力開発とともに、ラオスの経済開発にとって車の両輪となっている。そんな中、ゴールド・ラッシュに沸き立つ新開地のかたわらで、今なお「人魚伝説」がしっかりと生き長らえている事実はことのほか印象的である。ラオス全土で繰り広げられる「開発」――それは往々にして人びとの思考の画一化をともなうものだ――のかたわらに目を凝らしてみると、その地域で生まれ、在地の知識や教訓を今に伝える「ローカルな知」が、静かにたたずんでいるのが見えてくる。それらは、科学技術万能の社会で飼い馴らされた私たちの目には少々頼りなく、つかみ所がないように映るかもしれない。だが、「ローカルな知」は、地域の風土とそこに暮らす人びとの知恵と感性によって生み出され、育まれてきたが故に、人間の生きた思想に直結している。私たちがそこに込められたメッセージを丁寧に読み解く努力を続けていけば、ラオスどころかラーンサーン王国成立以前の古《いにしえ》の精神世界にさえ、たどり着くことができるかもしれない。「人魚伝説」の例を引くまでもなく、ラオスには今でも「ローカルな知」がいたるところにひそんでいるが、それを見出すことができるかどうかは、私たち一人一人の感性にかかっている。

人魚の夫婦は、私たちに何かを伝えようと、あの水田跡のかたわらからこちらの様子をうかがっている。私たちは、「開発」の波がすべてを覆い尽くしてしまう前に、その視線に気づかなければならない。

第2部

水田

第4章　水田を拓く人々

富田晋介

はじめに

ラオスの人口密度は一平方キロメートルあたり二四人であり、東南アジア大陸部で次に人口密度の少ないミャンマーの六三人と比べても、その半分にも満たない。しかもその人口の多くはヴィエンチャン、サヴァンナケート、サーラヴァン、チャムパーサックなどメコン川沿いの平野部に集中しており、山地部の人口密度はわずか一六人である［National Statistics Center 2005］。

その山地部の中にあって、人口が集中していたのが盆地であった。盆地はかつて「ムアン」と呼ば

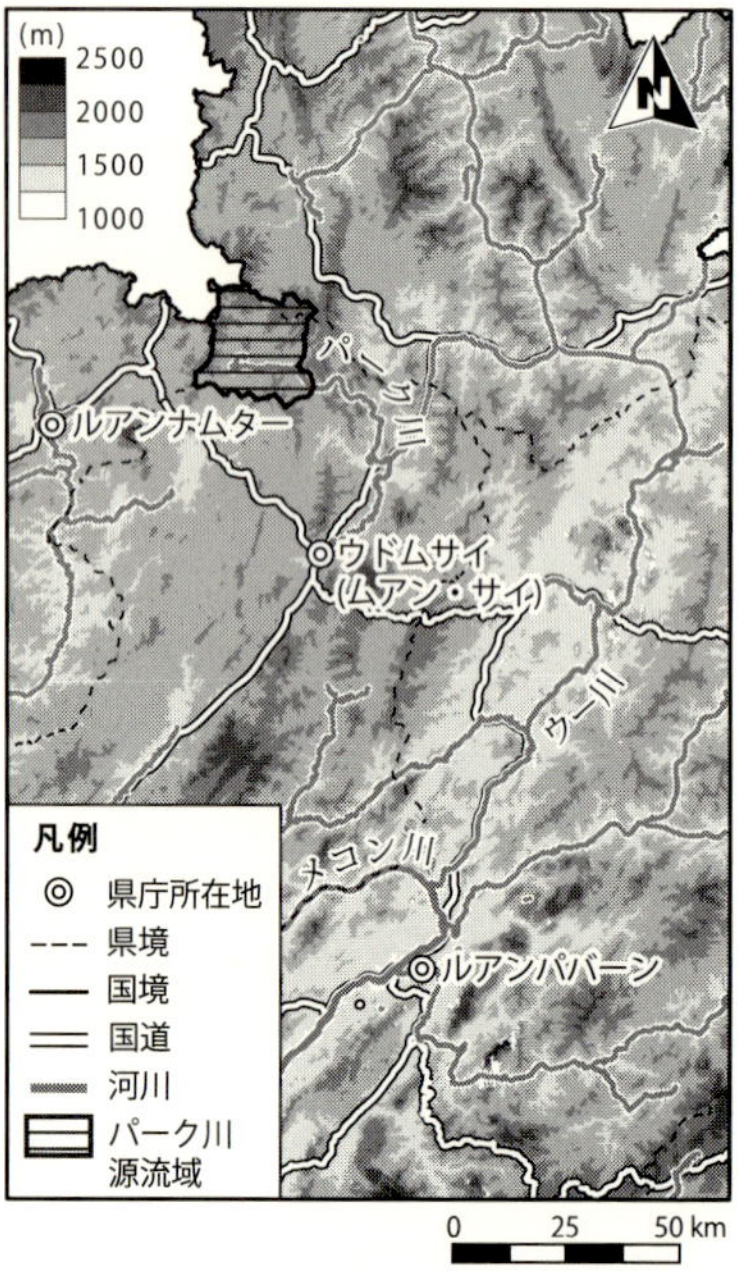

図1　ナーサヴァーン村の位置

れ、地域の政治や経済の中心であった。そして、盆地の人々が暮らしをつないでいくための生産基盤は、灌漑を利用した水田稲作にあった［馬場 一九九九、二二九—二五〇］。では、盆地の人々は、どのように水田を拓き、生産のための空間を拡大してきたのだろうか。本章では、ラオス北部の盆地に位置する農村で行なったフィールドワークをもとに、水田開拓の過程を詳細に記述し、その要因を検討したい。

私がフィールドワークを行なったのは、ウドムサイ県ナーモー郡ナーサヴァーン村である。二〇〇四年から二〇〇七年までのべ一年半にわたって、この村に滞在した。ナーサヴァーン村は、ウドムサイ県の県庁所在地サイから、車で二時間から三時間の距離にある。この村の位置する盆地は、パーク川の源流域にあって、土地に住むタイ・ヤンやタイ・ルーの言葉で「フー・ナム・パーク（パーク川の頭）」と呼ばれている（図1）。

パーク川は、世界遺産都市ルアンパバーンの北を流れメコン川に注ぐウー川の支流の一つである。

盆地の面積は約二〇〇〇ヘクタールで、盆地の底の標高は八〇〇メートル、盆地周辺の山地の標高は一二〇〇メートルである。盆地の底では、ナーサヴァーンを含めて三つの村が水田稲作を行なっており、山では五つの村が主に焼畑耕作による稲作を行なっている。

ナーサヴァーン村は、かつて「ムアン・アーイ」と呼ばれたムアンの中心であった。村の寺院にはタム文字で記載された文書が保存されており、そこには寺院が一二三四年に建立されたことが記されている。村の古老によると、その頃、現在のベトナムのディエンビエンフーから五組の夫婦が移住してきたのが、このムアンの始まりであるという。村人の民族は、自称、他称ともにタイ系諸族のヤンである。二〇〇六年における人口は七二六人で、世帯数は一三七であった。

一　盆地の村の稲作

❖水田稲作の手順

まず、ナーサヴァーン村で、どのような水田稲作が営まれているのか、その農作業の手順を紹介しておこう。

ラオス北部の平均年間降水量は一四〇〇ミリメートルであり、日本の年間降水量とほとんど変わらない。だが、モンスーンの影響を受けるため、明瞭な雨季と乾季がある。集中的に雨が降るのは、

写真1　水田の景観（2005年7月24日撮影）

五月から九月までの五ヵ月間であり、この時期を中心に稲作が行なわれる（写真1）。二期作も試みられているが、乾季の一二月から二月までの三ヵ月間の最低気温が一〇度くらいに下がることもあって、期待するほど収穫が得られない。

雨季の始まる五月ごろ、村人は苗代の準備を始める。そして、本格的に降雨があり、本田にも水がたまるようになる六月ごろに、乾季の間に壊れた畦を修復し、本田では耕起と代掻きを行なう。これらは村の男性たちの仕事で、共同作業「スアイ・カン」で行なわれる。耕起と代掻きには、中国製やタイ製の耕耘機を用いる。一九九五年から米やシャロットなどを販売するようになったため、その収益で耕耘機が買えるようになった。それ以前は、スイギュウを用いて犂耕《りこう》している村人がほとんどであった。代掻きが終われば、女性たちが共同で田植えをする。

二〇〇六年に植えたイネの品種は、在来品種とハイブリッド品種であった。ハイブリッド品種は、二〇〇三年に中国の援助プロジェクトが持ち込んだものである。

田植えから収穫までの期間は、水田に出入りする水の量を調節したり、オモダカやタイヌビエといった目立った雑草を引き抜いたりしながら、イネの登熟を待つ。特に施肥は行なわない。ニワトリやアヒルの糞を利用した堆肥を入れる程度である。ハイブリッド品種とともに化学肥料が導入された当初は、これを使用する村人も多かったが、二〇〇六年の時点では使用されなくなっていた。

雨季の終わる一〇月初旬から、稲刈りが始まる。登熟したイネを手鎌で収穫し、稲穂を乾燥させてまとめたのち、板に打ち付けて脱穀する。脱穀した籾は、家の裏や水田の出作り小屋にある米倉で保管する。これらの作業も、やはりすべて共同で行なわれる。

以上の一連の農作業の中で、最近の大きな変化は、耕起がスイギュウによる犂耕から耕耘機に代わったことと、ハイブリッド品種が導入されたことである。ハイブリッド品種は、在来品種と比較して約二倍の収穫が得られる。しかし、多収量であるかわりに、収穫した籾を翌年種籾として播種すると、次世代からは品質が格段に落ちてしまう。ハイブリット品種を使い続けるためには、毎年種籾を購入しなければならない。また、ハイブリッド品種の栽培には、化学肥料と殺虫剤などの農薬の投入が不可欠である。もし、投入しないと収量は在来品種とほぼ同じ量まで下がってしまう［富田ら二〇〇八］。さらに、とれた米の食味が悪いなどの理由もあって、導入当初の二〇〇三年に比較して、ハイブリッド品種の作付面積は、さほど拡大してはいない。

その一方で、耕耘機が与えた影響は大きかった。ある世帯の例で言えば、一アールの水田で田植えの準備をするのに、スイギュウを用いて二回の耕起と代掻きを行なう場合には三〇日かかった。それが耕耘機の利用によって、九日間で終わるようになった。単純に計算してみると、耕耘機はスイギュウの約三倍の作業効率である。犂耕の時は、こちらの水田では耕起が終わっていないのに、その隣の水田ではイネが大きく育ってしまったなどということもあったという。その結果、同じ世帯が保有する水田の間でも、田植えの時期によって、生育状態がかなりばらついてしまったそうだ。

❖水田に水を引く

次に、水田稲作に不可欠な用水について見ていこう。ナーサヴァーン村では、山地から盆地に流れる河川の上流で、井堰「ムアン・ファーイ」（写真2）によって水を堰き止めて水位を調節し、用水路から水田に引いている。二〇〇三年は、ラオス全体で降水量が少ない年であった。ウドムサイ県でも、二〇〇三年の年間降水量は九八八ミリメートルで平年よりも少なかったが、村では井堰によって灌漑していた水田で、例年通り作付けすることができた。

天水だけを利用する場合には、雨が降りはじめるのを待ってから水田の耕起を行なうので、降雨の時期の変動が作付面積を左右し、結果的に生産量にも影響を与える。二〇〇六年の例で言えば、降雨の開始が例年よりも遅かったために、本田の準備はしたものの田植えをあきらめかけた村人がいた。しかたがないので、代わりに乾田にトウガラシを植えようとしたが、七月末になってやっと

写真2　木材と泥で造られた井堰（2006年6月13日撮影）

まとまった雨が降り出したために、水田に水を引いて田植えをすることができた。

また、降水量は水田の用水量に大きく関係する。田植えができたとしても、その後十分に雨が降らないと、水田が乾燥してしまい、収穫量が減少する。場合によってはイネが枯死して、まったく収穫できないこともある。逆に雨が多すぎると、イネが冠水したり、洪水で流されたりしてしまう。しかし、灌漑している場合には、降水量が変動したとしても、用水量をコントロールすることができる。つまり、灌漑があれば、作付面積、収穫量ともに変動が少ない。

とはいうものの、ナーサヴァーン村では、灌漑だけで充分な用水量がまかなえる水田の数は少ない。これは、灌漑設備が大規模なものではないことから、用水の確保には周辺の山や森などの集水域の存在が欠かせず、その受益面積も限られているためである。つまり、山から流れてくる川の水を用いて灌漑を行ない、さらに降雨があってこそ、村の水田稲作は成り立つのである。

二　水田の拡大過程を復元する

❖開拓地図の作成

集落の周囲には水田が広がっている。この水田は、どのように開拓されてきたのだろうか。その過程を復元してみることにした。ラオスでは、過去の土地利用の状況を地図などの具体的な資料で把握することは大変難しい。ナーサヴァーン村の場合も資料自体がまったくなかった。

そこで、まず現在の水田地図を作成した上で、それを手がかりに村人への聞き取りを行ない、水田の開拓過程を復元することにした。まず、現時点で手に入れることができるもっとも高解像度の人工衛星画像、クイックバード（QuickBird）衛星画像の撮影を依頼したところ、二〇〇五年四月二三日にナーサヴァーン村周辺を撮影した画像が得られた（図2）。この画像を肉眼で見て、畦を判別して線を引き、水田を一枚ずつ識別していった。

だが、この画像が撮影された四月は乾季の田植え前の時期にあたっており、崩れた畦がまだ修復されておらず、畦の判別が難しいところがあった。また、乾季の水田は、周囲の山林や水田の出作

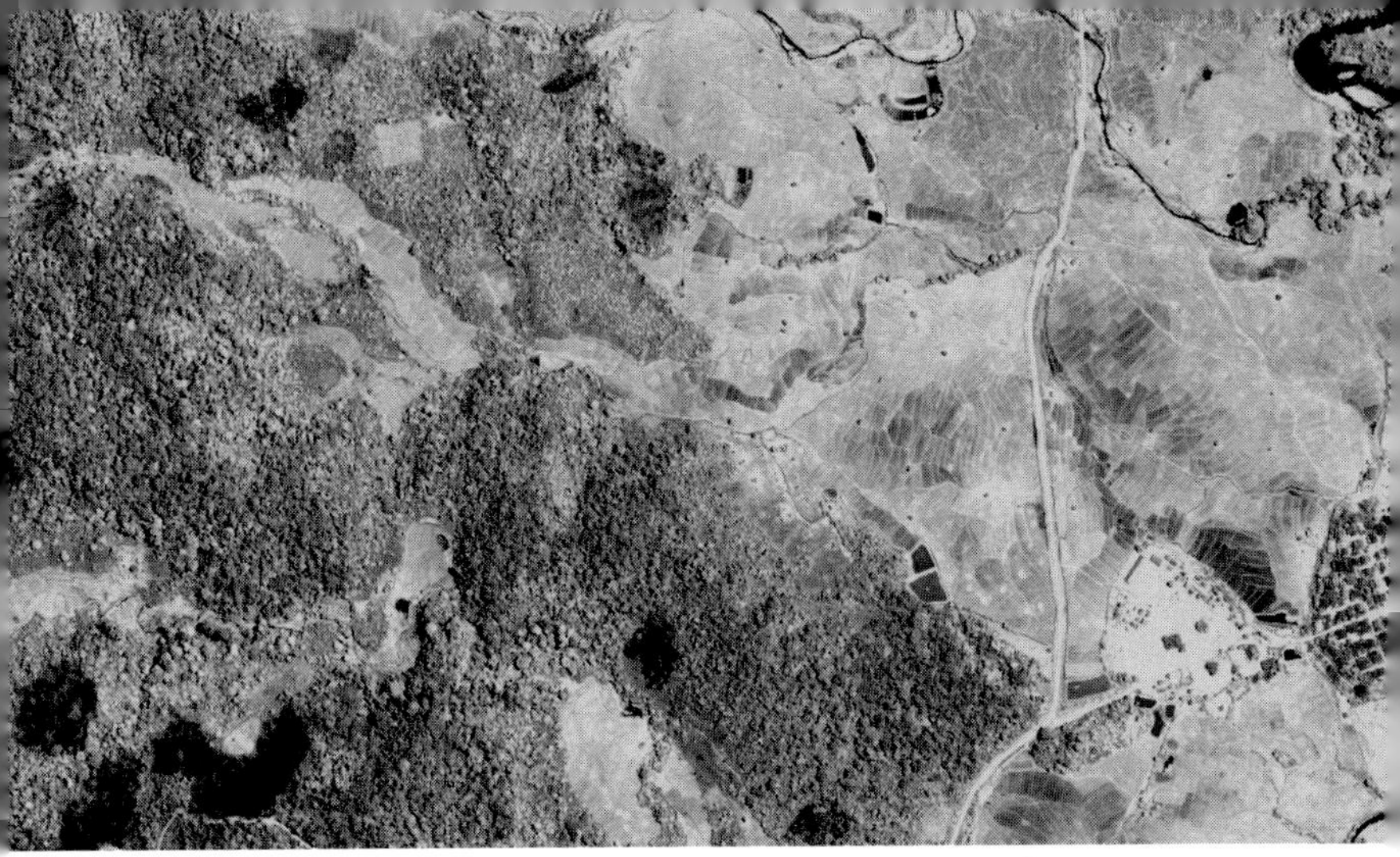

図2　水田地図の作成に使用したQuickBird衛星画像

り小屋への通り道になるので、大勢の村人が繰り返し通った場所が線のように写っていて、畦と区別することが難しかった。さらに、水田が親から子へ水田を分配する時や、異なる品種を一枚の水田に作付けする時などに、畦が切りなおされることがある。つまり、衛星画像だけでは完全な水田地図を作成することは不可能であった。

そこで、衛星画像から作成した仮の地図を持って、村のすべての水田を歩いて畦を一つ一つ確認していった。用水路についても、実際に水が流れている雨季の間に、一つ一つの取水口から排水口まで踏査し、判別した。その結果、正確な現在の水田地図を作成することができた。これをもとに、水田の総数は約九〇〇〇枚、総面積は一七七ヘクタールであることが明らかになった。

❖村人への聞き取り

次に、現在の水田地図を村人に提示し、聞き取りを行なった。質問の項目は、保有する水田の位置、耕作者、開拓者、開拓年、開拓者と現在の保有者や耕作者との関係、保有にあたっては親から相続したのか、購入したのかなどである。その結果、村のほとんどの世帯が水田を保有し、稲作を行なっていることがわかった。水田を保有していない一〇世帯の人々は、他の世帯から水田を借りて稲作を行なったり、あるいは教師などの別の職業に就いたりしている。

現在生存している村人が開拓した水田については、比較的正確な開拓年が当人の証言によってわかった。しかし、既に死亡している村人が開拓した水田については、親族や他の村人からの情報によって開拓年を推定せざるを得ない。この開拓年が妥当なものかどうかを検証するために、すべての村人の家系図を作成し、開拓者の生年と死亡年、移動歴を調べた。つまり、開拓者が現在生存しているどの村人の親や兄弟姉妹であるのかをつきとめ、彼らの生年や死亡年をそれぞれ比較することで、その人が生きていた年代を推定して、開拓年と合致するかを確かめたのである。

ただし、当然のことながら、年代をさかのぼればさかのぼるほど、開拓者の名前は覚えていてもその生年や死亡年が不正確になったり、開拓者の名前が忘れられてしまうといった例が増えた。また開拓時期があまりに古くて、開拓者がだれか特定できない水田もあって、これは「モラドック」（遺産）と呼ばれていた。このような水田は、すべて一〇〇年以上前に開拓されたものとした。

聞き取りにおけるこのような状況から、複数の村人から証言が得られた一九六〇年から二〇〇五年までを主な分析対象として、以下の議論を進めることにする。

❖水田面積の推移

復元した水田地図から、一九六〇年から二〇〇五年までの年ごとの総水田面積を集計し、その推移を図3に示した。一九六〇年には一二〇ヘクタールだった水田面積が、二〇〇五年には一七七ヘクタールにまで拡大し、この四五年間に約五七ヘクタールの水田が開拓されてきたことがわかる。さらに、一年あたりの開拓面積を図4に示した。これを見ると、水田面積は毎年一定の割合で増加してきたのではなく、年によって開拓面積が大きい年と小さい年があることが読み取れる。

　では、水田面積の拡大には、どのような要因がかかわっていたのだろうか。ま

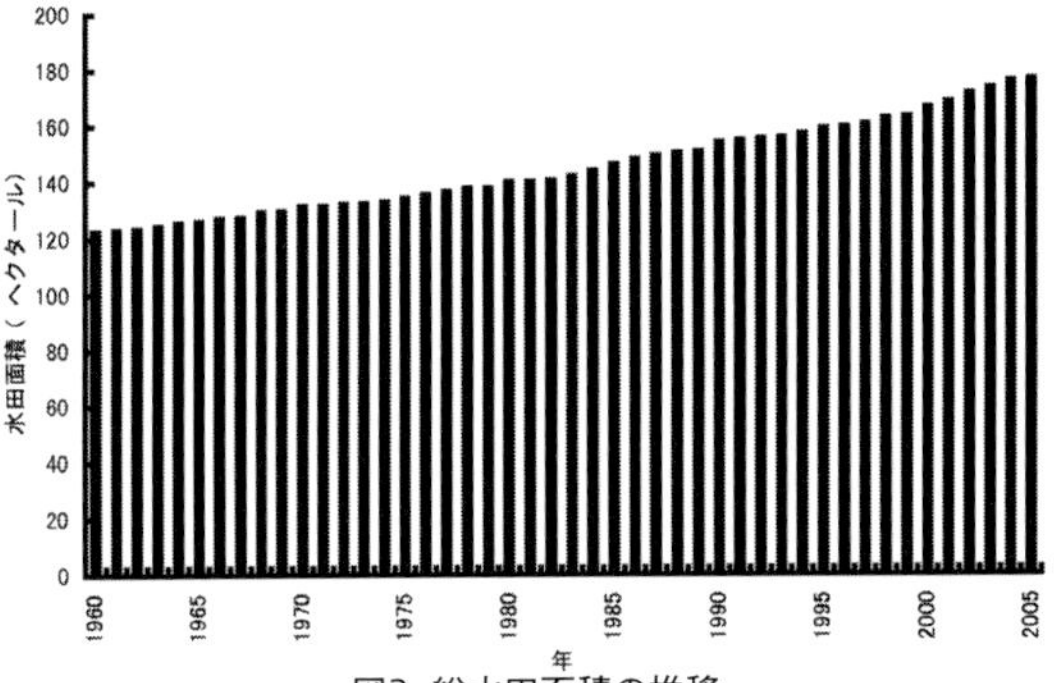

図3　総水田面積の推移
（注）年ごとの誤差を緩和するために、5年平均値を示す。

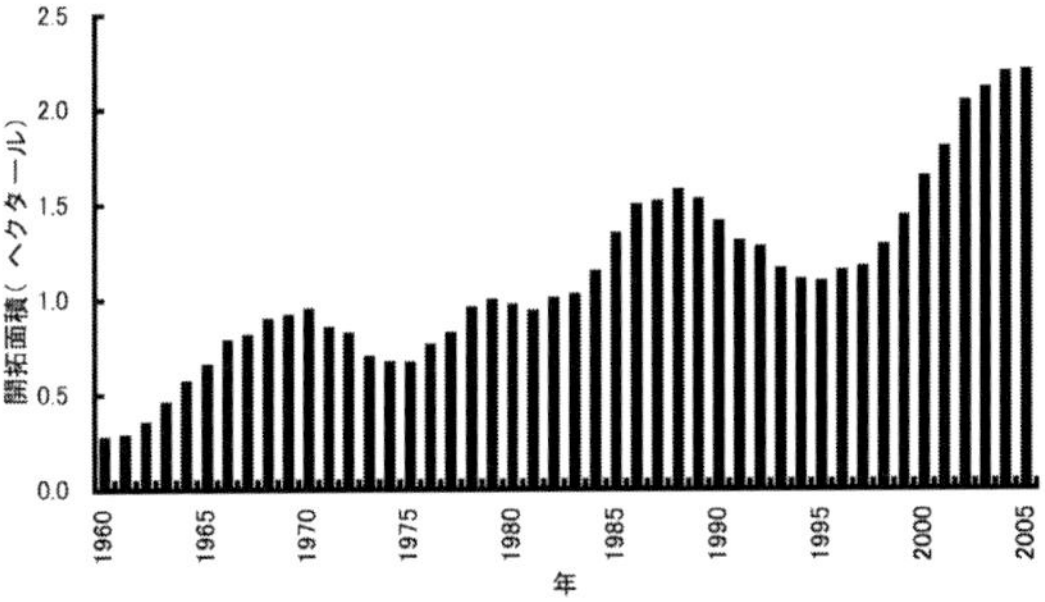

図4　水田の開拓面積の年変化
（注）年ごとの誤差を緩和するために、5年平均値を示す。

ず三節で、村全体の傾向を俯瞰し、水田面積と人口の関係、水田の位置関係、用水の取得方法などを検討する。次に四節では、村人が共同で大規模な工事を行なって水田を拓いたことはなく、主に世帯ごとに水田が開拓されてきたことを重視し、各世帯からの視点で水田開拓の経過を検討する。

三　拡大の原因と順序

❖人口の増加

開拓地図の作成と同時に行なった人口動態の調査により〔大場ら 二〇〇八〕、村の人口が大幅に増加してきたことが明らかになった。一九六〇年の推定人口が三一四人であるのに対し、二〇〇五年には七三六人であり、四五年間に二倍以上になった。ナーサヴァーン村の場合、移入と移出の人数の差が小さかったため、主に出生によって人口が増加してきた。また、水田の開拓面積と同様に、一定の割合で人口が増加してきたわけではなく、年によって増加人口が多かった年と、少なかった年があったこともわかっている。

では、水田面積の拡大と人口増加の間には、どのような関係があるのだろうか。図4から明らかなように、水田開拓が盛んに行なわれたのは、一九六二～七〇年、一九七五～七九年、一九八二～九〇年、一九九七～二〇〇五年の四つの期間である。なぜこれらの期間に水田が開拓されたのだろうか。まず、だれが開拓に携わったのかについて、一九九七〜二〇〇五年について見てみよう。

この時期に開拓した世帯の世帯主は、五〇年代から七〇年代に生まれた人が多かった。特に、一九六〇年代に生まれた世帯主は、開拓した面積も他の世代に比べて大きかった。村の人口増加率は、一九六二〜七〇年と一九七五〜九〇年に特に高く〔大場ら 二〇〇八〕、開拓した人の生年は人口増加率の高かった一九六二〜七〇年と一致していた。つまり、四〇年のタイムラグをおいて、人口の増加が水田の開拓に影響したと考えられる。

人口の増加にともない、村人一人あたりの水田面積は減少している。一九六〇年には村人一人あたりの水田面積は〇・四〇ヘクタールであったが、二〇〇五年には〇・二五ヘクタールになった。この水田面積で、村人が生存するために十分な米が生産できるのだろうか。

聞き取りの結果では、二〇〇五年の大人（一五歳以上）一人あたりの一年間の米の平均消費量は、籾重で三二〇キログラムであった。この値は、一九八〇年代の東北タイの四一三キログラム〔福井 一九八八、四〇〇〕やラオスでの三六〇キログラム〔鈴木 一九九五〕に比べると低い値であるが、現在の村には特殊な家庭事情のある世帯を除いて、米不足の世帯がほとんど見られなかった。したがって、村の大人一人が一年間に生存するために必要十分な量を三二〇キログラムとしておこう。

米の単収を在来品種の平均収量である一ヘクタールあたり二・六トンと仮定すると、一ヘクタールの水田から生産される米で大人八人を扶養することができる。村人一人あたりの平均水田経営面積は〇・二五ヘクタールなので、その収量は六五〇キログラムとなる。つまり大人一人で、ほぼ二人分の収穫が得られていることになる。つまり、二〇〇五年現在、村の水田面積一七七ヘクタールを使って水田稲作を行なえば、村人全員が生存するために必要な量を超え、余剰が出るほどの米が生産できていることが明らかになった。

しかし、過去においては、村人の生存に必要な量を生産できていたかどうかは疑わしい。農耕技術の問題によって、水田の生産性は現在の水準よりもかなり低かったことが考えられるのである。現在の農作業の観察から既に指摘したように、スイギュウだけを利用していた時には、田植えの時期にばらつきができたり、イネの生育期間が短くなってしまったりしただろう。降水量が不足した場合には、田植えそのものができなくなったであろう。つまり、灌漑によってある程度は緩和することができたものの、ごく最近になるまで、毎年の降雨変動やスイギュウの労働生産性によって米の生産量が変動していたと推測される。したがって、生産量の変動を吸収するために、比較的広い水田面積が生産に必要とされた可能性がある。つまり、水田面積の拡大は、人口増加の影響を受けてきたと言うことができる。

❖水田の位置と開拓の順序

九〇〇〇枚の水田は、どのような位置から、どのような順序で開拓されていったのであろうか。そこでは、どのような物理的な条件が考慮されたのであろうか。一つの水系に沿った水田を例に検討してみよう。

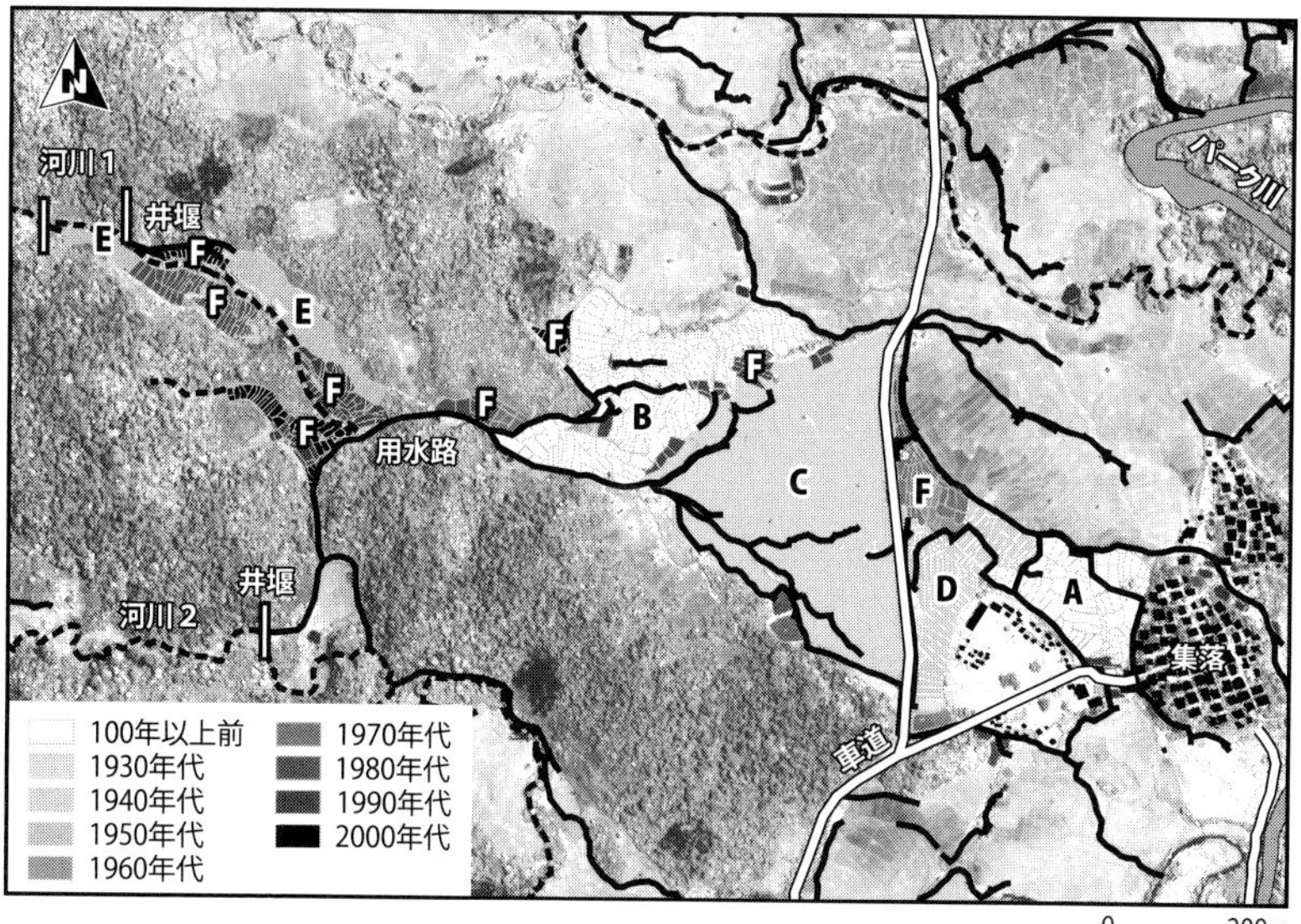

図5 パーク川の支流流域の水田開拓過程

図5は、パーク川の支流の水田の開拓年代を表したものである。標高は、西から東に向かって低くなり、西の山岳部から流れ出た水は集まって小川となりパーク川に注いでいる。水田は、水の流れによってできた傾斜のゆるやかな扇状地に位置している。その面積は二一ヘクタールで、一一二六枚の水田を三一世帯が耕作している。

今から一〇〇年以上前、集落の近くで、もっとも古い水田（図5A）が開拓されていた。当時、この場所で用水をどのように得ていたかはわからないが、近年谷間で開拓された水田では、雨季に周辺の山や森などの集水域から流れ出してくる水を用水路で受け止めて水田に引いている例が多く観察されたことから、おそらく同様の方法がとられていたものと思われる。また、集落から八〇〇メートルほど離れた場所（図5B）でも、一〇〇年以上前に水田が開拓されていた。ここの用水路は、河川を分岐させただけのものであった。

続いて、一九三〇年代に約八ヘクタールの水田（図5C）が拓かれた。ここでは、用水路を掘削して、南に位置する別の水系の水を引いている。この用水路を掘削した人々の子孫によると、河川1の水量が新たに水田を拓くには不足していたため、水量の豊富な河川2に井堰を建設し、河川1の水系に水を引き入れたという。一九四〇年代には、一九三〇年代に拓かれた水田の下流に新たに水田（図5D）が拓かれ、田ごしで引水している。

一九五〇年代には、河川1の上流部に水田が拓かれた（図5E）。ここでは、井堰を建設し、水位の調節を行なっている。一九六〇年から二〇〇六年までに開拓された水田（図5F）は、既にある水田の周辺に分布している。新たに水田を切り開く方法は次のようであった。まず乾季に用水路を掘削し、植生を伐採して火入れを行ない、土地を用意する。ここに一年目は陸稲を植える。二年目からは、土地に水を引いて水田にして水稲を栽培する。このようにして森林を水田に変えていくのである。このような場所では、田ごしで灌漑が行なわれていることが多い。

パーク川一支流の水田開拓の経過をたどると、集落からの距離が短く、行き来がしやすい場所、用水を容易に獲得できる場所から、優先的に開拓が進行してきたと言えるであろう。特に用水が安定的に確保できることは水田を開拓する上で重視された条件である。

村人は長い年月をかけて開拓してきた水田すべてに名称をつけ、区画に分けて識別している。

名称はその場所での活動や出来事から付けられたものもある。たとえば、馬を飼育していた場所「ナー・マー」や土器の材料となる土を掘っていた場所「ナー・クットディン」、塩を採っていた場所「ナー・ボー」などで、そこで亡くなった人の名に由来した「ナー・イプー」や「ナー・ブアワン」もある。

このような名称の中で比較的多いのが、河川の名がついた例である。村の領域を流れる一本一本の支流には、すべて名称があって、「ナー・フアイホイ」や「ナー・フアイスワン」など、水を引いた支流の名が水田についているのである。このことからも、水の確保が村人によって重視されてきたことが指摘できる。また、それらの支流が流れ出てくる山にその川の名称がついていることも多く、山は川に付属したものであると考えられていることがわかる。同様な例が、タイ北部のナーン県のタイ・ルーの水田稲作でも報告されている［馬場 二二九―二五〇］。

水が容易に確保できる場所では、水が制御しやすいかわりに、下流部の氾濫原に比べると地味が悪い。つまり、土壌が肥沃でない。しかし、水田を開拓する上では、用水の確保が第一であって、これは、収量が多いことよりも、収量が安定することを村人が指向してきたためであると考えられる［斎藤 一九九七、三三五―七五］。

四　世帯による用水と水田の所有

❖井堰と用水路の建設

では、水田の拡大にともなって、村人たちはどのように灌漑システムを構築してきたのだろうか。水田への水の引き方には、用水路から水を引く場合と、上の水田から下の水田へ水を落とす田ごしの二種類が見られた。ほとんどの水田は田ごしで灌漑されており、世帯が保有する一区画ごとに用水路が引かれている水田は少なかった。

水田に用水路が引かれている場合、自分の保有する水田の最上流部に用水路から水を入れ、下へ水を落としていく。用水路が引かれていない場合は、田ごしで他の世帯の保有する水田から水を引かなければならないが、水が供給されている場合とそうでない場合が見られた。水が供給されている場合は、それぞれの保有者が親族関係にある場合がほとんどであった。つまり、親族で水を管理しており、一つの親族で一つの用水路からの水を利用している。

用水路は、河川から直接親族ごとに引かれているのが基本であったが、一つの用水路をいくつかの親族で共有している場合が見られた。これは、それらの親族の先祖が共同で井堰を作り、用水路を掘削したからである。水路の掘削にはかかわらなかった世帯も、この用水路から水を引いていることがある。しかし、用水路を掘削した人たちの水田よりも下流部に位置し、取水口は彼らの取水口よりも下流部に位置している。このように掘削した用水路は掘削した世帯のものであると認識され、その世帯が優先的に水を引くことが認められている。

用水路がなく、さらに田ごしによっても水が供給されていない場合は、上の水田からのあまり水を利用している。いいかえれば、上の水田であふれた水を利用しているにすぎない。用水路を掘削しなかった理由ははっきりしないが、共通する特徴は、隣接する上の水田を所有する世帯との親族関係がないことであった。

以上のように、一つの世帯あるいはいくつかの世帯が井堰を建設し、管理している。一つの世帯が井堰を建設した場合、その水を受益する水田が子孫に分与されていくと、その井堰はひとつの親族が管理し運用するようになる。いくつかの世帯が建設した場合は、その子孫にあたる親族が井堰を共同で管理するようになる。

水を確保するための井堰の建設や用水路の掘削には、多大な労力が必要である。このため、ムアンにおける灌漑設備の建設にあたって、権力者が主導し、住民が総出で井堰を建設したり修復をしたりする例が、タイ北部のチェンマイ盆地や中国雲南省のシプソンパンナーの盆地での灌漑工事で報告されている［加藤 二〇〇〇、一四七―一八九ページ・高谷 一九九七、三三―八〇ページ・海田 一九九七、七五―一〇八ページ］。しかし、同じくムアンであったナーサヴァーン村では、過去に権力者が主導して灌漑工事を行なった形跡は見られなかった。井堰は、それを設けた一つの親族やいくつかの親族で管理され、毎年雨季のはじめに行なわれる補修作業も世帯単位で行なわれている。

❖水田の所有面積

それぞれの世帯は、どのようにして現在の水田を所有するに至ったのであろうか。聞き取りの結果、ほとんどの水田は親から相続する、あるいは自分たちで開拓するといった方法で取得したことがわかった。購入した例はごくわずかしかなかった。

相続した面積と開拓した面積の割合を比べてみると、三九パーセントの世帯が開拓しておらず、すべての水田を相続によって獲得していた。また、相続と開拓の両方によって水田を獲得した世帯のうち、八〇パーセントの世帯で開拓面積よりも相続面積の方が大きかった。つまり、保有する水田面積の大小は、主に親からの相続によって決まるということができる。

では、水田を開拓する世帯としない世帯は、どこに違いがあるのだろうか。一世帯あたりの労働人口は平均五人で、二人から一〇人まで幅がある。そのうち、労働力が少ない世帯ほど、開拓をしていない傾向があった。つまり、開拓するかどうかは主に世帯の労働力によって決まっているのである。また、世帯全員を扶養するのに十分な面積の水田を相続していたとしても、労働力に余裕があった場合は、開拓する傾向にあった。これは、余剰を生み出すことを指向したというよりも、より多くの水田を子孫に残そうとした結果であると考えられる。

❖分与と相続

水田はどのように親から子へと、分与、相続されるのだろうか。

村の世帯の主な形態は、夫婦と未婚の子女、および結婚した一組の男子夫婦とその子女からなる。つまり、一組の夫婦から始まり、子が生まれ、女子は他の世帯に嫁ぎ、男子は両親を扶養する一組を除いて、村の中に家屋を建設して家計的に独立するか、他の世帯の婿養子になるというようにして、世帯が形成される［富田ら二〇〇八］。

水田は、父からすべての男子に分与される。ただし、婿養子になった者には分与されない。それぞれの息子が結婚後数年たった時点で、ほぼ均等に分配されることが多い。したがって、兄弟の数が多ければ多いほど、一人が親から相続する水田の面積は小さくなる。

近年は避妊技術が普及して家族計画が行なわれているが、過去においては子供の数をコントロールすることは難しかったであろう。また、衛生環境が現在よりも悪かったため、幼児期まで死亡する子供が多かった［大場ら二〇〇八］。つまり、夫婦が持つ男子の数は、ほぼ偶然によっていた。男子が多かった場合に一人あたりの水田面積を増加させるには、男子の数を減らすことである。実際に村では、生まれてすぐの子を他の世帯に養子に出す、婿入りさせるといった方法で男子の数を減らすことがある。

基本的に、水田を多く保有する世帯は、兄弟がいなかったり少なかったりしたために親の水田のすべて、もしくはその多くを相続できた世帯であると言えるだろう。逆に、水田の少ない世帯は、水田を分与すべき兄弟が多かった。つまり、水田の相続面積の大小は、男子の数という偶然の要素によって決まるため、村の社会では一つの家系に富が蓄積されにくい構造になっている。したがって、社会階層は固定化されてこなかったと言える。

❖現金収入の獲得

最後に、米の販売の影響について見ていこう。村人への聞き取りによると、ナーサヴァーン村で米の販売が開始されたのは一九九五年からである。その背景のひとつには、道路の整備がある。

まず、一九七九年に村からウドムサイ県都のサイまで軍用車両が通行できる道路が開通した。二〇〇〇年になってこの道路が改修され、一般車両が通行できるようになった。また、同じ年に村から中国国境へ通じる道路も整備された。このことによって米を販売できる範囲が拡大し、運送できる量が増加した。これが販売量の増加を促し、一九九七年以降の水田面積の拡大に影響した可能性は無視できない。

おわりに

❖研究の意義とその展開

本章では、ナーサヴァーン村を例に、水田開拓の過程をさまざまな角度から検討してきた。その中で、開拓にかかわる主な要因をまとめておこう。

①水田の開拓と人口増加との間に関係が見られた。つまり、人口の増加に水田面積の拡大で対応したと言うことができる。

②水田の開拓は、集落からの距離が短い場所、用水が容易に確保できる場所から進行してきた。特に用水の安定した確保が重視されているが、これは、米の収量を増やすことよりも米が安定して収穫できることを優先してきたためである。

③井堰の建設、用水路の掘削、そして水田の開拓は、基本的に世帯単位で行なわれてきた。また、労働力の多い世帯が開拓に従事してきた。

④世帯の保有する水田面積の大小は、基本的に父親からの相続によって決定される。一つの世帯に相続される水田の量は兄弟の数によって決まる。したがって、特定の家系に富が蓄積しにくい構造となっていた。

ラオス北部の盆地の農村を対象に、水田開拓の過程を詳細に復元する研究はこれまでに行なわれていない。今後は、ムアンの歴史や政治、経済に関する研究分野の成果と、今回の成果を相互に関連づけることにより、ムアンの実態に迫っていく必要があると考えられる。

❖村の将来

過去四五年の間に、着実に水田を開拓し、人口を増やしてきたナーサヴァーン村が、どのような変化を遂げつつあるのであろうか。最近の現象をもとに、議論しておきたい。

まず、今後は世帯の保有する水田面積が固定化していく傾向にあると考えられる。子供の数がコントロールしやすくなり、一組の夫婦が平均二人の子をもうけるようになった。また、保健衛生が改善したために、生まれた子が確実に成長し結婚することが期待できる。これによって、親の水田が子に分与される面積が減少しにくくなっている。また、親から分与された水田が少ないために開拓して所有する水田面積を増やそうとしても、水田に適した土地を見つけるのが難しくなってきていることも、固定化にいっそうの拍車をかけるであろう。さらに、水田面積の固定化は、ひいては世帯階層の固定化へとつながることが推測される。

水田面積の固定化が原因となって、一九九九年以降、水田裏作が開始され、土地利用を集約化する動きが起きている。また、現金収入を目的にした商品作物栽培のための耕地の面積が拡大している。水田では雨季にイネが栽培されたあと、乾季の裏作でスイカやシャロットが栽培される。また、雨季にはトウモロコシ、トウガラシ、ピーマンやカボチャなどの商品作物が栽培される。農作業の中でもっとも労働力が必要とされるのは、耕地の準備、作付け、収穫である。さまざまな作物が栽培されているが、労働力が必要とされるこれらの時期が一時期に集中しないように意図的にずらされている。世帯の家計のほとんどは、これらの商品作物の販売から得た現金によっている。

つまり、水田を開拓できる土地が減少し、村落内の階層が固定化しつつある状況の中で、市場経済が浸透し、商品作物と裏作などの新しい技術が導入されたことを一つの背景として、それまで用いられていなかった乾季の水田や森林といった場所が土地として価値を持つようになったのである。このような動きは、水田面積の固定化にともなう世帯階層の固定化を、緩和する役割を果たすであろうか。一方で、水田稲作はどのような変貌を遂げるのであろうか。今後もその推移をみまもっていきたい。

引用文献

大場保、富田晋介、足達慶尚、金田英子、門司和彦　二〇〇八　「人口転換――ラオス水田社会の変貌」阿部健一、秋道智彌編『モンスーン・アジアの生態史――地域と地球をつなぐ　第三巻　くらしと身体の生態史』弘文堂。
海田能宏　一九九七　「〈水文〉と〈水利〉の生態」渡部忠世『稲のアジア史（普及版）第一巻　アジア稲作文化の生態基盤――技術とエコロジー』小学館、七五―一〇八頁。
加藤久美子　二〇〇〇　『盆地世界の国家論――雲南、シプソンパンナーのタイ族史』京都大学学術出版会。
斎藤　修　一九九七　『比較史の遠近法』ＮＴＴ出版。
鈴木基義　一九九五　「ラオス――構造的食糧不足からの脱却――食料不均衡モデルの考察」『世界経済評論』一二月号、四〇―四七頁。

高谷好一　一九九七　「東南アジア大陸部の稲作」渡部忠世『稲のアジア史（普及版）第二巻　アジア稲作の展開――多様と統一』小学館、三三―八〇頁。
富田晋介、河野泰之、小手川隆志、ムタヤ・ベムリ・チューダリー　二〇〇八　「東南アジア大陸山地部の土地利用の技術と秩序の形成」ダニエルス C. 編『モンスーン・アジアの生態史――地域と地球をつなぐ　第二巻　地域の生態史』弘文堂。
馬場雄司　一九九九　「北タイ、タイ・ルーの移住と守護霊祭祀――ムアンの解体と「村落」の形成」杉島敬志編『土地所有の政治史――人類学的視点』風響社、二二九―二五〇頁。
福井捷朗　一九八八　『ドンデーン村――東北タイの農業生態』創文社。
National Statistics Center. 2005. *Statistics 1975-2005*. Vientiane: National Statistics Center.

第5章　水田の多面的機能

小坂康之

はじめに

ラオス中部を訪れると、どこまでも続く水田が目に入る。このような風景は、日本で見慣れていることもあり、どことなく安心感を与えてくれる。ココヤシの木に囲まれた高床式の家や、寝そべるスイギュウの姿がなければ、そこが熱帯地方であることを忘れてしまうほどだ。水田でイネが栽培され、主食として米が食べられていることには、気候や言葉の違いを越えた共通性が感じられる。

ところが、その水田をよく観察すると、日本とは異なる特徴を持っていることに気づいた。たとえば、二〇〇一年六月のある日、私は多くの樹木が生えている水田を観察した。なぜ、水田に多くの樹木が生えているのだろうか。樹木は農作業の邪魔にならないのだろうか、イネの生育に悪い影響を与えるのではないか。次々に疑問が浮かぶ。

そこで、水田の持ち主の男性に尋ねてみると、思いがけない答えが返ってきた。樹木は、家や道具を作る材木や、煮炊きのための薪になる。大木を切り倒すには労力がかかるから、必要な時に少しずつ切ればよい。季節ごとに食べものになる若葉や果実を与えてくれる種類もある。しかも、樹木は心地よい日陰を作ってくれる。もし樹木がなければ、炎天下で田植えや稲刈りをする時、休む場所がないではないか、というのだ。

なぜ、同じ水田に対して、私と男性は、これほど異なった見方をしたのだろうか。まず、私が水田に生える樹木を邪魔だと思った前提には、水田はイネを栽培するための専用の場所だという考えがある。一方男性にとって、水田でイネを栽培するとともに、樹木を残してさまざまに利用することは当然のことであった。つまり、水田の担う役割に対する認識が、根本的に異なっていたのである。

その後、ラオスの別の地域で水田稲作について見聞きした経験を通じて、水田の役割に対する男性の認識は、一個人が偶然に持っていたものではなく、むしろ多くの農民に共通していることが明らかになった。また、ラオス中部の調査で、水田の樹木には開墾時に切られずに残されたもの、開墾後に新しく生えたもの、村人によって植えられたものがあることがわかった［Kosaka *et al.* 2006a］。それらの多くは有用な樹木であり、村人によって生物資源が採集されているのである。

もちろん、水田はイネを栽培するために人為的に作り出された空間であり、そこで米の生産をあげることは重要である。しかし、少なくともラオス中部の人々にとっては、米を作ることが水田の役割のすべてではない。水田で米といっしょに食べる副菜や、調理するための燃料などの資源を入手したい。つまり、米を生産しつつ、同時にさまざまな資源を供給する役割を持つことで、水田がその機能を多面的に発揮しているのである。

東南アジアの多くの国々は、国家事業として稲作の近代化を推し進めており、水田稲作の生産効率の向上を目指している。一方日本では、近年の環境問題への関心の高まりの中で、水田の持つ米生産以外の役割を見直す動きが出てきている。水田稲作について、近代化しようとする動きと、行き過ぎた近代化を反省する動きが、ちょうど交差しつつあるのが現状である。このような背景のもと、本章では、ラオスの水田が担う多面的な機能を、近代的な稲作の特徴と対比させて考えてみたい。一見、技術的に遅れていると判断されがちなラオスの水田稲作には、「一周遅れのトップランナー」(本書小論2参照)としての側面があるのである。

以下ではまず、ラオス中部の農村で行なった現地調査をもとに、稲作の方法について説明する。次に、村の環境条件によって形づくられる景観に応じて、住民が水田をどのように分類しているかについて述べる。この分類は、稲作の方法や水田の機能に深く結びついているのである。さらに、異なる環境条件下に成立した水田が担う機能を、農業の場、採集と捕獲の場、保全の場の三つの視点に分けてくわしく解説したい。最後に、アジア諸国の水田稲作の現状を広く見渡し、農業近代化の過程で表面化した環境問題について述べ、その対策として水田の多面的機能が見直されている事例を紹介する。その中にあって、ラオスの水田が一定の米の生産を達成しつつ、かつ多面的機能もあわせ持った存在であることを指摘し、その意義を評価したい。

一　稲作の方法

❖米どころの村

私は二〇〇一年と二〇〇三年にラオスに滞在し、農村の水田稲作や資源利用に関する現地調査を行なった。その場所は、サヴァンナケート県チャムポーン郡のナクー村とバーク村である。

ラオス中部に位置するサヴァンナケート県は、国内最大の面積を有する県である。東はアンナン山脈を境にベトナムと国境を接し、西はメコン川を境にタイと国境を接している。アンナン山脈に続く東部の山地を除いて、県のほぼ全域に起伏の緩やかな丘陵と平原が広がる。この丘陵と平原では、地面の起伏にともなう水条件に応じて土地が利用されてきた。水の得やすい低地では水田耕作が行なわれ、県内の約八〇パーセントの世帯がこれに従事している。一方、水を得にくい高地では、森林の中で焼畑耕作が行なわれてきた。二〇〇二年の統計によると、県の全面積のうち、五六・五パーセントが林地、二九・八パーセントが焼畑耕作地とその休閑林、九・二パーセントが水田である［MAF 2005］。

チャムポーン郡は、サヴァンナケート県中部に位置している。郡の中央にはメコン川の支流であるチャムポーン川が流れ、その氾濫原はラオス有数の広大な湿地帯になっている［Claridge 1996］。チャムポーン川から離れると、起伏の緩やかな丘陵と平原が続く。この丘陵と平原には古くから水田が拓かれ、稲作が営まれており、米どころとして知られてきた。最近では、丘陵の低地ではラオとプータイの人々が水田耕作を、高地ではカターンやブルの人々が焼畑耕作を行なっている［Mushiake 2002］。

ナクー村とバーク村は、平原に位置するラオの人々の村である。その人口や歴史、副業に違いがあるものの、主に水田耕作を行なってきた点は共通している。

ナクー村は一〇〇年以上の歴史を持つ。二〇〇三年当時、人口は一五九四人であった。村人の主な生業は水田耕作で、村の周囲には一面に水田が拓かれている。また、農閑期には副業として、塩を作ったり、カヤツリグサの繊維を素材にしてゴザを織ったりしている。

一方、バーク村は、二〇〇年以上の歴史を持つ。二〇〇三年当時、人口は一八五二人であった。村人の主な生業は村の低地で行なう水田耕作だが、高地に残された森林の中では焼畑耕作も行ない、陸稲やパイナップルなどを栽培する。かつては養蚕が盛んだったが、現在では一〇世帯程度が行なうだけになってしまった。農閑期には副業として、焼畑のまわりの草地からチガヤを刈り取り、屋根を葺くためのマットのようなものを作る。

ラオス中部の季節は、雨季と乾季からなっている。サヴァンナケート県では、これまで雨季に降る雨の恵みに依存して、水田耕作が行なわれてきた。雨季は、五月から一〇月頃まで続く。サヴァンナケート県の年間降水量一四九三ミリメートルのうち、約九〇パーセントが、この時期に集中するのである。五月になると、真っ青に晴れ渡った空が急に雲で覆われ、村人が心待ちにしていた雨が降り始める。この時期に降る雨の量が、稲作のスタートの時期を左右する。もし、雨が少ないと、田起こしや田植えができず、一年間の農作業の予定がすべて遅れてしまうこともあるのだ。このように、灌漑設備を持たず、雨水を直接溜めて利用する水田を「天水田」という［宮川 二〇〇〇］。天水田は、ラオス中部からタイ東北部にかけての平原に多い。ナクー村とバーク村でも、主に天水田で雨季作が行なわれ、自給用の米が生産されてきた。その手順を紹介しよう。

❖稲作の手順

六月頃、村人は本田の準備を始める。本田では男性がまずスイギュウに犂を牽かせて、田起こしを二回行なう。その後、まぐわを用いて代掻きをする。また、崩れた畦を補修する。これと並行して、代掻きした後の本田の一部の表土を平らにして、苗代を作る。苗代には、水がたまりすぎないよう、周囲と中央に排水のための溝を掘っておく。そして、水たまりに浸して芽を出させた種籾を、この苗代に手で播いていく。播種後、一五日から二〇数日で、田植えができる程度にまで苗が生長する。

六月から七月にかけてが、田植えの時期だ。女性が苗代から苗を取り、男女がともに参加して手作業で苗を本田に植えていく。田植えの後は、水田にたまった水の量を調節して水位を保ち、イネの生長を助ける。大雨の後には、畦を切って増えすぎた水を流す。水口が壊れれば、これを補修する。

逆に十分な水がたまらない時には、畦にカニなどが開けた穴から水が漏れている可能性がある。穴を探してふさぎ、水漏れを防ぐ。同じ頃、水田には雑草が生えてくる。草丈の低いキカシグサやナンゴクデンジソウなどはほうっておくが、ヒデリコやタゴボウモドキがイネの背丈を越えてびっしりと茂った時には、手作業で引き抜く。一方、畦には雑草がいくら生えても、除草しない。

一〇月に入ると、稲穂の実り具合に応じて収穫の時期を予想し、穂を束ねるための竹ひごを準備しておく。

一一月は、稲刈りの時期である。午前中のうちに稲穂を鎌で刈り取り、いったん刈り株の上に置いて干しておく。そしてその日の午後に稲穂を集めて束ね、刈り取り後の水田に設けた脱穀場に運びこむ。脱穀には、六〇センチ程度の竹棒を二本、紐でつなぎ合わせたヌンチャクのような農具を用いる。この紐を稲束に巻きつけ、両手で竹棒を持ち、地面に置いた板に勢いよく稲穂を叩きつけると、籾が穂からはずれる。こうして脱穀された籾を、集落内の米倉に貯蔵しておく。

米を食べる時には、米倉から必要な分ずつ籾を取り出し、それぞれの世帯で精米する。かつては、高床式家屋の床下に置いた臼と杵を使って精米していた。しかし最近では、大型の籾摺り精米機を村に設置し、共同で使っている。なお、バーク村とナクー村で生産される米の九〇パーセント以上はもち米である。両村を含めたラオスの人々の多くが、毎日の食事にもち米を蒸したおこわを食べている。また、もち米で菓子や酒などをつくることもある。一方、飯に炊いたり、麺の素材にしたりするうるち米は、後で述べる乾季作でわずかに作付けされるだけである。

米の収量は、その年の天候や水田の土質、肥料の投入量によって大きく左右されるが、一ヘクタールあたり〇・八トンから二・〇トン程度であった。二〇〇三年当時、化学肥料を使用する農家はごくわずかにあったが、除草剤や殺虫剤などの農薬は全く用いられていなかった。

ところでサヴァンナケート県では、一九九〇年代の後半以降、灌漑設備を導入して、乾季に稲作を行う乾季作が増加した。その生産量は一九九九年には県内水稲生産量の約二〇パーセントにまで達した［Sithon *et al.* 1999］。また、ごくわずかではあるが、雨季に深く湛水する沼地のほとりで、水位が下がる乾季に稲を植え付ける減水期作も行なわれる。ナクー村とバーク村の一部の水田でも、乾季作や減水期作が行なわれている。乾季作と減水期作では、一二月に耕起したのち、一月に田植えをし、三月から四月にかけて収穫する。つまり、雨季作と乾季作、減水期作では農作業がまったく重ならない。

二　四つの水田景観

❖農民の言葉から

ナクー村とバーク村で稲作の手順や方法について農民に尋ねている時、その会話の中に、水田を意味する「ナー」という単語に、地形や立地を意味する単語を組み合わせた言葉が、頻繁に出てくることに気づいた。それは、「ナー・コーク」(緩やかな丘陵の高地)「ナー・ティンバーン」(集落の周囲)「ナー・ターム」(川沿いの低地)「ナー・ブン」(年中湛水する湿地)の四つである。

水田の準備から、田植え、稲刈りにいたるまでのすべての農作業が、常にこの言葉とともに語られる。村人が稲作について語る時には欠かせない、と言っても過言ではないだろう。またその意味には、水田そのものだけでなく、水田の周囲の環境条件が同時に含まれる。ナー・コークといえば丘陵の高地に広がる森林、ナー・ティンバーンといえば集落や庭畑が思い浮かぶ。同様に、ナー・タームの付近には頻繁に洪水を引き起こす川が流れ、ナー・ブンの側には湧水が見つかるだろう。しかも、それぞれの水田では、環境条件に応じて、異なった稲作の方法がとられている。つまり、水田の環境と人間の活動が一体となって、四つの水田景観が形作られ、それが村人によって区分されているのである。そこで本章では、この四つの水田景観を「丘陵の水田」「集落の水田」「低地の水田」「湿地の水田」と名づけて、ここからの議論を進めていくことにする。

ナクー村とバーク村では、四つの水田景観は村のどこに、どのように分布しているのだろうか。その様子を図1に示した。両村ともに、集落の中心部に接し、かつ集落よりも標高の低い土地に集落の水田が位置している。集落から離れると、緩やかに起伏する丘陵の高地に丘陵の水田が分布する。川沿いの氾濫原には、低地の水田が広がる。丘陵の谷間には、湿地の水田が細長く連なる。

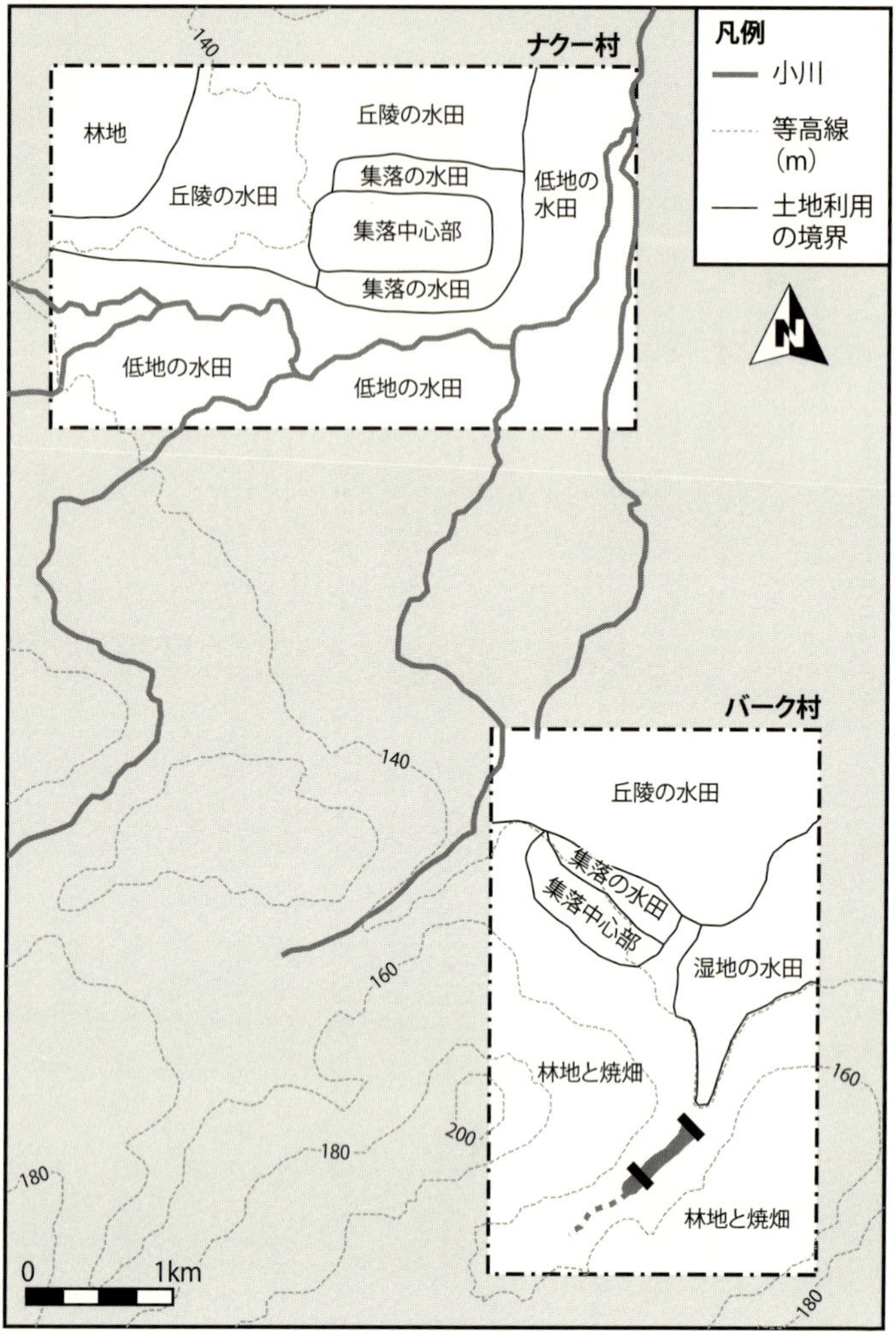

図1　4つの水田景観の分布

写真1　丘陵の水田（2002年6月9日、サヴァンナケート県チャムポーン郡ナクー村）

❖景観と水条件

　次に、四つの水田景観とそこで行なわれる稲作の特徴を順番に見てみよう。

「丘陵の水田」は、水がかりが悪いため、雨季に限ってイネを作付けする。また、短い作付け期間を有効に利用するために、早稲品種が主に用いられる。**写真1**は、ナクー村の丘陵の水田の、雨季のはじめの様子である。写真奥の区画では既に田植えが終わっている。そして手前の区画では、代掻きが終わり、田植えを待つ状態になっている。丘陵の水田では、水を溜めやすい低位の区画から順番に田植えをする。そのため、雨が十分に降らない年には、高位の区画では田植えをあきらめることもある。土壌はラテライト質で、養分に乏しいところが多い。そのため肥料を施さないと、他の水田と比べて収量が低くなる。新しく拓かれた丘陵の水田には、

写真2　集落の水田（2003年10月25日、サヴァンナケート県チャムポーン郡ナクー村）

マメ科やフタバガキ科などの樹木が、高い密度で残されている。畦には、ショウガ科やアオギリ科などの草本植物が生育している。それらの草本植物は、水田に接する森林にも多く生育しているものである。

「集落の水田」は、丘陵の水田と同様に、雨季にだけ作付けをする。ただし、他の水田よりもイネの生育が良いとされる。村人はその理由を、雨が降ると集落から栄養に富んだ水が流れ込むからだ、と説明する。**写真2**は、ナクー村の集落の水田の、雨季の終わりの様子である。写真右奥には、竹やぶに囲まれた高床式の家屋と米倉が見える。その左に稲刈りを終えた水田が広がる。集落の水田は住居に近いため、畦にマンゴーやパルミラヤシなどの果樹や、カポックを植えることも多い。パルミラヤシは、果実を食用にしたり、あるいは畦の上に一列に植えて所

写真3　低地の水田（2003年9月6日、サヴァンナケート県チャムポーン郡ナクー村）

有地の境界を示したりするのに使われる。カポックはパンヤ科の樹木で、種にふさふさとした白い繊維がついている、これを集めて、枕や布団などの詰め物にする。

「低地の水田」は、川が栄養分を運んでくれるため収量は高いが、そのかわり洪水の被害を受けやすいと、住民は語る。**写真3**は、ナクー村における低地の水田の、雨季中頃の様子である。増水した川の水が、水田の際まで迫っている。低位の区画では、八月から九月にかけて、水位がイネの丈を越えることもあるが、一両日中に水位が下がればイネは被害を受けない。低地の水田の中でも最も低い位置の区画では、雨季には水位が高すぎて耕作ができない。そのため、乾季になって水位が下がる時に減水期作を行なう。一方、比較的高い位置の区画では、雨季に晩生品種を作付けする。ナクー村では、二〇〇

写真4　湿地の水田（2003年3月31日、サヴァンナケート県チャムポーン郡バーク村）

三年から、川の水を汲みあげる電気ポンプを導入して、乾季作を行なうようになった。水田の中には、水辺を好むアカネ科の樹木（*Mitragyna rotundifolia*）が生えている。トウダイグサ科の低木（*Phyllanthus taxodiifolius*）は、畦の崩壊を防ぐため、畦の上に刈られずに残されている。

「湿地の水田」では、谷の上流部に堰を設け、湧水から流れ出た小川を堰き止めている。この堰や周囲の湧水から水が供給されるため、水田には一年中水がたまっている。八月から九月には、水位が一メートルを越えることもある。水田の中にはコナギやタヌキモなど、湿地性の草本植物がびっしりと生える。他の水田での雨季作の収量が悪く、米不足が心配される時には、豊富な水を利用して乾季作を行なう。**写真4**は、バーク村における湿地の水田の、乾季の様子である。谷間を横切って長い畦を作ったおかげで、乾季にも深々と水を湛えている。湧水のある谷間の斜面には、フタバガキ科やマメ科の大木がそびえる常緑林が葉を茂らせている。この時期、強い乾燥のために樹木が葉を落としている丘陵の水田と、対照的な景観である。

このようにナクー村とバーク村では、村人によって四つの水田景観が区分されていた。そのあいだで環境を比較すると、最も大きな違いは水条件であった。この地方の丘陵はきわめてなだらかであり、最も高い位置にある丘陵の水田と、最も低い位置にある低地の水田の間の標高差は、たった二〇メートルしかない。しかし、わずか数メートルの標高差があれば、水条件は全く異なる。そしてそれが水田への水の供給、そこで行う稲作の方法、さらには水田周辺の環境条件にまで影響しているのである。

三　水田の機能への視点

四つの水田景観に注目しながら、ナクー村とバーク村の調査をさらに進めていくと、異なった水田景観のもと、水田が稲作以外のさまざまな機能を持つことが明らかになった。農業の場、採集と捕獲の場、保全の場の三つの視点から、その機能を検討してみよう。

❖農業の場

水田は、米を生産するために作り出された空間である。既に述べたように、ナクー村とバーク村の水田では、毎年稲作が行なわれている。ところが、雨季にのみイネを作付けする、丘陵の水田、集落の水田、低地の水田では、一年のうちで水田にイネが生えていない期間が長い。稲刈りから翌年の田植えまで、乾期の間のおよそ半年にも及ぶ。しかし、その間も、水田は積極的に利用されている。

まず、乾季の水田は、ウシやスイギュウなどの家畜を飼育する場となる。家畜は食料でもあるし、蓄財の手段でもある。スイギュウは水田を耕すための耕耘機として働き、また儀礼の際の供犠とされるなど、村人の生活に密接に関わっている（本書2章参照）。ウシやスイギュウを稲刈り後の水田に放牧すると（写真2）、残されたイネの刈り株、水田に生えるほとんどすべての草本や低木の葉を食べる。逆に雨季の間は、イネを脱穀した後に残った藁を、柵の中に囲われているウシやスイギュウに飼料として与える。さらに、その糞を肥料として水田の土壌に還元し、栄養分を供給することで、物質循環を促している。

また、乾季の水田は園芸作物を栽培する場でもある。低地の水田や集落の水田の、近くに川や井戸がある一角に、数メートルから一〇数メートル四方の大きさで柵を設けて、菜園を作る。柵で囲むのは、放牧されたウシやスイギュウの侵入を防ぐためである。村の周囲に豊富に生えている、タケ、ナツメの仲間（*Ziziphus* spp.）、オトギリソウ科の低木（*Cratoxylum* spp.）など、刺のある樹木の枝を使って丈夫な柵を作る。この菜園に、キュウリやカボチャなどの野菜や、キダチトウガラシ、ワケギ、ミント、バジル、ディルなどの香辛料植物を植え、川や井戸から汲んできた水をやって育てる。収穫した野菜や香辛料植物の大部分はそれぞれの世帯で消費するが、一部を近隣の市場に出荷することもある。野菜や香辛料植物の調理法を紹介しよう。キュウリは細長く刻んでサラダに、カボチャはタケノコと組み合わせてスープにする。香辛料植物は村の家庭料理に欠かせない。他の食材といっしょに料理するだけでなく、付け合せとして生のままで食べることもある。

このように、丘陵の水田、集落の水田、低地の水田では、イネと家畜、園芸作物を組み合わせた農業生産を行なうことができる。水田の機能を一年という時間単位で考えた時、その中に稲作を行なう期間と稲作以外の農業を行なう期間の両方を配分することで、複合的な生産の場としての水田の価値が見出せるのである。

❖採集と捕獲の場

水田を作り出した人間の目的とは無関係に、水田には、栽培植物や家畜よりもはるかに多くの種類の野生植物、野生動物が生きている。このような生物は、村人によって採集あるいは捕獲され、さまざまな目的に利用されている。

まず、水田の中や畦の上には、四つの水田景観それぞれに特徴的な多くの種類の草本が生育し、それが食べものとなっている。丘陵の水田や集落の水田では、雨季にシソクサの仲間（*Limnophila* geoffrayi）やナンゴクデンジソウが生える。低地の水田には、乾季にツルナ科の草本（Glinus oppositifolius）が生える。湧水の水田では、代掻きや田植えの時期を除いて、年中湛水する環境を好むコナギやヤナギスブタが水面を覆う。このような草本を村人が採集し、旬の野菜や香辛料として料理している。

次に樹木について見てみると、丘陵の水田から低地の水田まで、立地に応じて異なる樹木が生育し、それが利用されている。特にナクー村では、水田開墾や森林伐採のため森林が残っておらず、かわりに水田の樹木が重要な役割を果たしている。丘陵の水田にはマメ科の樹木（Peltophorum dasyrrhachis）が、低地の水田にはアカネ科の樹木（Mitragyna rotundifolia）が生えている。村人は、このような樹木の枝を定期的に刈り取り、薪や炭として利用している。このため、水田の樹木は、枝の伸びが極端に抑えられた不自然な形をしている。特に、丘陵の水田に生えるマメ科の樹木（Peltophorum dasyrrhachis）は、枝の再生が速いと言われていて、村人は一年おきに地上二〜三メートルの高さで枝を刈っている。また、丘陵の水田に生えるフタバガキ科の樹木やシクンシ科の樹木（Terminalia alata）は、その真っすぐで太い幹が、建築用の木材として利用される。集落の水田に生えるノウゼンカズラ科の樹木（Millingtonia hortensis）は薬に、タケは工芸品の材料になり、またインドセンダンやフトモモ科の樹木（Syzygium gratum var. gratum）の葉、マンゴーの果実は食べものになる。その一部は、食用の野菜や果物として市場で売買されることもある。

次に、水田に生息する魚類の例を見てみよう。河川や沼でだけでなく、水田でも魚類が捕獲され、食用になっている。水田で捕獲される魚は、村人によって放流されたものではない。小川や水路を

写真5 「うけ」から魚を取り出す（2001年6月28日、サヴァンナケート県ラックシー村）

通って、あるいは洪水の時に、自然に水田に入ってくるのである。ラオス中南部で調査を行なった岩田ら〔二〇〇三〕は、その生態を報告している。たとえばコイ科の小魚（*Esomus metallicus*）は、孵化後、成魚に育ち産卵するまでの一生を天水田で過ごす。またタイワンドジョウ科のライギョの仲間（*Channa striata*）は、乾季には河川や沼など恒久的水域で過ごし、雨季には産卵のために一時的水域である水田に遡上する。そして、それぞれの習性に合わせた方法で、村人は魚を捕獲するのである。

丘陵の水田や集落の水田は、斜面に位置するため、上位と下位の水田の間や、水田と用水路との間には落差がある。その落差を利用して、水田の排水口に「やな」や「うけ」を設置する。やなは、すのこの上に水を落とし、流れに乗って落ちた魚を捕らえる竹製の漁具である。うけは、竹やラタンで編んだ細長い籠で、いったん魚が中に入ったら外に出られない仕掛けになっている(写真5)。これらの漁具を使うと、雨季のはじめに魚が遡上した時や雨季の終わりに水田から水を落とす時に、コイ科の小魚などが獲れる。

一方、低地の水田や湿地の水田では、雨季中頃の水位の増した時に、置き針を用いて、ナマズやライギョの仲間を獲る。置き針とは、三〇センチ程度の短い竿に糸と針をつけたもので、針にミミズなどの餌をつけ、竿を畦にさして獲物がかかるのを待つのである。

四つの水田に共通して、雨季の終わりに、水を落とした水田にとどまっている魚を、バケツで水を汲み出しながら、手づかみで捕らえることも行なわれる。特に丘陵の水田では、沼や河川など常に一定の水位が保たれている水域から遠く離れているため、下降し遅れた魚がよく取り残され、捕獲しやすい。

村人は捕獲した魚を、炭火であぶったり、ゆでた身をつぶしてペースト状にしたり、生の身をたたいて香辛料と和えたりして食べる。また、小魚が大量に獲れた場合には、塩と米をまぶして発酵させ、ラオス料理に欠かせない調味料であるパーデークを作る。

最後に、その他の小動物を捕獲する例を紹介する。水田に生育するカエルやカニ、コオロギなどの小動物は、重要な食料である。その捕獲の方法は、雨季と乾季とで全く異なる。

雨季には、四つの水田すべてのいたるところにカエルやカニが見られる。夜になると、水から上がったカエルの鳴き声が響き渡る。そこで村人は、ライトを持って畦を照らし、カエルを捕獲する。

写真6 カエルを採集する（2003年12月5日、サヴァンナケート県チャムポーン郡ナクー村）

かつてライトがなかった頃には、フタバガキ科の樹木の油脂で作ったたいまつで照らしたという。カニは、昼間の農作業の合間に捕獲することもあるし、漁具の中に魚に混じって入ることも多い。

乾季になると、カエルやカニ、コオロギが水田の中に穴を掘って棲むようになる。その頃、ナクー村の丘陵の水田や集落の水田のあちこちで、村人が一メートル程度の長い柄のついたスコップと魚籠《びく》を持って獲物を探す姿がある（**写真6**）。村人は、地面にあいた穴を見つけると、スコップで掘り起こし、中から出てきたカエルやカニ、コオロギを捕まえる。

バーク村の湿地の水田には、雨季の終わりから乾季のはじめにかけて、村人が小動物を捕獲するための仕掛けを設置する。この時期、河川や沼の水はほとんどなくなるが、湿地の水田に

写真7　湿地の水田に「ラン」を仕掛ける（2003年10月28日、サヴァンナケート県バーク村）

は水がたまっている。そこに、カエルやヘビなどが集まってくるのである。例えば、ある湿地の水田の一角には、「ラン」と呼ばれる仕掛けがあった（写真7）。これは、畦一面に、高さ三〇センチほどの短冊形に切った竹を紐でつないで、数十メートルの長さの柵を畦に沿って張り、カエルなどの小動物を誘導する。柵の先端には罠があり、小動物が通ると木の棒で挟むようになっている。

また、ランに良く似た「ロープ・サイ・ゴップ」と呼ばれる仕掛けもある。短冊形の竹で作った柵を用いる点はランと同じだが、柵の途中に「うけ」を仕掛け、小動物が入ったら出られないようにする点が異なる。仕掛けを設置した人は、獲物が獲れたかどうか、毎日見回る。時には、ネズミや魚などが獲れることもあるという。

捕獲した小動物は、副菜として利用される。

カエルは、焼くか、あるいは肉をゆでて挽肉状にして食べる。カニは、未熟なパパイヤの和え物の付合せにする。コオロギは、火であぶった後、すり鉢でつぶして「チェーオ」と呼ばれるペーストにする。香ばしいチェーオに、もち米をほんの少しつけるだけで食が進む。食卓に欠かせない一品である。

イネを栽培するために、畦を盛って水をはり、耕起して作り出した水田の環境は、イネ以外の野生植物や野生動物にもすみかを提供している。しかも、四つの水田景観によって、その生物の種類が異なる。そして、人々は生き物の生活史を熟知し、それぞれに応じた方法で採集や捕獲をし、家庭で消費したり、近隣の市場で販売したりしている。近代的な稲作では、雑草や害虫、害獣として排除の対象となることもある生き物が、ここでは食物や薬、工芸品の材料として活用されている。つまり、人が利用の対象とする生物の種類を、栽培植物や家畜に限定せず、野生植物、野生動物にまで広げることにより、採集と捕獲の場としての水田の機能を見出すことができるのである。

❖保全の場

さらに、水田に生育、生息する生物には、絶滅が危ぶまれるような希少な種類が含まれていることがある。

野生植物に関して、ラオスと植物相が類似するタイの植物誌［Larsen 1975, 1987］を調べると、希少種の例が報告されている。たとえば、ナガバノイシモチソウは、葉の表面に生える毛からねばねばした液を分泌してわなを仕掛け、そこにくっついた昆虫を消化する食虫植物である。熱帯アフリカから熱帯アジア、そして日本やオーストラリアにかけて分布するが、多くの地域で希少種とされている［Larsen 1987: 68］。ナクー村の「丘陵の水田」では、このナガバノイシモチソウが、赤いラテライト質土壌の畦の上に生育していた。一方、スティリジウム属の二種の草本（*Stylidium kunthii* と *Stylidium uliginosum*）は、南アジアから東南アジアにかけて分布する希少種である［Larsen 1975: 276-277］。バーク村の丘陵の水田では、この二種が砂質土壌の畦の上に生えていた。さらに両村では、シャクジョウソウ科やホシクサ科の草本など、自然湿地に生える植物が数多く観察された［Kosaka *et al.* 2006b］。

野生動物については、タガメやゲンゴロウなどの水生昆虫、魚類、カエル、ヘビ、水鳥などの自然湿地の生物の希少種が、水田を生息地としていることは多い。これらの生物は、住民の農作業によって排除されることはなく、むしろ人為的な影響を受けつつも水田の生態系の一員となっているのである。

現在ラオスでは、主要な自然湿地として登録された三〇ヵ所の全てにおいて、水質が汚染されている。また灌漑や排水によって湿地そのものが消失しつつある。そして、このような環境の変化にともない、希少な湿地生物の減少が懸念されている［Claridge 1996］。ところが、ナクー村とバーク村の水田は、いわば人工の湿地環境として湿地生物にすみかを与え、結果として、野生生物を保全する機能を果たしているのである。つまり、農業や採集、捕獲といった住民の生産活動のみならず、その生存を包括する環境全体にまで視野を広げることによって、保全の場としての水田の機能を認めることができるのである。

おわりに

本章ではここまで、ナクー村とバーク村での現地調査から、水田が農業の場、採集と捕獲の場、保全の場として多面的な機能を果たしていることを検証してきた。水田の持つ多面性については、ラオスの別の地域で調査を行なった研究者によっても同様な指摘がなされている。宮川［二〇〇六］は稲作と森林と家畜飼育の複合の場、岩田ら［二〇〇三］は魚類の生息地と住民の漁撈活動の場、野中［二〇〇六］は野生動物採集の場として、それぞれ水田の機能を報告している。

ここで、ラオスの水田の持つ多面的な機能のうち、農業の場としての米生産について確認しておきたい。図2は、ラオスと日本における一〇アールあたりの水稲収量の変遷を示している［末原 二〇〇四・MAF 2000］。ラオスにおける単位面積あたりの水稲収量は、一九七六年から二〇〇〇年までの間に着実に増加しているものの、それでも日本の半分程度でしかない。しかし、二〇〇二年度に、七四万七〇〇〇ヘクタールの水田から二四〇万トンの米が生産されており、流通が改善されればこの生産量で国内の自給分をまかなうことができるとされる［ADB & UNEP 2004］。つまりラオスの水田は、全体としては十分な量の米を生産し、その上で多面的機能も担っていることが指摘できる。

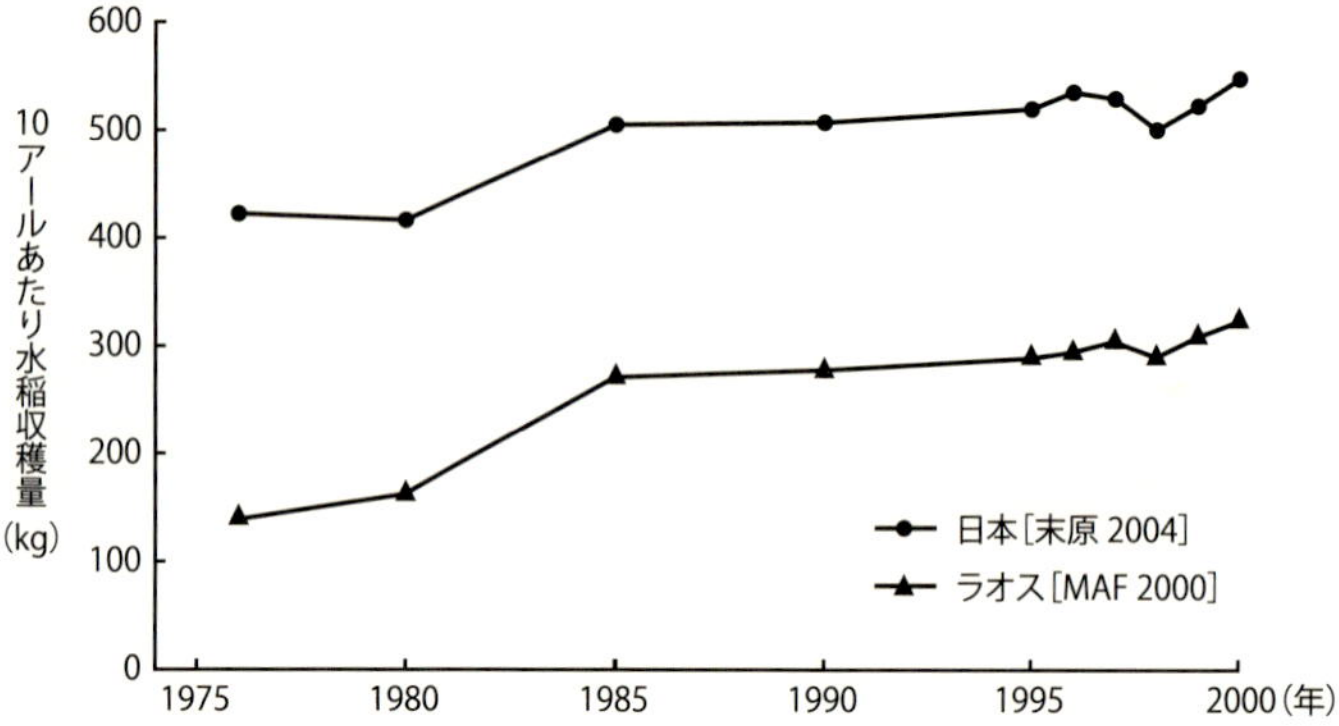

図2　ラオスと日本における10アールあたりの水稲収量の変遷

水田が多面的機能を持つことは、ラオスにだけ見られる特徴ではない。アジアの他の稲作地域でも、同様の事例が報告されている。タイでは、ヘックマンによる水田生態系の調査の結果、人間の農耕活動によって維持されている水田の環境が、多様な生物に生息地を提供し、それらの野生生物が資源として利用されていることが明らかになった［Heckman 1979］。日本では、安室［一九九八］の研究により、稲作以外に、イネとムギの二毛作や、畦でのダイズ栽培、さらには、水田での漁撈活動とそこから発展したと考えられる水田養魚などの機能があることがわかった。

しかし、東南アジア諸国では、一九六〇年代後半から農業の近代化が始まった。稲作については、国際イネ研究所が開発した高収量品種を導入して、大幅な米の増産が図られた。これは「緑の革命」と呼ばれている。その結果、ラオスの隣国であるタイとベトナムは、一九九九年に米の輸出量で世界の一位と二位を占めるに至った［ADB & UNEP *op.cit.*］。このように、高収量品種とともに化学肥料や農薬を導入し、生産性の向上を図る農業近代化の流れの中で、水田は米を生産する場として特化され、その結果、米の増産が達成された。そのいっぽうで、水田の多面的な機能は失われていった。

ところが、緑の革命によって米の増産を達成した国々も、その成果を手放しで喜ぶことはできない。高収量品種を効率的に栽培するには、化学肥料や農薬を投入し、灌漑施設を整備することが不可欠である。しかし、化学肥料への過度の依存は、土壌肥沃度の低下を招くことがある。また農薬の多用は、水質汚染の原因となるだけでなく、水生生物やそれらを食べる人々の健康に害をおよぼす。さらに、灌漑施設の整備が原因になって、感染症を媒介する蚊や寄生虫が大量に発生することもある。

最近では、行き過ぎた農業近代化への反省や、環境問題への関心の高まりから、環境保全型農業が多くの国々で注目を集めるようになった。たとえば、化学肥料の投入を最小限に抑え、排泄物や食品廃棄物を堆肥にして農業生産に還元し、物質循環を促すようにする［農林水産省 前掲書］。害虫対策には、人体や環境へ悪影響を与えるＤＤＴ（ダイクロロ・ディフェンル・トライクロロセーン、有機塩素系殺虫剤）などの薬剤ではなく、水田の生態系の機能を生かし、天敵を利用して有害生物の増殖を抑制する総合防除の方法をとるようにする［茂木 二〇〇六］。日本の環境保全型農業では、経営費や労働時間、収穫物の量や品質の面で課題が残されているにもかかわらず、その従事者の数は年々増加している［農林水産省 二〇〇六］。

このような動向を受け、水田が担っていた多面的機能についても、改めてその重要性が認識されるようになった。その実例として、日本の水田において生物多様性保全の機能が再評価された例を紹介しよう。

水田に生息する多様な生物が、農業生産に有益な機能を果たしていることが明らかにされている［日鷹 二〇〇〇］。たとえば、ウンカの天敵であるウンカシヘンチュウなどの益虫や、益虫でも害虫でもない「ただの虫」が存在することで、病害虫に対する水田生態系の抵抗性を高めている。また、農業生態系の食物連鎖の機能を生かすことで、農業生産におけるエネルギー効率を改善できることが実証されている。

守山［一九九七］は、水田の生物多様性保全の機能が持続的な農業生産のために必要であることを示した。その根拠として、水田を餌場とする鳥類がスクミリンゴガイなどの害獣や雑草の個体数を抑制すること、また水中の窒素やリンが多様な生物の体内に分散されるため水質浄化に寄与することを挙げている。

かつて水田に普通にみられた生物が絶滅を危惧されるまで減少していることを受け、休耕田や放棄水田で人手による除草や耕起を行ない、従来の水田の環境と豊かな植物相をよみがえらせた下田［二〇〇三］は、水田の生物相の保全には農村での生産活動の維持が不可欠であること、そのためには農村だけでなく都市の人々や専門家が協力しなければならないことを強調している。さらに、環境教育の場として水田を活用してきた湊［一九九八］は、子供たちが自分で育てて収穫した米を味わい、また水田に生息する多様な生物を採集するなど、五感で自然を体験することが高い教育効果をあげることを指摘している。

水田の担う多面的機能は、稲作にとどまらず、住民の生業活動とそれを包括する環境全体にまで視野を広げることで、その役割が認識されるものである。農業近代化の過程で環境の問題が表面化している今日、水田の多面的機能の重要性をさらに強調する必要がある。その意味から、一定量の米の生産を達成し、かつ複合的な農業を行ない、生物資源を供給し、生物保全する機能をもそなえたラオスの水田は、われわれが近代的な稲作の次に目指そうとしている、次世代の水田の姿なのである。

引用文献

岩田明久、大西信弘、木口由香　二〇〇三「南部ラオスの平野部における魚類の生息場所利用と住民の漁労活動」『アジア・アフリカ地域研究』三、五一―八六頁。

下田路子　二〇〇三『水田の生物をよみがえらせる』岩波書店。

末原達郎　二〇〇四『人間にとって農業とは何か』世界思想社。

農林水産省編　二〇〇六『食料・農業・農村白書――「攻めの農政」の実現に向けた改革の加速化――』財団法人農林統計協会。

野中健一　二〇〇六「雨降ればカエル、水引けばバッタ――天水田と生物利用」『地理』五一（一二）、五〇―五五頁。

日鷹一雅　二〇〇〇　「農業生態系のエネルギー流の過去・現在・未来——太陽エネルギーそしてもうひとつのエネルギー」田中耕司編『自然と結ぶ——「農」にみる多様性』昭和堂、一九二—二二一頁。
宮川修一　二〇〇〇　「天水田の稲作リズム——東北タイの村落調査から」田中耕司編『自然と結ぶ——「農」にみる多様性』昭和堂、一四五—一六七頁。
———　二〇〇六　「水田と森の共存——ラオス低地の稲作」『地理』五一（一二）、四四—四九頁。
湊　秋作　一九九八　「たんぼ水族館で自然との共生体験」『エコソフィア』二、二二—二五頁。
茂木幹義　二〇〇六　『マラリア・蚊・水田』海游社。
守山　弘　一九九七　『水田を守るとはどういうことか——生物相の視点から』農山漁村文化協会。
安室　知　一九九八　『水田をめぐる民俗学的研究』慶友社。

ADB and UNEP. 2004. *Greater Mekong Subregion Atlas of the Environment.* Manila: ADB.
Heckman, C. W. 1979. *Rice Field Ecology in Northeastern Thailand: The Effect of Wet and Dry Seasons on a Cultivated Aquatic Ecosystem.* The Hague: Dr W. Junk by Publishers.
Claridge, G. ed. 1996. *An Inventory of Wetlands of the Lao P.D.R.* Bangkok: IUCN.
Kosaka, Y., S. Takeda, S. Prixar, S. Sithirajvongsa and K. Xaydala. 2006a. Species composition, distribution, and management of trees in rice paddy fields in central Lao, PDR. *Agroforestry Systems* 67(1): 1-17.
———. 2006b. Plant diversity in paddy fields in relation to agricultural practices in Savannakhet Province, Laos. *Economic Botany* 60(1): 49-61.
Larsen, K. 1975. Stylidiaceae. In *Flora of Thailand Vol.2 Part 3,* T. Smitinand and K. Larsen eds., pp. 276-277. Bangkok: The Forest Herbarium, Royal Forest Department.
———. 1987. Droseraceae. In *Flora of Thailand Vol.5 Part1,* T. Smitinand and K. Larsen eds., p. 68. Bangkok: The Forest

Herbarium, Royal Forest Department.

Ministry of Agriculture and Forestry (MAF). 2000. *Agricultural Statistics 1975-2000.* Vientiane: Ministry of Agriculture and Forestry.

———. 2005. *Report on the Assessment of Forest Cover and Land Use during 1992-2002.* Vientiane: Ministry of Agriculture and Forestry.

Mushiake, E. 2002. Prospect of the multiple ethnic group communities referring to the utilization of the ecology resources. In *Natural Resources Use and Management in the Local Livelihood in the Xe Champhone Basin, Laos.* Tokyo: Toyota Foundation..

Sithon, N. and K.Thonechankham. 1999. *Basic Statistics about the Socio-economic Development for Savannakhet Province.* Savannakhet: Savannakhet Province Department of Planning.

小論2　タマサートな実践、タマサートな開発

田中耕司

❖在来稲作を調べる

ラオスの調査に初めて出かけたのは、一九九二年のことである。ほとんど予備知識のないまま調査に入ったので、まずはラオス在来の水田稲作について勉強しようと、各地の水田地帯を訪ねて回ることにした。

隣国のタイやベトナムでは、後に「緑の革命」と呼ばれるようになる稲作近代化が一九六〇年代末から始まり、七〇年代、八〇年代を通じて新しい稲作技術が急速に全国に普及していた。国際イネ研究所や各国の研究機関で育成された高収量性品種を導入して、化学肥料や農薬を使った栽培技術によって稲作の生産性を飛躍的に高めようとする計画である。一方、ラオスでは長年にわたる内戦

やベトナム戦争の影響で稲作の近代化は立ち遅れていた。調査に入った当時、緑の革命の技術が導入されていたところは中南部のメコン川沿いの低地に限られ、しかもその普及面積もわずかであった。

緑の革命の稲作では、高収量性品種の生産力を発揮させるために、施肥や病虫害防除あるいは灌漑技術などをマニュアル化した標準的な技術が導入される。一方、在来の稲作では、それぞれの地方に固有の品種があり、気候・土壌・水文条件などの違いや民族の違いに応じてさまざまな栽培法が成立している。ラオスではこのような在来稲作が全国各地に残っていて、その特徴を調べるのが調査の楽しみでもあった。

❖「タマサート」との出会い

農民にインタビューする時、地元の言葉ができないところでは通訳を介さなければならないが、言葉を解さなくても、必ず人々の話す言葉に耳を傾けるようにしている。話者と通訳者のやりとりに注意を払う必要があるからである。ラオスでも、そうしてずっと農民の話に耳を傾けていたが、しばらくするうちに、その中にかなりの頻度で登場し、しかもさまざまな意味を持った言葉があることに気がついた。これがラオ語の「タマサート」との出会いである。

具体的にこの言葉がどう使われていたのか。当時のインタビューの様子を再現してみよう。ヴィエンチャン郊外の一水田農村でのやりとりである。

「メコン川の向こうのタイの村では、新しい稲作技術が入っていることは知ってるでしょう？」

写真1　農民の話は重要な情報源（アッタプー県フアイキアオ村、1999年11月）

「もちろん。向こうでは、新しい品種を入れて、化学肥料も使っている。私たちのところでは自分たちがこれまでずっと使ってきた品種を植えているし、化学肥料は使っていない。だから、生産量は低いままだし、簡単に言えば、技術的に遅れた（タマサートな）稲作だ」

「どうして新しい稲作を入れないのですか？」

「化学肥料や農薬を買えないからそんな稲作はできないよ。だけど、そういうものを使っていないから私たちの稲作は自然な（タマサートな）稲作で、ご飯もおいしいよ」

「遅れた」稲作にも「自然な」稲作にも、同じ「タマサート」という言葉が使われている。当時、通訳を務めてくれた京都大学の大学院生Mさんが、その日本語の訳を前後の文脈に応じて変えていたというわけである（写真1）。

そうなると、今度は、調査者と通訳者のあいだで議論をする必要がある。通訳者もラオスの在来農業を研究しようとしていた大学院生だったので、細かく検討してみるのも意味があろうと思い、数日間のインタビューを終えた時、Mさんに尋ねてみた。すると、「おっしゃるとおり、この言葉を訳す時、日本語のもっとも適当な言葉を選んでいます」とのこと。辞書的には、タマサートというのは「自然」「自然のまま」というような意味があるけれども、別に裏の意味とでも言っていいようなさまざまな思いが込められていて、通訳するのが難しかった、ということであった。

議論の結果、辞書的語義は「自然」であっても、含意のレベルでは「手を加えない」「放ったらかし」「遅れている」等々、多少ネガティブな意味が込められた言葉であることがわかってきた。現に、インタビューの中では、田植えのあとは草取りも施肥もまったくやらないというような答えもあったので、文字どおり「放ったらかし」の稲作があったのも事実である。

しかし、その一方で、「放ったらかし」あるいは「遅れた」と言いながらも、だからこそ「自然に合った」、あるいは「自然のリズムに合った」というような裏の意味を含んだ話し方にもよく出会ったものである。前述のインタビューで農民が話したように、「自然に作った米だから、(タイの米に比べて)こちらの米の方がおいしい」というような文脈で、「遅れているけれど、いいところもある」という彼らの自尊心がうかがえたのである。

❖在来の技術や知識に学ぶ

ともかく在来の稲作を見て回ろうと始めた調査ではあったが、この時点で調査のポイントが浮かびあがってきたように思った。それからは、この「タマサート」をキーワードに調査を進めることにして、さらに各地を回ることにした。いったんキーワードが見つかると、調査も進めやすくなる。その言葉を調査者がそのまま使ってインタビューができるからである。そして、稲作だけでなく、農業全般や土地利用のやり方についても、タマサートな技術や知識が随所に見られることが明らかになってきた。

どこの農村でもたくさんの在来品種が残っていて、水田の条件に応じて、また食べる時の用途に応じて多数の品種を使い分けることが普通であった。品種の多様性が維持されているのである。高みにある水田と低みにある水田で品種や栽培時期を変えるのも一般的な技術であった。水田の微妙な標高差に応じて稲の作季を変え、日照りや洪水などの被害を分散するとともに、家族労働の均分化を図ろうというわけである。

実のところ、このようなやり方は、ラオス以外の国々でも行なわれていた知識や技術であったが、稲作の近代化を経て急速に薄らいでしまった。というわけで、今となると、昔からの技術や知識を引き継いでいるラオスのタマサートな稲作が、生産量は低いものの、たいへん持続的で、環境にやさしいことがもてはやされる今の時代にマッチして見えてくるのである（写真2）。

ラオスの農業は、稲作の収量が低位にあることから明らかなように、近代化技術の普及や土地生

産性・労働生産性向上などの面で近隣の東南アジア諸国に比べて大きく遅れをとっている。しかし、そういう尺度とは異なる見方でラオスの農業を見ると、近隣諸国で既に失われてしまった、自然の営みに合わせた無理のない、自然に負荷をかけない、さまざまな技術や知識が残っていることも明らかになってきた。まさしく辞書的な意味においてタマサートな技術がラオスの農業そして生活全般に残っていて、それがかえって新鮮なものに見えてくるのである。ラオスを訪れて「ホッとした」という印象を旅行者がよく語るが、そのような印象を与えるとすれば、たぶん、その根元にタマサートな生活や生産があるからではないだろうか。

❖政策への反映にむけて

タマサートな農業、タマサートな生活が残っているとはいえ、ラオスも近代化に向けて大きく一歩を踏み出した。経済開放政策が始まって、ラオスの農業は急速に変わっている。政府も農業近代化に本腰を入れて、さまざまな農業政策を実施している。遅れをとった在来技術に代わって近代技術を導入し、市場を視野に入れた生産性の高い農業を実現しようとする政策である。

たまたまそうした時期に、国際協力機構（JICA）の「ラオス経済政策支援」プロジェクトの農業分野を担当することになった。プロジェクト自体は、ラオス政府の関係省庁担当者と日本の専門家とが、国の経済運営や金融政策を調整し、経済開放下の環境にふさわしい政策立案に向けて共同研究を実施するというものであった。たまたまタマサートな農業という見方に関心をもったプロジェ

写真2　穂摘みした稲穂を運ぶ。在来品種は穂が大きいのが特徴
（カムムアン県ナムトゥン川のほとりにて、1999年11月）➡

クト・リーダーから誘いがあって、その仲間に加わることになった。

このプロジェクトでは、ラオスの農業は「一周遅れのトップランナー」であるという考えを基本におくことにした。そして、カウンターパートであったラオス農林省の高官に、ラオスの農業に見られるタマサートな側面に光を当ててみようということをまず提案した。ところが、この言葉が持つ多義性がネックになって、なかなかその考えは受け入れてもらえなかった。確かに「自然な」という意味では評価できるけれども、政策レベルでこの言葉を取りあげるとなると、後ろ向きの印象をぬぐえない。開発など必要ない、これまでどおり何もしないで「放ったらかし」でよいというメッセージを与えかねないというのである。

では、それに代わるメッセージ性のある言葉があるのだろうか。それよりも、積極的にタマサートを売り込んだ方がよいのではないだろうか。自然素材を使ったラオスの伝統的な織物や染色などの手工芸品が、旅行者のみやげ物としてだけでなく、その価値が認められて世界の市場に流通するようになっている。農産物も同じように、タマサートな商品として売り出すことが可能なはずである。そのためには、タマサートな国づくり、土づくり、そして農法の開発が必要で、そういう方針を強く打ち出してこそこの国の農業が成り立っていくのではないだろうか。そこで、ねばりづよく説得を続けてみた。

「国際開発の場では、いつも持続的開発という言葉が使われるけれど、その言葉をラオス語に直訳しても国民に訴える力がないでしょう」

「近代化は必要だけれども、先行したタイやベトナムのあとを追っかけているだけでは競争に勝てないでしょう」

「自然環境に負荷をかけない農業とよく言われるけれど、実は、ラオスにはそれを実践している言葉があるではないですか。タマサートがそれですよ」

「ラオスの農産物を『タマサート・プロダクツ』として売り込む余地はまだまだあるはずです。オーガニックというようなありきたりの言葉でなく、『タマサート』を世界に通用するブランドにしてはどうですか」

こういう議論を政府高官と何度も交わすうちに、「タマサートな開発」（タマサート・ウェイ・オブ・ディベロプメント）という言葉も出てくるようになってきた。それをどう具体的な政策に結びつけていくかは今後の課題として残っているものの、タマサートな開発という発想がラオスにとって重要だということは理解してもらえたようである。

ラオスは一九九七年には東南アジア諸国連合（ASEAN）に加盟し、アセアン自由貿易地域（AFTA）の一員として域内の農産物貿易自由化に踏み切らなければならなくなった。小国ラオスがこの荒波の中で自国の農業を守りきることができるのだろうか。既に中国やタイ、ベトナムなどから技術や資本が流れ込んで、ラオスの農業を大きく変化させている。国づくりの基礎となる農業がはたしてタマサートな道を歩み続けることができるかどうか、政策の舵取りは正念場を迎えている。

第3部

森林

第6章　土地森林分配事業をめぐる問題

名村隆行

はじめに

東南アジアの中では、豊かな森林が残されているラオス。この豊かな森林をめぐって、利害の異なるさまざまなアクターが引き寄せられ、時には静かな、また時には激しい紛争が起こっている。

森林に関わるアクターとして第一にあげるべきは、ラオスの全人口の約八割にもおよぶ農村の住民である。村人の生活と森林は密接な関わりを持っている。たとえば、村人の食卓には、タケノコを代表とする林産物、イノシシのような野生動物、ツムギアリのような昆虫、また森林を流れる小川からは各種の魚類やカワノリのような緑藻類などが並ぶ。その多くは、村の周囲にある森林から得られたものである。

森林の利用は食材に限らない。村人が住んでいる家の建材、捕った魚を入れておくカゴ、床に敷くマットなどの生活資材も同様である。さらには、作物が不況だった年、病気にかかって病院へ行く時、急な冠婚葬祭などで現金が必要な際には、木材や林産物を販売して予期せぬ出費に対応している。つまり森林は、ラオスの人々の日常生活に欠かすことができない資源となっている。また森林は、資源としての価値に加えて、村人にとって困窮時におけるセーフティネットとしての機能も果たしている。

しかし、森林に対する村人たちのスタンスはけっして一様ではない。森林を伐開して農地を拡大したい人、木材を売り払って稼ぎたい人、その一方で生きていくための資源として森林を守りたい人など、異なる利害を持つ人たちが、資源の利用をめぐって競合を引き起こす。また近隣の村との競合もある。たとえば、村の境界が曖昧なため、村の領有権をめぐって争うこともある。領有権の争いは、言い換えれば森林利用権の争いである。また、複数の村で利用されている入会林《いりあいりん》では、ある村が過剰な樹木の伐採を行ない、他の村から不平不満が噴出する例もある。

もっと広い範囲に目を向ければ、樹木の伐採や植林、石灰石採掘、農業開発、ダム開発などが、企業や政府によって行なわれている。生活の糧を得る農地や森林を確保しておきたい村人、自己の利益を最大化したい企業、そして土地や森林を管理する役割を持つ政府、その他さまざまなアクターが土地や森林などの資源をめぐって競合している。

本章で取り上げる土地森林分配事業（モップ・ディン・モップ・パー Land Forest Allocation Programme）とは、なわばりを決めていく作業である。特定の土地や森林が、どこの誰のものなのかを確定する作業を通じて、土地と森林をめぐる競合を調整することである。しかし、なわばりを決める作業は容易ではない。村の境界の線引きでは、境界線が引かれる二つの村に、領有権をめぐった争いが起こることがある。所有者が曖昧で、かつ利用のされ方も複雑な入会林のような土地では、土地の区画と所有権を明確にしようとして混乱が生じる。いったん村のなわばりを確定したにもかかわらず、強い権力を持つ行政官が土地を強制収用し、企業のなわばりとしてしまった例さえある。

このような問題が発生する原因はどこにあるのか、どのようにしたらこの問題を解決できるのか。本章では、ラオスの土地政策の基礎となっている土地森林分配事業に着目し、かつて私が在籍していた日本国際ボランティアセンター（JVC）ラオス事務所での活動経験をもとに、ラオスにおける森林の利用と所有をめぐる課題について明らかにしていきたい。まず、ラオスの土地政策や村落共有林管理の基礎ともなっている土地森林分配事業の概要を紹介する。次に、JVCラオスがこの事業を支援してきた経緯とその活動内容について紹介し、支援に際して村レベルで生じた問題点をあげる。さらに、具体的な活動事例から、村と村の間や村レベルを超えて発生した森林の所有と利用をめぐる諸問題を論じ、最後にこれらの問題点を総括しつつ、今後の方向性について述べてみよう。

一　土地森林分配事業とJVCラオス

❖土地森林分配事業の目的と実施方法

土地森林分配事業とは、植生等の土地の状況やその利用目的に応じて国土を線引きし、その区画ごとに管理権限の所在を確定し、さらに区画ごとの利用と管理方法を明確にする一連の政策を指している。第一に、潜在的な農地や荒廃した土地を世帯に分配し、商品作物栽培や植林、畜産を促進すること。第二に、村の領域内の森林を村に分配し、持続的な森林管理を促進することである［Ministry of Agriculture and Forestry 2005: 5］。農林政策から見たこの事業の目的は、自然資源の効果的で持続的な利用と管理、および環境の保全、焼畑移動耕作の削減と定着型農林業の推進（本書第10章参照）、食料生産の増加、商品作物栽培の促進と世帯収入の向上が挙げられる。*1

土地森林分配事業は、一九九〇年代初めより、ルアンパバーン県やサイニャブリー県などで試験的に始められた。そして、森林法が公布された一九九六年から土地森林分配事業が公式に実施され、SIDA（スウェーデン国際開発庁）やGTZ（ドイツ技術協力公社）などの二国間援助機関、国際機関、そしてNGOの支援を受け、全国的にこの事業が展開された。一九九五年から二〇〇三年までの間に、全村数の約五〇パーセントに相当する約五四〇〇村に実施された。しかし、一九九九年ごろより実施村数は減少し、現在では、政府の独自予算不足のため、ほとんど実施されていない［Soulivanh *et al.*

表1　土地森林分配事業のプロセス

プロセス	項　目	内　　容
第１段階	準備	土地利用計画および土地森林分配事業を行なうための準備（スタッフの研修、資機材の準備、村との事前協議）
第２段階	村との協議	村落領域の調査、土地利用区分、森林調査、及び土地利用のマッピング
第３段階	情報収集	土地所有に関わるデータの収集と分析、社会経済状況やニーズ調査
第４段階	村全体での協議	村落土地利用計画や土地分配の会合
第５段階	実地測量	農地の測量
第６段階	最終取りまとめ	土地や森林の所有権の委譲
第７段階	普及促進	土地管理の普及促進
第８段階	モニタリングと評価	定期モニタリング、暫定土地証書を受けた土地の評価

出典［農林省令822号, 1996］をもとに作成

2004: 12］。

森林法ができた一九九六年当時は、この事業の実施は農林省、土地登記や土地税などの管理は財務省、政府方針を策定し各部局の調整を行なうのは首相府となっていた。しかし、二〇〇四年からは、財務省と首相府が担っていた業務を、首相府の中に新たに設置された国家土地管理局が統合して行なうことになった。現場での実際の作業は、各県や郡の関連部局によって行なわれている。

土地森林分配事業は、基本的に村を単位に**表1**に示すような八つの段階で実施される。大まかな流れとしては、まず、近隣の村とともに踏査しながら村の領域を確定し、次に調査

＊1　農林省令八二二号（一九九六年）『土地森林分配事業の管理と利用に関する省令（1996. Instruction on Land Forest Allocation for Management and Use』。

写真1　設置された村の地図。村の土地や森林の区分について村の内外に周知する
（2002年5月、カムムアン県ヒンブン郡パーデーン村）

に基づき村の領域内の森林や農地、宅地などを区分していく（写真1）。最後に農地の所有権を個人、そして森林の管理権を村に分配する。個人の農地として認められた場所では、三年間の暫定土地証書が交付される。この暫定期間の土地利用が政府の定める利用目的に沿っており、かつその利用に係わる紛争がなければ、正規の土地証書が得られる。JVCラオスでは、土地森林分配事業を村人による村落共有林管理の一貫と考え、村を森林管理の担い手と位置づけている。したがって、この事業を行なうにあたり、まずは事業について理解を深めるための森林管理ワークショップを開催している（写真2）。

土地法と森林法によると、ラオスの国土は、「農地」や「林地」、「建築用地」など、用途や現状に応じて八つの類型に区分される。そのうち「林地」と指定されたところは、さらに「保護林」、「保全林」、「生産林（利用林）」、「再生林」、「荒廃林」の五つに区分される。区分された「林地」は、保護や保全などの目的に応じた管理規則がつくられる。また、「荒廃林」については、個人や団体が植林、放牧、農業などを行なう目的で利用できる。[*2]

＊2　ただし、二〇〇七年一二月現在、森林法の改正が国会で議論されており、改正案では「林地」の区分は、「保護林」「保全林」「生産林」の三類型のみとなっている。

写真2　村の自然資源をマッピングする男性グループ。村の自然資源の状況を改めて振り返る（2003年1月、カムムアン県ターケーク郡クワンパワン村）➡

❖村に与えられる権限

アメリカのNGOであるヴィレッジ・フォーカス・インターナショナルが、ラオスにおける土地や森林に対しての村の権利と義務について以下のようにまとめている［Hongthong and Sigaty 2005］。

ラオスの土地と森林は政府の所有となっているが、郡農林局を通じて、個人やグループに分配される。分配された土地には、使用、収益、移譲、貸借、保護、相続、補償の権利が認められる。また、村落共有林には、利用、保護、相続の権利が認められる。

村は村落共有林を管理する権利と義務があり、そのための組織も設置することができる。また、村の農地や森林を管理、保護、利用するための規則も作ることができる。

森林法やその関連法令では、他の法令に反しなければ村での慣習的な森林の利用を認めており、たとえば、家や学校を建設するためなら、年間五立方メートルの木材を利用してよいことになっている。ただし、木材を販売することはできない。そのほかにも、非木材林産物の採取、利用、販売、そして荒廃林における農業、植林、畜産への利用もできる。さらに、土地や森林資源の権利をめぐって争いが起こった時は、その権利を守るために公的機関や裁判所に異議申し立てや陳情をすることもできる。

このように、土地森林分配事業は、住民参加型の森林管理が制度的に認められた点で非常に画期的であった。村は森林を管理する担い手と位置づけられ、管理する権利と義務を持って郡の指導のもとで村の森林管理計画を作ることが可能となった。さらに慣習的な森林の利用も法的に認められている。

しかし、現状をつぶさに見てみると、土地森林分配事業については行なう側と行なわれる側が食い違った解釈をすることが多く、制度と実際の運用との間には大きな乖離が生じている。これがさまざまな問題を生む種となっているのである。

❖村落共有林支援の背景と活動の展開

ここで、ＪＶＣラオスの活動を紹介しよう。

ＪＶＣラオスでは、一九八九年より、地域の自立を目指した生活改善を進めてきた。これらの活動を通じて、人々の生活と森林が密接に関連していることを知った。そして、森林の減少を止めなければ、生活そのものが安定しないと考え、一九九三年より、ラオス中部のカムムアン県で村落共有林の保全活動を開始した。

この当時、村人が特に問題だと感じていたのは、外部の者による森林伐採であった。企業や開発プロジェクトが村の領域に入ってきて、樹木を伐採したり、森林を開墾したりする問題が後を絶たなかった。また、ラオスのような社会主義国家の場合、トップダウンで政策決定が行なわれるため、政府が決めたプロジェクトに対して村人は泣き寝入りせざるを得ない状況であった。しかし、この問題の解決に消極的だった村人たちも、ＪＶＣラオスのスタディツアーや森林ボランティア養成研修などを通じて、「自分たちの森を持ちたい」という声をあげるようになっていった。

そこでＪＶＣラオスは、この村人たちの声を形にするために、一九九五年から、土地森林分配事業を活用して、村の領域での森林の利用とその森林を管理する権利を法的に認めさせ、村人の生活基盤を確保することを考えた。当時としては斬新なアイディアで、村の村落共有林を作ることに成功した。村人の土地や森林の権利を明確にすることで、外部からの勝手な伐採を食い止めようとしたのである。

一九九七年以降、土地森林分配事業を導入する地域を拡大しつつ、村人による過剰な樹木の伐採や森林の農地転用など、村の内部で発生していた森林減少に目を向け始めた。その結果、限られた農地で持続的な生産を維持できるように自然農業プロジェクトをスタートさせ、さらに村人が区分した森林を持続的に管理できるようにすることに力を注いだ。

また、支援活動から得られた知見に基づき、村人の利益のために土地森林分配事業を行なうためのガイドラインを確立し、それを他の地域でも活用できるようなハンドブックを作成した[JVC 2000]。「村人主体の共有林作り」というコンセプトを主体としたこのガイドラインは、ラオスにおける土地森林分配事業の一つのモデルを提示するにいたった。また、事業が行なわれた後には、モニタリングを行ない、区分された森林がその目的に応じて管理運営できているかどうか、また、問題が生じているのならその原因は何か、などの情報を集めた。そして、そこで浮かび上がったプラス面とマイナス面を共有し、解決方法を考えるために、ワークショップを開催している。これらの取り組みの結果、一九九五年から二〇〇六年三月までの一〇年間で、二九村で二三ヵ所の地域共有林が土地森林分配事業を通じて設置された。

❖村人の合意形成

しかし、二〇〇〇年に入ったあたりから、カムムアン県の森林を取り巻く状況が大きく変わってきた。道路や電気などのインフラの整備にともない、樹木の伐採だけでなく、石灰岩の採掘、ユーカリ、パラゴムノキ、アブラヤシなどの植林、そして水力発電ダム事業が数多く展開するようになった。そのような事業が増加するにつれ、土地森林分配事業を実施し、管理・利用権を確立した村落共有林が、村人との十分な合意もなしに奪われるケースが出てきたのである。このため、二〇〇五年からは、原点に立ち返り、開発事業の許可を出す際には村人の土地や森林を利用する権利を守るように働きかける活動を展開している（写真3）。

土地森林分配事業は、これまで曖昧であった土地の権利を確定させるという点で、非常に困難を伴う作業である。だが、ラオス政府が実施する場合、予算の制約から一村あたり平均して約五日間しか時間をかけておらず［Soulivanh *et al. op.cit.*: 10］、その後のモニタリングもほとんど行なわれていない。

このような短期間では、事前に村人全員にこの事業について理解してもらうことができないばか

写真3　県や郡の関係部局が土地紛争を解決するために話し合う（2004年4月、カムムアン県ターケーク）

りか、村の境界を画定する際には隣接する他村との合意も曖昧なままになってしまう。極端な場合は、決定した土地や森林の区分について村の有力者以外の村人がほとんど理解しないうちに終わってしまうこともある。ＪＶＣラオスでは、多くの村人に参加してもらい、一村あたり、最短でも一ヵ月弱、長い時には半年ぐらいの時間をかけて事業を進めている。一〇年間で二三ヵ所の支援にとどまったのは、村の合意形成を重視してきた結果であるとも言える。

❖人口増加と耕作地の不足への対応

しかし、土地森林分配事業の導入過程において、村での合意形成に十分な時間をかけたとしても、さまざまな問題が生じてしまう。

　土地森林分配事業によって村の領域や耕作可能な土地がいったん確定されると、新たな入植者などの流入による人口の社会増加、また保健衛生状態が改善されるにつれて生じる人口の自然増加などの将来的な人口動態にうまく対応できない。特に土地森林分配事業は、森林保全を重視する傾向にあるため、保全林や保護林の区域を多く確保しがちになる。JVCラオスでは、将来的に人口が増加することを予想して、農地に関しては保留地を確保していくように指導しているものの、農地が足りなくなり、林地と指定された区域を農地に転換せざるを得なくなる例も見られた。

現時点では、一部の人口密度の高い平地部や幹線道路沿いの地域だけの問題と捉えられがちであるが、将来的には、これまで人口が希薄であった農山村部のような地域でも大きな問題となることが予想される。人口の増加と農地の不足に関する問題は、土地森林分配事業の課題と言える。

❖組織化の重要性

森林管理の視点から言えば、土地森林分配事業とは、土地や森林を線引きして、その土地区画を管理する権限と義務を明確にすることである。それによって、無秩序かつ無計画な樹木の伐採や林産物の採取を規制し、森林資源を増大させることが目的となっている。事実、JVCラオスが行なったモニタリングによると、ほとんどの村で、「森林を区分したことで、保全の対象となる森林が明確になり、森林が管理しやすくなった」という意見が聞かれた。

また、この事業に実効性を持たせるために、村の森林ボランティアを育成し、さらに村の代表者から構成される「土地森林分配事業委員会」を設置している。この委員会は、保全の対象となる森林を監視し、また郡役場と連絡し合いながら樹木の伐採に関する許認可をもらう業務を請け負っている。

しかし、委員会を設置しても、村の権力構造をうまくコントロールできないこともある。ある村では、土地森林分配事業が行なわれた後、委員会の意見を無視し、村長が勝手に権限を行使して、村人の知らないうちに木材業者に樹木の伐採許可を出してしまうことがあった。また村によっては、他村への移住や逝去により、委員会のメンバーがひとりだけになっているような場合があった。

問題が生じている例では、委員会がうまく機能しておらず、村で作った森林管理規則が遵守されているかどうかを監視する活動ができていない。したがって、土地そのものだけではなく、村に作られた組織が機能しているかどうかのモニタリングが重要なのである。

❖慣習的な森林利用のルールとの調整

土地森林分配事業が行なわれた後、土地と森林の管理を適切なかたちで継続させるのは容易ではない。先に述べたように、人口を適正に保ち、また村の組織をうまく機能させるような努力が必要となる。しかし、こうした一般的にわかりやすい管理と同時に、村独自のルールに基づいた土地と森林の管理も必要となる。村には、村人にしかわからないこともある。それが慣習的な森林利用のルールに基づいた土地利用である。

ＪＶＣラオスが活動を行なっている村では、「精霊林」や「埋葬林」といった慣習的な森林利用のルールや、資源に対する独自の所有権システムが見られる。ラオスは仏教国のイメージが強いが、生活の中には精霊信仰も色濃く残っており（本書第3章参照）、多くの村では森の精霊を祀る精霊林や死者を祀る埋葬林が存在する。子供の進学や就職などの人生の節目には、その精霊林に米や酒、家畜を奉納し、新たな旅立ちへの加護を願う。そして精霊信仰に基づく森への畏怖により、村人は精霊林の樹木を伐採することはない。このような信仰は、間接的に森林資源の利用を規制する動きにつながっている［百村 二〇〇二］。

また、同じく活動対象とする村でしばしば見られたのは、樹木の利用に関する禁忌である。たとえば、「水面に影が延びる木」を伐採すると、家に不幸をもたらすと信じられている。通常、これらの木は村の河川沿いに広がっており、結果的に水辺林の保全につながっている。また、「二股の木」、「穴の空いた木」、「枝の多い木」を伐採して家の建材に用いると、家に不幸をもたらすと信じられている。このような形状の樹木は高齢の大木が多く、この禁忌はその保護につながっている。

さらに、時間を限定した利用規制を行なう事例についても言及しておきたい。ある村では、雨季稲作の収穫が終わり、乾季が始まる一一月頃に、森の精霊に樹木を伐採する伺いを立てる儀式を執り行なう。この儀式が終わってから次の雨季に入るまでの数ヵ月の間、村人は樹木を伐採することができるが、その期間以外は伐採が禁じられている（写真4）。

ある特定の森林資源に対する村独自の所有権の設定と規制が見られることもある。ある村では、

ダマール樹脂[*3]を採集する「マイ・ニャーン」（フタバガキ科）には樹木ごとに個人の所有権が設定されており、所有者以外の村人は、所有者に許可なく伐採することも樹脂を取ることも許されていない。さらに、所有者自身も勝手にこの樹木を切り出すことは許されておらず、伐採の際には村内の合意が必要であった。

このような慣習的な森林利用のルールは、土地を線引きして管理する画一的な近代的森林管理手法や生活の近代化にともなって次第に失われつつある。しかし、今までラオスの森林はこうした森に対する畏怖や慣習的な利用のルールによって保護され、また保全されてきた。これらのルールに配慮し、また活用しながら、森林管理を進めていく必要がある。

二　森林の所有と利用をめぐる問題

土地森林分配事業の導入によって、村人による森林管理の意識と実践の向上が見られた一方で、こ

＊3　ダマール樹脂は液体のものを「ナムマン・ヤーン」、固形になったものを「キー・シー」と称している。村人の日常生活においては、水漏れを防ぐために竹カゴの編み目や木製ボートの穴をふさぐために、また電気のない場所ではたいまつ油として使用されている。商品的な価値としては、ワニスや塗料などの原料となっている。

写真4　精霊林で森の精霊を祀る儀式（2005年12月、カムムアン県ニョマラート郡ナボー村）➡

の事業になじまないような村も出てきている。その多くは、長い間、慣習的な土地利用を実施してきた村、特に複数の村で共通の土地や資源を使用していた場合、もしくは、外部の者が入り込んできたことによって混乱が生じている場合である。以下、この事業の実施で何らかの問題が生じた村の事例を取り上げて、浮かび上がってきた森林の所有と利用をめぐる問題を見ていこう。

❖近隣村の間で発生する問題

土地森林分配事業では、村の領域を確定する作業を通じて、土地や森林がどの村に帰属するか決定される。このため、近隣村との調整は必要不可欠だが非常に難しい。

カムムアン県では、人口増加にともない、今まで境界が曖昧であった近隣の村との間で土地や自然資源の所有をめぐる争いが発生している。このような問題を解決するために、村の境界を明確にする土地森林分配事業が有効な役割を果たす。なぜなら、村同士だけでは解決できない境界問題に対して、行政機関である郡や県などの第三者が公的に介入し、調停できるからである。

しかし、これまで曖昧であった境界線を明確にすることで、かえって混乱を引き起こしたこともあった。たとえば、P村では近隣の村との間に土壌のよい農業適地が広がっており、村の境界線を確定する際に両村がその帰属をめぐって争った。結局、両者は折り合いがつかず、境界線の画定はできなかった。

また、森林資源についても同様である。K村では近隣村に先駆けて土地森林分配事業を行なった。

しかし、K村の村落共有林には、経済的に価値の高い樹木が多く含まれていた。K村の領域は何とか確定したものの、近隣村や市街地の木材業者からの盗伐は後を絶たない。

土地森林分配事業は、原則的に、一ヵ所の権利を一村に帰属させることになるため、JVCラオスでは近隣の村と共同で利用していた森林については、近隣村と話し合いをして、例外として複数の村で管理できるように配慮した。ところが、実施担当の郡職員が対象村の森林利用の状況を十分に把握しないまま、村の境界線や森林の利用ルールを決めてしまったことがあった。その結果、複数の村が共同で利用していた森林が、ある一つの村に帰属する森林になってしまい、そこから、もめごとが発生した。

また、一つの村が複数の池を近隣の村と共有していたケースでは、土地森林分配事業を通じて池を他村に割譲した後、池の管理方法をめぐるトラブルが発生している。N村は、カムムアン県ヒンブン郡に位置する。N村から分村した三つの村が、N村と隣接している(図1)。

土地森林分配事業が行なわれる前は、この付近の小規模な池は、基本的にすべて本郷であるN村の利用・管理下にあり、分村が利用する際にはN村との合意が必要であったという。これらの池には禁漁期間が設定されており、雨季の終わる一〇月〜二月ないし三月ぐらいまで、どの村も魚を獲ることを禁止していた。解禁日はN村によって決定されるが、その日を近隣村すべてに広報するのが慣習であるという。

しかし、土地森林分配事業の際、当時の郡農林局の担当官の判断によって、今までN村が持って

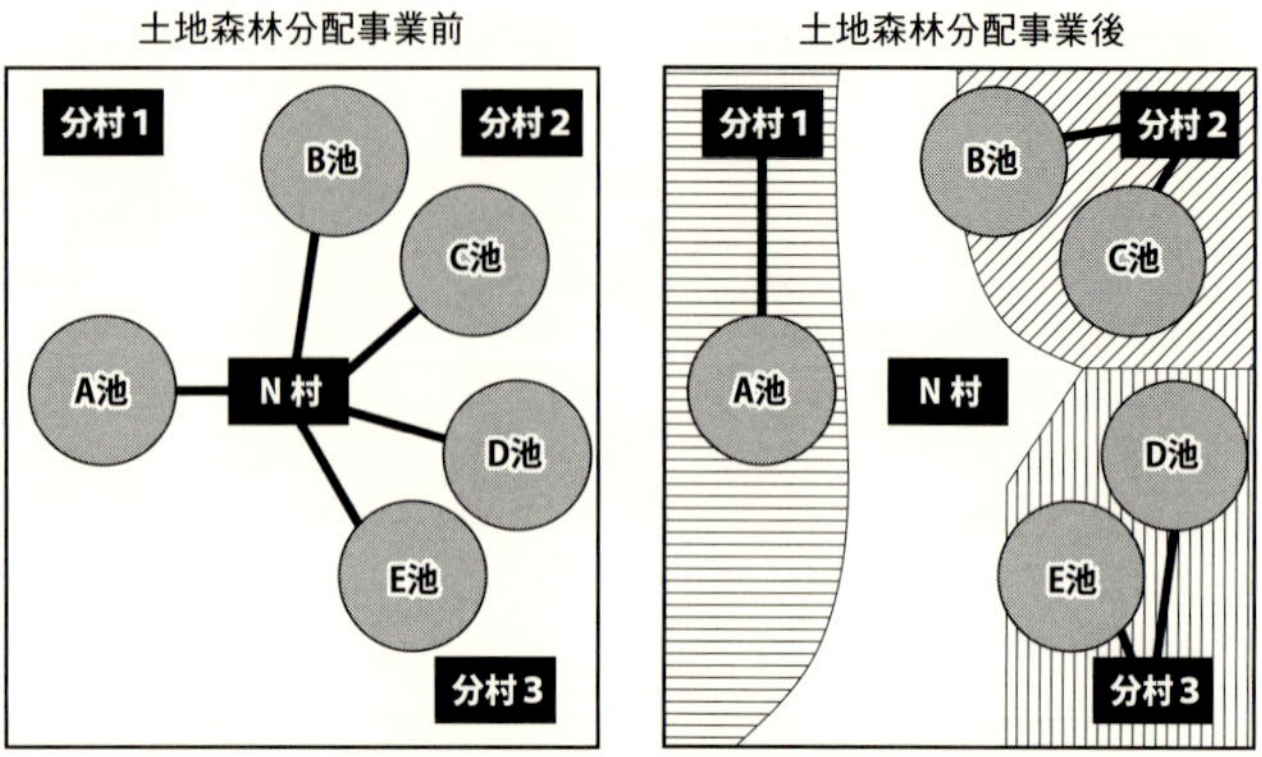

図1　N村における池の管理と利用権の変化（概念図）
（注）N村の領域内にある池については描いていない。

いた池のうちの五つの池が、その三つの分村に移管されてしまった。ただその際、N村と他の分村との間で、池で漁を開始する時はN村の許可が必要であること、そして漁をする時は池の水を抜いてしまわないことという規則を作り、合意している。ところが最近になって、N村の合意もなく、池の水を抜き、魚をすべてとってしまう村が現れた。N村と三つの分村との間で話し合いを持っているが、この問題は解決していない。

一つの村で森林区分を明確にし、組織を作って、森林管理を実施する合意が醸成されていても、隣接村の住民が合意された村の境界線や森林区分、管理規則などを知らず、森林を伐採する例も見られる。土地森林分配事業は、村を単位とした森林管理を基礎としつつも、近隣村を巻き込んで合意を得なければ実効力がなくなってしまう。

❖村の外部からもたらされる問題

村人は、村落共有林の権利を獲得し、法的根拠をもって森林の利用と管理を実施するはずであった。しかし現実には、土地森林分配事業を通じて村人が与えられた権限が十分に保障されていない事例が多発している。以下に、カムムアン県で発生している事例を紹介しよう。

カムムアン県は石灰岩質の土地であり、主要国道沿いではセメント用の石灰岩の採石場やセメント工場の建設が急ピッチで進んでいる。一九九七年七月にＪＶＣラオスがＬ村で土地森林分配事業を支援し、村落共有林の法的な権利を確定した。また、森林ボランティアの育成をはじめ、農業技術研修、果樹の苗木配布などを行なってきた。しかし、二〇〇四年九月、ラオスと中国の合資会社が、Ｌ村と隣接村の敷地を含めた計四八ヘクタールをセメント工場の建設用地として取得した。Ｌ村で建設予定地となったのは、埋葬林と天水田の計一九ヘクタールである。六世帯の天水田が土地収用の対象となり、補償金が支払われたのだが、新たな土地を購入するには足りない金額であった。また、埋葬林を失ったことに対する補償に至っては、まったく行なわれなかった。

このＬ村の場合、かなり強引に企業の土地取得が行なわれた。村人の話を聞くと、契約の際には、企業と行政官に加えて警察が同行しており、「買収に応じなければ、これだ」と逮捕をほのめかすようなしぐさをされ、「村が反対して工場建設ができなければ、村が企業に対して補償金を払わなければならない」などと、根拠のない脅迫とも言える言動で、土地買収の契約書へのサインを強要したという。村長は「政府の決定にたてつくなんて、やっぱり無理だよ」と、あきらめと徒労感の入り混じった表情で、ぽつりとつぶやいていた。

同じく、行政側が下した決断によって、住民と企業との間で争いが生じた事例をもう一つ紹介したい。Ｖ村はセヴァンファイ郡に位置し、一九九六年に村落共有林を確定した。この村はカムムアン県の開発重点地域に含まれている。開発が行なわれる村に指定されると、トップダウン方式で政府から一方的にプロジェクトなどが押しつけられるため、土地利用に関して多くの問題が発生する。ここではパラゴムノキ植林事業との間で発生した土地問題について紹介しておきたい。

二〇〇四年七月、あるラオス企業がＶ村の生産林を無断で伐採したと、村人がＪＶＣラオスに相談を持ちかけてきた。この企業はパラゴムノキの植林事業をＶ村の生産林一八〇ヘクタールで行なうための許可を郡に申請し、一一八ヘクタールの範囲でその事業が認可された。森林法では、郡は三ヘクタール以下の許認可権限しか持たないとされている。この生産林は、マイ・ニャーンが多く残されている価値ある森林であった。その企業は、村と話し合いをせずに勝手に一八ヘクタールの生産林を開墾し、多くのマイ・ニャーンは伐採された。そのため、村は反発し、植林事業の承認を拒否し、中止を求めて郡や県の関係部署に要望書を提出した。表立ってこのように強く反発する例はラオスでは珍しい。

ＪＶＣラオスは、村からの要請を受け、県・郡農林局や郡長、村人との会合を開いた。最終的に企業は一〇八ヘクタールで植林事業の許可を受けたが、その代わりに、村に寺と学校の建設、加えて道路の整備を補償として行なうことで合意に至った。しかし、二〇〇六年三月時点では補償は実行されていない。

このように、法令に基づいて村が権利を確保したはずの土地を、村の十分な合意のないまま取り上げられることが非常に多いのである。ここであげた事例だけではない。二〇〇六年三月時点で、JVCラオスが設置した村落共有林二三ヵ所のうち九ヵ所で開発事業が計画された。そのうち五ヵ所で、ユーカリ植林や商品作物栽培、鉱山などの開発事業により、企業と契約を結んだ政府により土地が収用され、村人は土地を失っている。

❖あいまいな「荒廃林」の定義

森林法の問題点としてあげられているのは、林地の線引きについて、明確な基準が定められていないことである。生産林とされる林地で企業が勝手に樹木を伐採するような行為が行政によって許可されることもある。ほかの林地についても基準のあいまいさは同様で、特に個人や団体が利用できるとされる荒廃林の基準はもっともわかりにくく、混乱が生じている。

荒廃林と聞くと、立木がほとんどなく、森林として価値がないとの印象を受ける。事実、そのような土地を有効に活用する目的で、政府は荒廃林での農業や林業を推進している（本書第7章参照）。しかし荒廃林は全く活用されていない土地ではない。村人は、食料となる家の屋根材として使用するチガヤを採取している。また、放牧地としても利用している。しかし、ある村では、荒廃林だから、という理由で、住民の理解を得ずに植林事業が進められてしまい、村人は生活手段を失ってしまった。

写真5　プランテーションのために開拓される豊かな森（2006年4月、ボリカムサイ県パッカディン、写真提供：Keith Barney氏）

さらに、定義のあいまいさを利用して、豊かな森林が残っていても、その場所を荒廃林に指定して、何らかの事業を行なう場合もある（**写真5**）。これは、企業が許認可を出す行政官と結託して、豊富な森林が残された地域を荒廃林と認定させ、その地域で事業を行なうための許可を受けるというものである。事業許可を得た企業は、荒廃林にはあるはずのない樹木を伐採して、まずは木材の販売益を得る。ハゲ山になったその土地は、荒廃林そのものである。そして企業は、その土地で目的とする事業を始めるのである。さらに悪質なケースだと、商品作物を栽培するという事業計画を提出し、荒廃林にある樹木の伐採だけして、ほとんどなにも植えなかった企業もあった。

おわりに

❖権利の侵害が発生するのはなぜか

これまで、ＪＶＣラオスの活動を通して見てきた土地森林分配事業について、その問題点を述べてきた。

土地森林分配事業は、村を村落共有林管理の担い手と位置づけ、住民参加型の森林管理を認める制度となっている。しかし、法制度と実際の運用との間にはまだまだ食い違いがあることが明らかになってきた。村スケールで土地森林分配事業を見た時の課題は、ゾーニングという、いわば土地利用や森林利用のある種の単純化と、慣習的な自然資源利用の多様性との間の調整である。土地や森林の利用に関わる権限の再分配が伴うことから、この事業を実施する際には、既存の土地利用や森林利用について十分に時間をかけて調査を行ない、また各アクター間の調整を図ることが重要になるのだが、予算や人材の不足からそれができずに、結果的に紛争となるケースが見られる。

そして、地域・国家スケールで土地森林分配事業を見た時の課題は、村落共有林管理の権限が村に与えられていても、村人は行政による土地収用の際に、意思決定に十分参加できていないことである。かつて「土地森林分配事業によって村の領域が確定してしまうと、それ以外のところは、企業が自由に樹木を伐採できるようになってしまう」との懸念を表明していた有識者がいたが、土地森林分配事業が既に導入されていようがいまいが、政府や企業は経済発展を錦の御旗に掲げ、土地を収用してしまうのである。

このような権利の侵害が発生する要因はいくつかある。

まず、定められた法令と現実の執行との間に大きな乖離が見られる点である。第三節で見てきたように、村は不本意な土地の収用を目の前にしても、法的権利をほとんど行使していない。法令が適切に執行されない理由は、第一に現地の行政側が法令の内容をきちんと理解していない上に、村への周知が十分できていないこと、第二に、トップダウンの意思決定システムという政治風土が大きく影響していることがあげられる。アムネスティインターナショナルの報告書によると、ラオスは、表現や集会の自由が制限されている国とされている［Amnesty International 2003］。一九七五年以降、社会主義政権の一党支配体制が続いており、国民の政治的自由は制限されている。そのため土地を取り上げられても、ほとんどの村人は不満の声をあげることすらできない。村に権限を委譲する制度があっても、政府と村の権力関係が旧態依然のままなのである。

次に、民間企業が実施する開発事業に与えるコンセッション（許認可権）に関して、中央政府と地方との間には大きな違いが見られる点である。中央政府では、首相府の国内・海外投資局がコンセッションを統括し、農林業や水力発電、鉱業などを担当する関係部局から構成される運営委員会で、その許認可が決定される仕組みになっている［Schumann *et al. op.cit.*: 15］。しかし地方で実施されている民間の開発事業の多くは、そのような中央の機構を経由することなく、県知事や郡長など、地方行政においてきわめて強い意思決定力を持つ権力者を中心に許認可が乱発されている現状がある。

最後に、土地森林分配事業と他の優先政策との競合である。国連の指標で最貧国と位置づけられているラオスでは、二〇二〇年までにこの状況から脱却することを目標としている。そのためには国内外からの投資を積極的に誘致しなければならない。土地森林分配事業はラオスでは重要な施策の一つであるが、企業を誘致し投資を促進することも、優先順位の高い政策となっている。土地森林分配事業も土地利用の高度化を一つの目的としているので、この二つの政策は同じ方向性を持つものである。しかし貧困削減のための投資というレトリックを隠れ蓑にして、より強い権力を持つ人々が、村人の声を抑えこむ形で土地や森林を収奪している。ラオス中部でこのような事例が繰り返されるのを見ていると、いったい誰のための貧困削減なのか、首を傾げたくなる。また、行政は各アクターの利害を調整する役割があるが、村人の利益を支援しても行政官の実利には結びつかないこともあり、より実利を得られる企業活動に便宜を図る傾向にある。

❖対話の重要性

村で土地紛争が発生した時は、ＪＶＣラオスも介入して、嘆願書を書き、郡や県に回答を要求しているが、残念ながら、開発事業が実際に変更・改善されたことはあまりない。しかし、悲観的なことばかりではない。Ｖ村では、企業が許可なく村の村落共有林を伐採した際に、村が郡農林局に中止するよう嘆願書を出した。その後、郡長がリードして、郡農林局や村人を集めて問題を話し合う機会を設けた。結局、この事業は企業側の理由によって休止状態になったが、トップダウンですべてが決まる政治状況の中で、政府と村人が共に解決をしようと試みた例となった。

また近年、ラオス政府では土地管理や森林管理を改善しようとする積極的な動きが見られる。現状のコンセッションの問題点を改善するために、新規のコンセッションを一時休止し[*4]、また違法伐採の取り締まりも強化している（本書第7章参照）。さらに村や集団に対する共有地の共同所有権を認める法令[*5]が二〇〇七年に作られた。今後は法令や制度の整備だけでなく、実効性のある取り組みを期待したい。

人口の増加や経済発展の推進、そして資源の希少化に伴い、今後も土地や森林をめぐる紛争そのものは避けられないだろう。社会的公正に照らし合わせた紛争の回避には、土地森林分配事業を通じた利害調整が必要となってくる。しかし、その前提として、トップダウンの一方通行の意思決定システムを超えて、各アクター同士が対等な立場で対話する努力を地道に行なっていく必要がある。

引用文献

百村帝彦　二〇〇二「ラオス南部での森の利用——救荒植物と森にまつわる禁忌」『森林科学』三六、七六—七八頁。

Amnesty International. 2003. *Amnesty International Report 2003*. New York: Amnesty International USA.
JVC. 2000. *Some Approaches for Implementation of Land-Forest Land Allocation Khammouane*. Vientiane: Japan International Volunteer Centre.
Schumann, G., P. Ngaosrivathana, B. Soulivanh, S. Kenpraseuth, K. Onmanivong, K. Vongphansipraseuth and C. Bounkhong. 2006. *Study on State Land Leases and Concessions in Lao PDR, Land Policy Study No. 4 under Lao Land Titling Project II*. Vientiane: GTZ.
Sirivath, H. and T. Sigaty. 2005. The right and duties of villages to land and forest resources. In *Improving livelihoods in the upland of the Lao PDR, Volume 1: Initiatives and Approaches*, NAFRI, NAFES and NUOL eds., pp. 29-35. Vientiane: National Agriculture and Forestry Research Institute.
Soulivanh, B., A. Chanthalasy, P. Suphida and F. Lintzmeyer. 2004. *Study on Land Allocation to Individual Households in Rural Areas of Lao PDR*. Vientiane: German Technical Cooperation, Sector Project Land Management.

＊4　二〇〇七年五月九日発行の『ヴィエンチャン・タイムス』(Vientiane Times) の記事 (Government suspends land concessions) による。

＊5　国家土地管理局法令五六四号 (二〇〇七年)『土地登記と土地証書の発行における土地利用や占有の認定に関する法令 (Ministerial Instructions on Adjudications Pertaining to Land Use and Occupation for Land Registration and Titling)』。

第7章　植林事業による森の変容

百村帝彦

はじめに

今、世界的に森林面積が大きく減少している。

その結果、乾燥地や半乾燥地では砂漠化が進み、居住環境の消滅を余儀なくされている。また、森林が消え、保水力を失った土地からは一度に大量の雨水が流れ出して洪水が発生し、毎年多くの人が犠牲になっている。森林の消失とともに生物の多様性も減少し続け、現在一万六〇〇〇あまりの種がレッドリスト[*1]に登録されている。そして、地球温暖化の原因となっている二酸化炭素の排出の約二〇パーセントが土地利用変化によるとされるが、その主な原因は森林減少と言われている。

なくなった森林を復活させなければならない。これは、誰もが考えていることである。荒廃した土地に森林を再生させる方法で最初に思い浮かぶことは、木を植えること、すなわち植林である。植林は大地に緑を蘇らせることができる。

日本では、荒廃した戦後の国土に緑をよみがえらせることを目的に、一九五〇年から国土緑化運動が開始された。毎年全国各地で、植樹祭や緑の募金などが行なわれている。また、企業やNGOも、植林活動を実施している。このような緑化や環境保護を訴える活動のポスターやパンフレットで、人々が苗木を植えている構図は、誰でも一度は目にしたことがあるに違いない。こういった活動が、開発途上国を対象としたものであれば、なおさら植林の大切さが伝わる。そして、それを見た人たちは、日本にもよくやっている企業やNGOがあるじゃないかと感じる。植林事業によって、企業側は、環境保全や社会貢献に積極的であることをアピールでき、そしてNGO側は、緑化のためのスタディー・ツアーへの参加者の増加が期待できる。「植林活動は、植林する側にとっても、そしてされる側にとっても、良いことずくめである」こう考えて良いのだろうか。

私がラオスの森に関わりはじめて約一〇年になるが、最近、森林の景観が変わったと感じる。かつて、ラオス中南部をつなぐ国道一三号を車で走ると、多様な樹種で構成されていた森林が、この数年でパラゴムノキやユーカリの単一林に変化しているところを目にするようになったからである。

日本では、戦後の拡大造林によって全国各地の山林にスギやヒノキなどの経済木が一斉に植林され、森林の景観が大きく変化した（本書小論3参照）。ラオスも日本と同様の経過をたどろうとしているように思えるのだ。

ラオスの場合、これまで二度の大きな植林が行なわれてきた。一回目の植林の波は、一九九〇年代中ごろにラオス北部を中心に小規模農家によって行なわれたチークの植林である。そして、二回目の植林の波は、二〇〇〇年前後にラオス中南部で援助機関の事業として行なわれたユーカリの植林である。いずれも、日本で行なわれたような一斉植林とは異なり、地方の限られた範囲だけで行なわれた植林であった。

そして、ラオスには現在、三回目の植林の波が訪れている。それは、日本の拡大造林と同じような全土を被う規模の植林である。樹種はパラゴムノキが多く、次いでユーカリである。三回目となる今回の全土的な植林の波は、国内外のさまざまな民間企業による投資目的で行なわれていることが特徴である。また、この植林は、民間投資を積極的に進めようとしているラオス政府の政策によっても後押しされている。

そこで本章では、ラオスで繰り広げられている植林事業について述べ、その功罪を考えてみたい。まずは植林事業の形態を類型化した上で、全土で繰り広げられているパラゴムノキ植林事業を概観

＊1　絶滅の恐れのある生物種のリストのことを指す。

し、次に民間企業と援助機関によるラオス中南部でのユーカリ植林事業の事例を述べる。最後に、急速に拡大する三回目となる植林の波がラオスの森林と人々の生活にどのような影響を与えようとしているのかを論じる。

一　植林を考える

❖森林再生の中での植林の位置づけ

植林という言葉は、木を植えて森林を再生することを意味するものと思われがちだが、本来は苗木を植える行為のみを表している。林木を新たに仕立てて森林にすることを、林学では「造林」と言う。特に人の手を使って森林を作るものを「人工造林」と言い、これが「植林」とほぼ同義語となっている。森林再生をイメージする用語として植林という言葉がよく使われるのは、「荒廃地に苗木を植えることによって森を再生させる」と一般的に認識されているからである。本章でも、この広く一般的に使われている意味で、植林を使って述べていくこととする。

ところで、森林再生のためには常に植林が必要だと思われがちだが、別の方法もある。疎林や二次林、草地を適切に管理して、天然更新によって森林を回復させる方法である。天然更新は人工造林と並ぶ代表的な造林技術である。かつて日本の里山では、薪炭林の天然更新による森林再生が広く見られた。クヌギやコナラなど薪炭林の成木を伐採する際、樹木の根本を残しておく。そしてこの切り株や埋上種子から新しい芽が生長し、やがてそれが森を作る。

ベトナムの森林再生プランである「五〇〇万ヘクタール森林再生計画」でも、二次林や疎林のポテンシャルを活かした天然更新の方法が一部で採用されている[de Jong *et al.* 2006]。実は焼畑もこの天然更新によって森林を再生させる力で営まれている(本書第9章参照)。

天然更新は有効な森林再生の方法であるが、商業的な造林ではほとんど採用されない。天然更新は自然の再生力に依存しているため、多様な樹種が再生され、必要な樹種のみを育成させることが困難となるからである。[*2]

❖植林のメリット

植林のメリットとは何であろうか。まず、グローバルなレベルでは、温暖化を抑制するための手段の一つとして考えられている。植栽木はその生育段階で温室効果ガスである二酸化炭素を吸収し固定化する。ローカルなレベルでは、植林は経済開発と環境の両方を満たす活動ととらえられる。砂漠化を防止しつつ緑化を進めたり、洪水や山崩れを防止するといった治山治水や水源涵養のための

＊2　ただし、商業的な植林でもユーカリなど萌芽が盛んな樹種では、植栽木を伐採したあと、同じ林地で再び同じ樹種を生長させる。

森をつくったりすることができる。木材資源の利用を植栽木に限定することによって、天然林への圧力を排除することができる。そして、高まる木材の需要に対して、計画的な生産に対応することができ、外貨獲得や土地の有効利用の手段となる。また、植林活動を通じて周辺住民への雇用が増える。

このように植林事業は、グローバルな地球環境のためのみならず、国家や地域そして森の周辺に住む人々にとっても役立つと考えられている。

❖植林の目的

植林の目的は「環境植林」か「産業植林」かのどちらかに分けられる。水源林や治山治水のための森づくりや荒廃地の復旧など、環境保全を主な目的としたものは環境植林と言えるだろう。これは森を長い間維持しておくことが必要となる。多くの人がイメージしている植林による森林再生がこれにあたる。

一方、木材や紙製品の生産を目的としたものは産業植林と言えるだろう。この場合、樹木を伐採した後は、その後はどのように土地が利用されるのかわからない。再度植林される場合もあれば、そのまま放棄されることもある。必ず植栽木が伐採される産業植林では、長期にわたって森林を維持することができず、環境保全の機能を併せ持つ期間はごく限られる。

現在ラオス全土に拡がっている植林は産業植林である。近隣国の中国やベトナムも積極的な植林事業を実施しているが、ラオスとは事情が異なる。人口密度の高い中国とベトナムは森林の減少が激しく、洪水や土壌の流亡によって大きな被害が発生している。早急な森林回復が必要であり、環境の保全を目的にした環境植林が国家主導で展開されている。

一方、ラオスでは環境植林が声高に叫ばれるまでには至っていない。森林環境の保全保護も重要な課題となっているが、それ以上にラオスでは貧困削減と最貧国からの脱出が緊急の課題となっている。ラオス政府は、二〇〇四年に外国投資奨励法を改正し、外国からの投資を容易にすることで、民間の植林事業への参入を促した。その結果、中国、タイ、ベトナム、インド、そして日本など、多くの外国企業が、パラゴムノキやユーカリなどの植林に着手し、現在見られるような三回目の植林の波が訪れた。外国企業による投資額は、ユーカリ植林では四億ドル、パラゴムノキ植林は大規模のものだけで一億ドル以上と見込まれている［World Bank Vientiane Office 2006］。

❖植林される土地とその所有

植林を行なう主体側は、低灌木や草本だけが生える、いわゆる荒廃林や草地などを、見た目で植林適地と判断する。しかし、農山村の住民は、薪炭材や森林産物などをこのような場所から採取している。人によって土地の認識のしかたには違いがある。ここで、重要な問題は、住民にとって価値があるとされる土地が、外部の人間によって「荒廃地」のレッテルを貼られて植林事業が進められてしまうことである。

そもそも、荒廃地のような土地は誰のものなのか。国連食糧農業機関（ＦＡＯ）は、東・東南アジア[*3]の森林の所有と管理の形態について調べている［Reeb and Romano 2006］。これによると、東・東南アジアの森林の約六七パーセントは中央政府の所有とされている。地方政府や地方行政なども合わせると約九二パーセントが政府機関が所有している。さらに、ラオスを含めた五ヵ国では、すべての森林を政府が所有している。ところが、村落共同体や地域住民が所有する森林はほとんどない。つまり法律上は、森林を日常的に利用している人々に所有権は与えられていない。

一方、これら政府機関に所有されている森林の管理形態であるが、約六五パーセントが政府機関によって直轄管理されている。また、政府直轄となっているものの地域住民による慣習的な利用が許されている森林は四一パーセントしかない。代々にわたってそこに住み、森林を利用してきた人々に利用を許すのは当然のように思われるが、住民が利用できる土地は約四割にすぎない。報告書では、住民への権利委譲の動きは増加の傾向にあるというが、利用だけではなく管理の権利までが地域住民や村落共同体に委譲されている森林は一二パーセントだけである。

つまり、東・東南アジアの森林では、利用者が必ずしも所有者とはなっていない。しかも、利用者は管理の権利さえ与えられていないことが多い。植林される土地には、こうした複雑な所有と利用の権利をめぐる問題が隠されているのである。

❖植林事業の形態

植林事業にはどのような形態があるのだろうか。植林事業を行なう主体は、環境植林を推進する政府、産業植林を推進する民間企業、そして生計のため植林を行なう地域住民の三つに大別される。これらの主体をもとに植林事業の形態を類型化したものが図1である。この図の縦軸は補助金、優遇税制など公的支援の大小を示している。縦軸が上に行くほど「環境植林」としての要素を持ち、下に行くほど産業植林としての要素を持つようになる。横軸は地域住民が自発的に植林事業に参加しているかどうかを示している。

この図から明らかなように、植林には五つの形態がある。民間企業の主導による「企業プランテーション型」と「契約型」、政府の主導による「政府直営型」と「動員型」、そして地域住民の主導による「住民主体型」である〔百村ら二〇〇七〕。以下にそれぞれの類型について説明をする。

まず、商業的な動機で実施される「企業プランテーション型」の植林は、民有地またはコンセッション（許認可権）による公有地で、民間企業が直接行なう。規模の経済性を最大化するため、大規模なプランテーションとなることが多い。住民の森林利用権は制限されるが、企業が住民に対して一定の保障を行なうこともある。地域住民の参加は労働力として雇用される程度である。

＊3　バングラデシュ、ブータン、ブルネイ、カンボジア、インド、インドネシア、日本、韓国、ラオス、ビルマ（ミャンマー）、ネパール、フィリピン、マレーシア・サバ州、タイ、ベトナム、中国雲南省である。

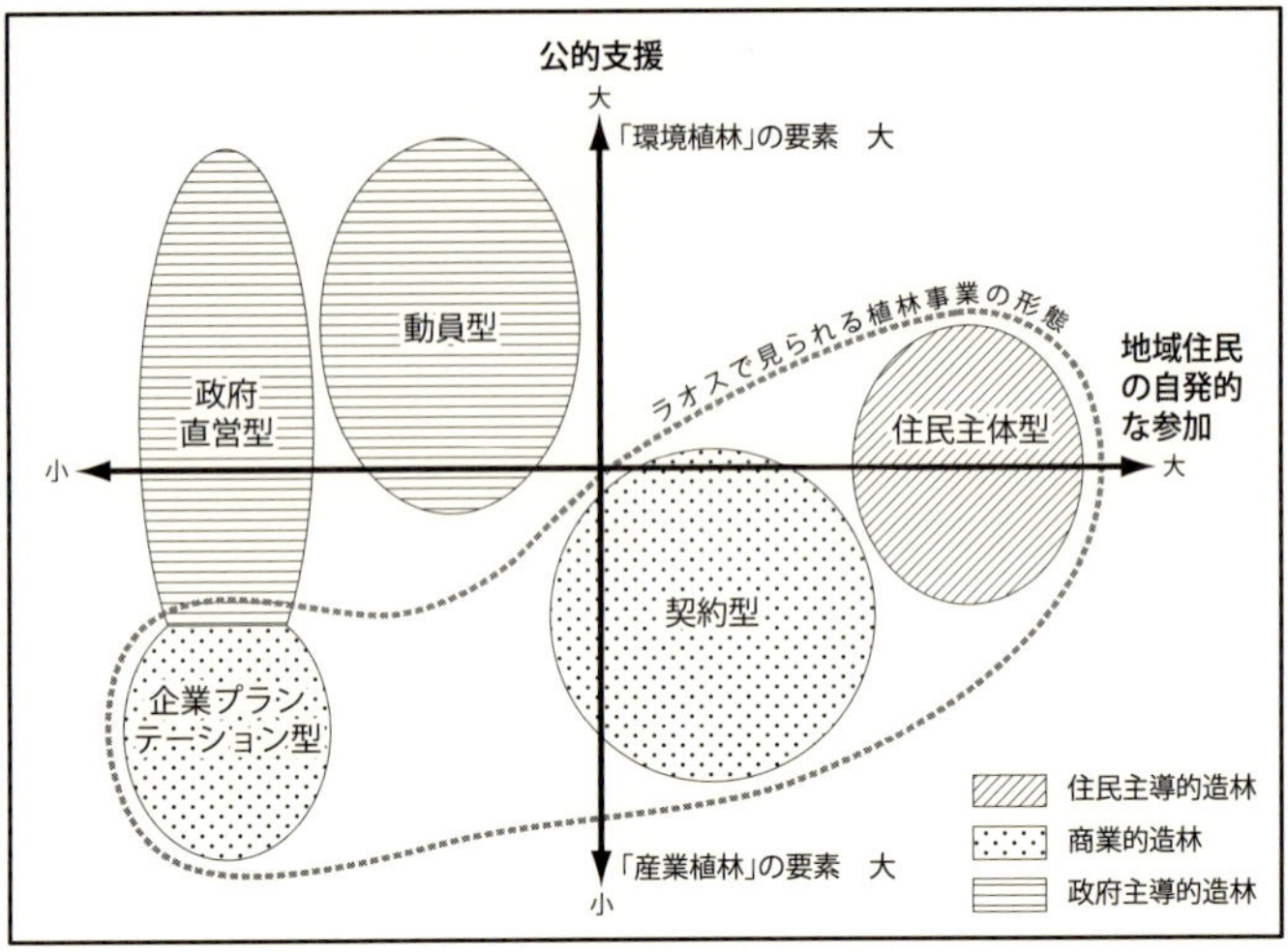

図1　植林事業の形態

出典［百村ら 2007: 3］を一部修正

第二は、同じく商業的な動機で実施される「契約型」である。地域住民や村落共同体が民間企業または公的企業と契約を結び、自分たちの土地に植林を行なう。このため、地域住民の森林利用権は維持される。企業の役割は、契約に基づいて生産された木材を買い取るという需要面に限定されるが、苗木の提供や技術指導および必要資金の支援がなされる場合もある。

第三は、政府または公的企業が公有地に植林を行ない、森林経営に関して直接的責任を負う「政府直営型」である。植林地から得られる全収益は政府に入る。そして、多くの場合、地域住民の森林利用権は尊重されない。

第四は、環境保全を主目的とする「動員型」である。森林計画に基づいて公的資金が投入され、地域住民が動員される。地域住民は森林から収益を得ることはできるが、森林利用権は制限される場合が多い。

第五は、住民が自らの土地に植林を行なう「住民主体型」である。地域住民が森林利用権を持ち、グループまたは個人がさまざまな目的で植林を行ない、その収益も自らのものとなる。政府・企業が補助金を投入することもある。

ラオスで見られる植林事業形態は、このうち企業プランテーション型、契約型、住民主体型の三つである。以下、植林の具体例について見ていきたい。

二　パラゴムノキ植林

❖導入の経緯

ラオスでは、パラゴムノキの植林がわずか数年で急激に増加した（表1）。二〇〇三年ごろまでは全国で約五〇〇〇ヘクタール［Ketphanh *et al.* 2006］であったが、二〇〇七年には約二万八〇〇〇ヘクタールと六倍近い伸びを示している［Vongkhamor *et al.* 2007: 5-7］。

その導入の背景には、いくつかの要因があげられる。第一に、外国投資奨励法の改正で、外国企業の参入が容易となり、外国からの資本が一気になだれ込んだことである。法の改正によって、環境が整ったと言える。第二に、政府側が貧困削減や焼畑の代替として奨励したことである。これによって、焼畑を行なっていた多くの住民は、政府の公式的なサポートが得られることを期待した。そして第三に、ルアンナムター県のある村の住民たちが大金を得たというサクセス・ストーリーがラオス北部を広く駆けめぐったことである。これが多くの住民の動機となった。これら三つの要因が相乗的に働いたため、パラゴムノキの植林が拡大したのであろう。

表1　ラオスにおけるパラゴムノキ植林面積　（単位：ha）

地域	2007年 植林面積	2010年 予想面積
中部	2,946	10,000
南部	8,738	52,840
北部	16,547	121,000
合計	28,231	183,840

出典［Vongkhamor *et al.* 2007］

パラゴムノキ植林はラオス全土に見られるが、導入面積には地域差が生じている。表1に示したように、特に北部での面積が大きく、二〇〇七年の時点で約一万六五〇〇ヘクタール、全土の約六割弱を占めている。そして二〇一〇年には植林面積は一二万一〇〇〇ヘクタールへと拡大する見通しである。

植林の主体としては、北部では中国の企業、中南部ではタイやベトナムの企業が進出している。北部での植林面積の拡がりは、明らかに中国の影響である。中国の天然ゴム消費は、自動車タイヤ需要を中心に増加している。中国の自動車保有台数は一九九六年には一一〇〇万台であったが、二〇〇五年にはほぼ三倍となる三三一七万台となった。これに伴い、天然ゴム需要も九六万八一〇〇トンから約二・五倍にあたる二〇四万五〇〇〇トンへと拡大している。[*4] 中国は世界第六位の天然ゴム生産国であるが、世界最大の天然ゴム消費国でもあり、自国でまかなえない分は輸入に頼ることになる。そこで、パラゴムノキの生育に自然条件があっていて、地理的に近いラオス北部に植林が行なわれた。中国の自動車部品の原料をラオスで作ることになったのである。

❖植林の形態

ラオスでのパラゴムノキ植林は、住民主体型、契約型、企業プランテーション型の三つの形態によって行なわれている。住民主体型は、住民自身が自発的に行なっているもので、苗木を自分で調達し、自ら持つ土地に植林する。契約型は、企業との契約に基づいて植林を行なうもので、主に北部に見られる。企業から苗木を入手し、自分の土地に植栽する。樹液や樹木の収益は企業との契約に基づいて配分される。そして企業プランテーション型は、主に外国企業がコンセッションに基づいて土地を借り、そこに植林を行なうものである。これは南部に多く見られる。この場合、地域住民は労働者として事業に関与し、得られる収入は作業に従事した分の労賃となる。

サクセス・ストーリーでは一見バラ色に見えるパラゴムノキ植林であるが、不安要素も多い。まず、パラゴムノキは、ラオスでは比較的新しい導入樹種なので、いまだに管理技術が十分に確立されていない。にもかかわらず、短期間で各地へと拡がっていったため、住民主体型の個人レベルでは手探り状態での栽培が行なわれている。また需要が見込まれているとはいえ、将来的な買い取り価格

＊4　東工取先物市場振興協会「ゴム——需要と供給」のホームページ（二〇〇八年一月一〇日取得）による。
http://www.tocom-navi.com/guide/rubber/sd.html

までは保証されない。天然ゴムは商品先物にもなる投機的な要素があり、価格の乱高下が起こる可能性がある。一方、契約型の植林では、契約内容を十分に理解していない住民を相手に企業側にとって有利な契約が結ばれている可能性がある。

❖「荒廃林」と「再生林」の価値の変化

ラオスでは、森林や土地を用途ごとに線引きし、それぞれ管理規則を定める土地森林分配事業が行なわれている（本書第6章参照）。これによって植林の対象地となったのが、保全の必要性が低く、生産性も低いと政府に判断された草地や無立木地の荒廃林、そして二次林や疎林の再生林であった。

荒廃林は、地域住民が非木材林産物などを採取する場として機能しており、まさに人々に利用されてきた森であった。政府は、草地や二次林の価値は低いとみなし、これまでほとんど無視してきたので、地域住民は自分たちの領域としてこれらの土地を活用することができた。政府や企業が荒れていると判断した土地は、地域住民にとって宝の山であった。しかし経済開発の波は、これまで価値が低いとされてきた荒廃林や再生林を、植林事業の用地へと変容させていった（写真1）。

企業プランテーション型のパラゴムノキ植林の多くは、企業側が政府からコンセッションを得て、農山村で行なわれている。植林する主体側は公式の手続きを経て事業を行なっているが、現地の住民側は企業によって土地を取られたとして反発することがある（本書第6章参照）。政府や企業は植林

写真1　企業によって伐開された二次林（2006年3月、ラオス中南部）

のために荒廃林や再生林を求め、地域住民は生活のためにその土地の維持を求める。荒廃林や再生林の価値が変化したため、こうした土地をめぐる競合が発生することになった。また、企業プランテーション型では、アクセスの良い土地や土壌が肥沃な土地に狙いを定めて政府からコンセッションを得ようとする。そのような土地は住民が既に利用しているため、荒廃林や再生林に限らず土地をめぐる競合が起こる。

ラオスでは、土地の利用者が必ずしも所有者とはなっていない。このような法制度のもとで、企業のコンセッションを許可し、植林を実施させると、地域住民が利用してきた森がどんどんと狭められてしまうのである。

❖土地転換への対策

企業プランテーション型の植林にともなう土

地の転換に対して、ラオス政府も次第に警戒感を持つようになった。第一回全国土地会議（二〇〇七年五月七日〜八日）の席上、ブアソーン首相は民間企業による無秩序な土地転換に懸念を表明し、一〇〇ヘクタール以上の土地のコンセッション付与を一時的に停止する措置を発表した。[*5]

首相が指摘したのは、ココヤシ植林を名目とした森林破壊で、NGOや研究者から批判を受けていたものでもある。これは樹木の生い茂る天然林を荒廃林と見なした上で開発の許可を得て木材を伐採するという悪質なやり方で、[*6]このような行為が続くことに対して政府も黙っているわけにはいかなくなったのだろう。また、政府がすべてを把握しきれなくなるほど急激な増加を続ける企業プランテーション型の植林に対して、防波堤を作ったものとも言える。

政府は、民間投資による植林などの事業には、「二プラス三政策」を導入するとしている。これは、住民の持つ土地、労働力と企業の持つ資金、技術、経営を併せ持って事業を推進するというものである。この政策によって、新規の企業プランテーション型の事業は当分の間凍結されるであろう。

三　ユーカリ植林

次に、ラオスで行なわれた「契約型」の植林を見てみる。契約型は地域住民の土地の権利を維持しつつ事業を展開するために、土地の紛争が起こりにくいことが最大の利点である。ここではタイの民間企業によって実施された学校林植林と、援助機関によって実施された産業植林の事例を紹介する。

❖学校林への導入

まず、民間企業による契約型の植林について述べてみよう。タイ大手製紙会社の子会社であるA社は、二〇〇六年からサヴァンナケート県内にあるすべての小中学校に対して、ユーカリを学校林として植林する契約を提案した。ユーカリは成木になっても幹の直径が腕の太さ程度なので、人力で運搬でき、道路アクセスの悪いところでも導入しやすい。A社は全一二九二校のうち八〇パーセントと契約を結ぶことを目指している。

契約の内容は、A社が各学校に対して苗木と肥料を無料で提供し、植栽労賃と維持管理費を支払い、四年目に成林をA社が買い取るというものである。苗木はタイの親会社から輸入した生長の速いユ

＊5　二〇〇七年五月九日発行の『ヴィエンチャン・タイムス』(Vientiane Times) の記事 Prime Minister announces moratorium on Land Concession による。

＊6　二〇〇六年に入手したあるNGOの内部書類『パッカディン郡における大規模プランテーション開発――ボリカムサイ県パッカディン統合的農村開発プロジェクトの見学報告 (*Large Scale Plantations Development in Pakkading District, Report from a Visit to Pakkading Integrated Rural Development Project,Pakkading District, Bolikhamxay Province.*)』による。

写真2　A社によって導入された学校林。苗木が、植栽後わずか数ヵ月で、大人の背丈より高くなっている（2006年12月、サヴァンナケート県チャムポーン郡）

ーカリのクローンである（写真2）。植栽労賃として、一本あたり一〇〇〇キープが学校に支払われる。そして、苗木の状況をA社の職員が四ヵ月ごとに確認し、生育していれば、一本あたり一〇〇〇キープの維持管理費が支払われる。また木材の収穫時には、平均的な重量（およそ八五キログラム）の場合、一本あたり約三万九五〇〇キープで買い取ってもらえる。つまり、すべて合計すると一本で約五万キープの収入が得られる計算となる。もし一〇〇〇本のユーカリを植栽すれば、学校には総計五〇〇〇万キープもの大金が入り、A社には八五トンの木材が渡る。

学校林では、子供たちが授業の一環として苗木の維持管理と育林作業を行なっている。子供一人ひとりが担当する苗木を決めて手厚く管理をさせる学校もある。A社にとっては、安心して育林を任せることができる。また学校側にとっては資金の投資と労働力の投入をせずとも、定期的に維持管理費が入ってくる。

植栽地として、眼の届きやすい校庭が選ばれることが多いが、利便性だけで決定されることはない。A社の職員が適地かどうかを確認した上で、植栽地が決められる。植栽に関しても、技術指導を行なう職員を各郡に派遣しており、マルチング（本書第10章注3参照）などを教えている。

しかし、学校林は敷地が限られており、植林面積の拡大はあまり期待できない。したがってA社は、将来的に近隣住民を植林に巻き込んでいきたいと考えている。子供たちが両親に学校林の話をしたり、親が学校林を見たりすることで、間接的にユーカリ植林に興味を持ってもらうのが学校林の役目である。すなわち、学校林は生産の拠点ではなく、普及の拠点と言えるだろう。A社は二〇〇七年以降、サヴァンナケート県以外の中南部他県にも学校林の植林を進める計画を持っている。

A社の植林事業は、まだ伐採の時期を迎えていないので、最終的な評価はできないが、現状では産業植林としては、非常にスムーズに進行していると言ってよいであろう。初期投資の必要がなく、また維持管理費も得られ、そして四年間という短期間で収穫できることが植林の大きな動機づけになっている。また、この植林は契約型になるため、企業による土地の囲い込みがなく、土地利用権をめぐる争いも発生しない。二〇〇六年末の調査時にはまだ確認できなかったが、初めての伐採を迎える二〇〇九年以降になれば、住民の参加者が出てくる可能性は高い。

❖援助機関による植林

次に、援助機関による「契約型」の植林事業について述べてみよう。アジア開発銀行は、一九九四年から二〇〇三年にかけてラオス中南部の七県を対象にユーカリの植林を実施した。産業植林計画（Industrial Tree Plantation Program）と称されるこの事業では、総額一一二〇万ドルがツーステップローン[*7]によって融資された。その目的は、「荒廃林」を「生産林」へと変え、パルプ原料を生産することである。その内容は、九六〇〇ヘクタールの植林、五六〇ヘクタールのモデル林の造成、道路の確保、そして、職員の能力開発の四つとなっている［National Agriculture and Forestry Extension Service 2003］。

ここでは、その主要事業である植林について紹介する。事業は主に二つの地方政府機関によって実施された。主に技術支援を担当する県と郡の農林局と、主に融資を担当する各県の農業振興銀行である。植林事業の契約内容は、先に紹介した学校林と比べるとやや複雑である。

参加者は農業振興銀行と融資契約を結び、資金を提供してもらう。そして土地と労働力を提供して植林を行ない、成林後に融資金を返すとともに、木材販売から利益を得る。買い取り先は確定していない。融資に含まれるのは、苗木、肥料、そしてフェンス用の有刺鉄線の代金と土地開拓の労賃であるが、労賃以外は現物で支給される。融資された資金は七年以内に返済することとなっているが、地域住民グループと個人事業主に対する年利七パーセントの利子については、借り入れた翌年から返済を始めなければならない。

援助機関は企業、個人事業主、そして地域住民グループの三つの主体を対象に融資を行なったが、当初重点を置いていた企業の参加がほとんど見込めず、重点を地域住民や個人事業主へと転換した。このため、一九九〇年代後半から地域住民によるユーカリ植林が増えはじめ、約二五〇〇世帯が事業に参加した。

植林事業の展開を調査するため、サヴァンナケート県の中心都市からやや離れたチャムポーン郡と中心都市に近いカンタブリー郡（現カイソーンポムヴィハーン郡）で、事業に参加した地域住民グループに聞き取りを行なった。

まず、チャムポーン郡N村のK氏のグループの植林を紹介しよう。一九九八年に県と郡の農林局職員が農業振興銀行職員と共にN村にやってきて、ユーカリ植林の宣伝と植林事業への融資の説明を行なった。住民によると、担当職員は、植栽木を八年後に伐採する時には、買い取ってくれる人が出てくるので儲かるという説明をしたという。村長が参加者を募ったところ、当初は多くの世帯が参加を表明したが、利子の支払い、土地の確保、そして栽培技術の面で不安になり、結局、参加したのは八世帯のみであった。

これらの八世帯でグループを作り、一九九九年にユーカリを植栽した。一世帯あたり、一ヘクタ

＊7　貸し付け相手国の開発金融機関を通じた二段階の借款のこと。本章の事例では、アジア開発銀行がラオスの農業振興銀行に対して融資をし、次に農業振興銀行が地域住民などの植林実施者に対して融資をする。

写真3　県農林局より搬出されるユーカリの苗木（2005年6月、サヴァンナケート県カンタブリー郡）

ールの面積分一四〇〇本のユーカリの苗木、肥料、そして有刺鉄線を受け取り、土地開拓費として現金をもらった。しかし、苗木配布の際に農林局の職員は訪れず、住民は自分らで考えながら植栽しなければならなかった。

K氏の植栽地は、水田と隣接した焼畑跡地の疎林で土壌は比較的よかった。説明では三〇センチメートル程度の苗木が配布されることになっていたが、実際に配布されたものは、一五～二〇センチメートル程度と小さかった（写真3）。苗木が配布された時期は、雨季が始まった六月ころで、受け取ってからすぐに植えた。ところが、約五〇〇本の苗木がすぐにシロアリの食害にあって枯死した。二〇〇六年現在、樹木は太ももの太さ程度に生長した。八年目となる二〇〇七年には伐採する予定である。

現在、グループの各世帯は、毎年一二万五〇

←写真4　K氏のユーカリ植林地。生長した樹木に1本ずつ印をつけている（2006年3月、サヴァンナケート県チャムポーン郡）

SPALDING

〇〇キープの利子を支払っている。二〇〇五年、グループの一人が植栽した樹木の半分に相当する一一トンの木材を販売し、総額約五〇万キープを得た（写真4）。しかしこの金額は、カンタブリー郡で聞いた売却価格と比べると、運搬コストを差し引いたとしてもずいぶんと安く、業者に買い叩かれているようである。

次にチャムポーン郡P村のB氏のグループの事例を紹介しよう。一九九九年ごろ、県と郡の農林局、そして農業振興銀行の職員が村にやってきてユーカリ植林の宣伝を行なった。N村と同じく将来は必ず儲かるとの説明であった。多くの住民が興味を持ったが、結局、参加したのは五世帯のみであった。農業振興銀行と農林局は、宣伝、植林決定者との契約合意、そして苗木の配布のために村を三回訪れた。農林局職員は、どのような場所に植えても育つので大丈夫と説明したというが、B氏はそれを信じず、自分で判断して水田と隣接した比較的よい土壌の疎林を選んで、約一ヘクタールの面積を確保した。約一八〇〇本の苗木が配布されたが、そのサイズは大小ばらばらで、小さな苗木の中には植栽する前に枯れるものもあった。さらに、二年目までにシロアリの食害でほとんどが枯れた。現在、約一〇〇本が残っているが、生育状況は悪い。他の四世帯でも苗木のほとんどがシロアリの食害に遭っていた。はじめの二〜三年は利子を支払っていたが、樹木の生育が悪いため、その後は支払う気が失せてしまった。農業振興銀行の職員が毎年催促にやってくるが、それでも支払っていない。

最後にカンタブリー郡のX村のグループの事例について紹介する。この村には、県と郡の農林局や農業振興銀行の職員が宣伝に訪れていない。グループのリーダーであるP氏が、他村から植林に関する情報をまず仕入れ、その後、県と郡の農林局や農業振興銀行と会合を開き、植林事業の契約を結んだ。この情報は村全体には周知されておらず、P氏と近い関係にあった六世帯だけでグループを作った。一九九八年から植林事業に参加している。X村のユーカリは生長がよく、植栽後七年目の二〇〇五年に、五世帯が木材を販売した。三ヘクタールの植林をしたP氏は一四〇トンの木材を販売し、二一〇〇万キープもの大金を得たという。これは融資金総額一五〇万キープと利子を返済しても余るほどの収入であった。同時期に販売した他の四世帯は七五万〜一五〇万キープ程度の販売額で、残る一世帯は販売できるまで苗木が生長しなかったという。植栽した土地によって、樹木の生長に大きな差が生じていることがわかる。P氏は、一度ユーカリを伐採した後もその切り株から再生した枝を育成している。

❖植林事業の失敗とそのしわ寄せ

サヴァンナケート県の住民グループの事例から、援助機関によって行なわれたユーカリの植林は、だれでも参加でき、かつどんな土地でも成功するような事業ではないことがわかった。まず、育成一年目から利子が発生するため経済的な負担が大きく、収入の少ない住民は参加できない。次に、植栽地の選定が生長を大きく左右する。苗木を水が浸み込みにくい土壌に植えていた人もいたが（写真5）、これでは生育は見込めない。結局、農林局の職員からの宣伝文句の「どこでも育つ」を鵜呑みにした参加者は育成に失敗した。

また、苗木にも問題があった。苗木は、都市部に近いカンタブリー郡から順次郡部へと配布された。その結果、都市から離れた村に住む参加者のもとに苗木が届くのは、雨季の終わりにさしかかる八月になることもあったという。これでは、植栽しても枯れる確率が高くなる。また、配布された苗木が小さかったことも、枯死の要因の一つとしてあげられる。

この事業では、地域住民グループと個人事業主が合計約九九〇〇ヘクタール、そして企業が合計三〇〇〇ヘクタールの植林を実施したとされる［National Agriculture and Forestry Extension Service 2003］。この数字からすると、目標として掲げられた九六〇〇ヘクタールの植林は達成されたかのように見える。しかし、二〇〇六年に植林地の状況を調査した報告書によると、先にあげた数字は、契約を交わした書類上で計算された面積で、実際の植林面積はこれよりも少なく、またその土地の四〇パーセントでは苗木が枯死していたという［LTS International Ltd. 2007］。

さらに、県農林局が住民に対して育成技術の指導をほとんど行なっていないことが、事業の失敗へと結びついた。聞き取りをしたほぼすべての参加者が技術指導の欠如を指摘していた。ところが、参加者と県農林局の見解にはずれがある。事業の失敗に関して、育林技術などのトレーニングや苗木配布のスケジュール管理が不十分であったと述べる県農林局の職員は少数で、大半の職員は、植栽や育林よりも融資制度がうまく行かなかったため失敗したと述べていた。

そして、あってはならないことに、援助機関自身が、この事業の失敗を認めている［Asia Development

←写真5　援助機関による植林事業によるユーカリ植林地（2005年11月、サヴァンナケート県チャムポーン郡）

Bank 2005]。これは、何を意味するのであろうか。援助機関は、最終評価を行ない、報告書を作成することで事業を終える。当然、この事業の失敗で得た教訓は次のプロジェクトへ活かされるであろう。しかし、ユーカリの生長が悪く、期待していた収益を見込めない参加者はどうなるのであろうか。事業失敗のしわ寄せは、援助機関と農林行政の組織にはまったく行かず、農山村の住民に行くという結末であった。

おわりに

❖植林によって生まれる貧困

援助機関の契約型植林に参加した住民は誰もが、これでこれまでの生活が改善できると考えたであろう。しかし、いざ蓋を開けてみるとそうではなかった。借金だけが残ってしまった多くの住民は、参加したことを後悔している。融資を行なった農業振興銀行も今のところ強硬な取り立てはしていないが、今後住民たちがどうなるのか、気にかかるところである。

一方、学校林として導入された企業による契約型ユーカリ植林は、技術的な支援がしっかりしており、苗木の生長もよい。今後、企業による植林は、個々の住民との契約へと進展して、その面積は拡大していくことが予想される。その際、課題として残るのは植林する土地の問題である。土地が政府によって用途ごとに線引きされてしまった現況において、個々の住民の意志だけで植栽地を決めることはできない。土地という資源をめぐった争いが起こる可能性があり、村の内部での調整、もしくは隣接する村同士の調整などが必要になる。

そもそもこういった契約型植林事業に個人で参加できる人は限定される。まず植林をするための占有地を持っていることが条件である。このことから、村の中でも比較的裕福な層しか参加できない構造になっている。援助機関の契約型植林の参加者には、村長や元村長、かつて村の要職に就いていた長老などの裕福層が多かった。つまり、契約型植林は貧困層を対象としたものではないのである。また、事業が成功したら村内での経済格差をさらに広げる可能性があり、失敗したら参加住民の経済的負担が大きくなる。貧困撲滅を掲げた政府や援助機関による植林事業の推進と現実の間には、大きなギャップが生じていると言える。

また、企業プランテーション型の植林では、企業によって多くの土地が囲い込まれ、その結果、住民たちの土地利用権が剥奪されている例が見られた。多くの場合、企業は正式な手順を踏んで政府から公式な開発のコンセッションを受けている。その開発の対象となる土地は、荒廃林や再生林と線引きされたところである。荒廃林や再生林は、村の共有林や焼畑休閑林として、たとえ人々に「有効」に利用されていても、政府や企業が植林に必要だと判断すれば、「無用」な土地とみなされ収用されてしまう。

さらに、契約型や住民主体型の植林でも同様に土地の囲い込みが発生している。植林事業に参加していのは、住民の中でも権力を持つ裕福層が多く、こうした特定の層が土地の囲い込みに加担するからである。二〇〇六年ラオス中部における聞き取りでは、企業によって二次林を開拓された住民は、「この森はもともと村のみんなの森だった。それを村長たちが企業に植林地として提供すると言った。村の森をみんな使われたんじゃあ、俺たちが採るものも採れなくなってしまう。村で話し合って、ようやく半分だけは村の森として残してもらうことになったんだ」と話していた。力を持たない一般住民たちは、土地の利用権を剥奪され、単なる作業労働者になってしまう可能性がある。私たちが良いことずくめと思っている植林が、ラオスのような開発途上国では、貧富の差をさらに広げるような危険な一面も持ちあわせている。

❖拡大する植林と生活の変化

植林によって産出される木材の価格は、住民の意向と関係なく、市場の原理で上下する。植林面積が大きくなり、市場に木材が多く供給されれば、当然価格は下落する。その将来の価格は、だれにも予測できない。不確定な要素が多い中で、住民にとって重要な土地資源を提供しなければならないのが植林である。その土地は、かつて豊かな森だったかもしれない。あるいは、住民が日常の生活で薪炭材や非木材林産物を採取していた村の共有地や焼畑休閑林だったかもしれない。

米不足の時期には、こういった村の共有地や焼畑休閑林は住民たちのセーフティーネットとして機能している。サヴァンナケート県の丘陵地の森で聞き取りをしたときのことである。貧しい世帯では、米の代替食料として「プリアン」と呼ばれるヤムイモのなかまを食べて、次の米を収穫するまでの間をしのいでいた[百村 二〇〇二]。彼らはこのイモを、村落周辺にある焼畑休閑地や乾燥フタバガキ林から採取していた。もしこのような場所が植林地に置き換えられたとすれば、彼らの生活に与えられる影響はいかばかりのものであろうか。あまりにも急激に植林が進むと、住民は土地を奪われるだけではなく、セーフティーネットまでも失ってしまう。

ラオスでは、市場経済化が加速する中で植林事業もさらに進展することは間違いない。政府、企業、そして援助機関など、植林を行なう側は、収益が出なかったり環境が悪化したりするような状況になれば、「その事業は失敗であった」との評価を下し、撤退してしまえば、それでおしまいである。しかし、植林事業に参加した住民たちは、事業がなくなっても、そこで住み続けていかなければならない。ところが、植林事業を行なう側は、事業が終わったあとに迎える結末——その地域に居住している住民の伝統的な生活が消失すること——にはほとんど注意を払わない。

本章の冒頭に、『植林活動は、植林する側にとっても、そしてされる側にとっても、良いことずくめである』こう考えて良いのだろうか」と問うたが、植林が緑を蘇らせるから良い活動であると単純には言えないのである。ラオスでは、貧困撲滅のために民間投資を活性化させた結果として、国内外の企業が農山村で植林を開始している。それは、中央と周縁の力関係の不均衡によって成り立つものであり、失敗した時には、周縁にしわ寄せが行く構造になっている。ラオスで真の植林事業を成功させるためには、政府と住民、企業と個人、援助する側とされる側といった、社会の力関係のゆがみを改善することが不可欠である。

引用文献

百村帝彦、関良基、フェデリッコ L．二〇〇七「アジアの農村地帯に適した造林活動計画——土地紛争回避が成功の鍵」『IGESポリシーブリーフ』六、地球環境戦略研究機関。

百村帝彦　二〇〇二「ラオス南部での森の利用——救荒植物と森にまつわる禁忌」『森林科学』三六、七六—七八頁。

Asia Development Bank. 2005. *Completion Report on Lao: Industrial Tree Plantation Project.* Vientiane: ADB.

de Jong, W., Do Dinh Sam and Trieu Van Hung. 2006. *Forest Rehabilitation in Vietnam: Histories, Realities and Future.* Bogor: CIFOR.

Reeb, D. and F. Romano. 2006. Overview. In *Understanding Forest Tenure in South and Southeast Asia,* FAO ed., pp. 1-26. Rome: FAO.

Ketphanh, S., K. Mounlamai and P. Siksidao. 2006. Rubber Planting Status in Lao PDR. A paper presented at the Workshop on Rubber Development in Laos: Exploring Improved Systems for Smallholder Production. May 2006. Vientiane.

LTS International Ltd. 2007. *Analysis of the 2006 Forest Inventory for the Laos Industrial Tree Plantation Project.* ラオス農林省内の非公表文書

National Agriculture and Forestry Extension Service 2003. *Project Completion Report of Industrial Tree Plantation Project ADB*

Loan No.1295/Lao/SF. Vientiane: MAF.

Vongkhamor, S., K. Phimmasen, B. Silapeth, B. Xayxomphou and E. Petterson. 2007. *Key Issues in Smallholder Rubber Planting Oudomxay and Luang Prabang Province, Lao RDR.* Vientiane: Upland Research and Capacity Development Programme, NAFRI.

World Bank Vientiane Office. 2006. *Lao PDR: Economic Monitor–November 2006–.* Vientiane: World Bank.

第8章　非木材林産物と焼畑

竹田晋也

はじめに

ラオスの国土面積は約二三万六八〇〇平方キロメートルで、日本の本州（二二万七九五〇平方キロメートル）とほぼ同じ広さがある。西側をメコン川に、東側をアンナン山脈の主脈に囲まれたラオスは、東南アジアの中では例外的に森林に恵まれている。国土面積に占める森林面積の割合である「森林率」は、日本の場合は六七パーセント、ラオスは六八パーセントで、ともに国土の三分の二が森林である。ラオスは内陸国、日本は島国という違いはあるが、森林率では二つの国は共通しているのである。

しかし、森林利用の状況は異なっている。ヴィエンチャンから北部の古都ルアンパバーンへ飛行機で飛ぶと、窓の下に見えるのは緑の山並みに点在する焼畑である。これは今の日本とは大きく違っている。ラオスでは、「ラオ・スーン」（高地ラオ人）、「ラオ・トゥン」（山地ラオ人）、「ラオ・ルム」（低地ラオ人）の三つに人々が区分されることもある（本書第3章参照）。三者の人口比率は、一五対二五対六〇である。このうち、ラオ・ルムが平地で水田耕作に従事するのに対し、ラオ・スーンは山地常緑林帯で、ラオ・トゥンは混交落葉林帯でそれぞれ焼畑を行なってきた。二〇〇五年現在、ラオスの国土面積二三六八万ヘクタールのうち、原生林は六パーセント（一四九万ヘクタール）、二次林は六一パーセント（一四四三万ヘクタール）を占めている［FAO 2006］。国土面積の六割に及ぶ二次林が、国民の四割を占める焼畑民の生活を支えているのである。

だが、ラオス政府は焼畑を二〇一〇年には完全になくすことを目標としている。ラオスの焼畑が悪者にされるのは、それが森林を劣化させ、土地を疲弊させると考えられているからである。それがどこまで真実であるかは大いに疑わしいが、それでも政府主導の「焼畑対策」は進められている。これは焼畑民にとっては、ただでさえ苦しくなっている家業を、これといった代替策なしに廃業しろと言われるのに等しい措置なのである。

本章では、ラオ・トゥン焼畑民の中の代表であるカムーの人々の焼畑と非木材林産物の生産について取り上げることにする。まず、ラオス北部のカムーの人々の焼畑とその休閑地で採取される非木材林物の現状を概観する。次に、ルアンパバーン県の一つの村の事例を通じて、非木材林産物の活用、とりわけラック導入の試みについて紹介する。最後に、ラオス北部で焼畑を「安定化」させるにはどのようにしたらいいのか、つまり、焼畑民が安心して暮らせる明日はどのように確保できるのか、その可能性を考えてみたい。

一　焼畑が生み出す非木材林産物

❖焼畑のサイクルの中で

ラオスの山地では標高およそ一〇〇〇メートルを境にして、上部には山地常緑林、下部には混交落葉林が広がる。一方、山麓からメコン川に沿った平地には、乾燥フタバガキ林が広がる。乾燥フタバガキ林は、タイ東北部やカンボジアの平原にも見られ、その立地の水条件がよければ低地常緑林となる。

カムーの人たちは、標高一〇〇〇メートル前後より低い位置にある混交落葉林で焼畑を行ない、自給用の陸稲を栽培してきた。そのサイクルは、最初の年に一年間だけ陸稲を栽培した後、六年間以上休閑するというものである。

焼畑での農業に加えて、カムーの人々は非木材林産物の採取や生産によって現金収入を得てきた。ラオス北部の焼畑休閑地では、カルダモンやラタンや安息香などの非木材林産物が採取されている。

つまり、焼畑休閑地が生産の場となって、焼畑民の生計を大いに助けているのである［横山 二〇〇五・Schmidt-Vogt 1999］。

たとえば、ルアンナムター県ナムハー国立公園に隣接するN村の焼畑では、カムーの人々が雨季の初めに陸稲を植え付け、一一月頃に収穫したのち休閑する。休閑地には、まずヒヨドリバナが一面に生えてくる。同時に、焼畑をする以前に生えていたブナ科のシイ属やコナラ属の樹木の切り株から枝が再生してくる。また、マカランガなどの先駆種の種子が発芽する。このようにして樹木が生長し、数年もたてば樹冠が密閉した林になる。つまり、比較的短い期間内に樹冠の閉じた二次林が成立することで、バイオマスを回復させること、焼畑耕地の雑草を抑制することが可能になる。また、二次林が成立する過程では、明るい林床に生えるカルダモン、ラタン、ナンキョウなどの非木材林産物が採取できる。

ラオス北部とベトナム北西部の山地に分布するトンキンエゴノキからは、香料や薬の原料となる安息香が採取される。特にラオス北部は、シャム安息香の産地として古くから知られてきた。トンキンエゴノキは生育が速く、焼畑休閑林の優占種となる。つまり、安息香は、焼畑の休閑地で生産されてきたのである。

ルアンパバーン県G村の事例では、村の周辺の焼畑休閑地に成立した二次林の多くが、トンキンエゴノキの林となっている。村人は、一二月末から二月にかけて林を伐開し、三月末から四月に火入れをして焼畑耕地を準備する。五月に入り雨が降ると、村人は焼畑耕地に陸稲の種籾をまき、キャッサバ、ゴマ、トウガラシ、ハトムギ、ラタン、ノゲイトウなどを育てる。
陸稲の草丈が三〇センチメートルほどになったころ、焼畑耕地全体に、高さ五センチメートルほどのトンキンエゴノキの実生《みしょう》が生えてくる。火入れによって、前年に自然落下したトンキンエゴノキの種子の発芽が促進されたのだ。耕地の除草をする際、村人は同時にトンキンエゴノキを間引き、ちょうどよい密度になるよう調整する。陸稲を収穫する時には、トンキンエゴノキは人の背丈ほどに伸びている。

やがて、七年目と八年目に安息香を採取する。九年目には伐開して、新たに焼畑を行なう。トンキンエゴノキが、火入れによって発芽が促進される先駆種であること、また、二年間しか樹脂が採取できないため更新が必要であることの二つの特徴が焼畑耕作との組み合わせを有利にしている。つまり、トンキンエゴノキからの安息香の採取と焼畑のサイクルとが、実にうまく組み合わされているのである。

❖交易の歴史

東南アジア大陸部の人々は、非木材林産物の交易を通じて外部世界と結びついてきた。かつてのラーンサーン王国も例外ではない。輸出品でとりわけ重要だったのは、金と安息香とラックであった。ラックとは、第四節で詳しく述べるように、ラックカイガラムシが分泌する樹脂状の物質で、染料や素材に使われている。

このような産物は、人や牛馬の背に乗せられて峠を越え、河を船で下り、アユタヤをはじめとする港市へ運ばれ、さらにインド洋の向こうのコロマンデル海岸からヨーロッパへと輸出されていた。輸出品の特徴は、長旅に耐えるように保存がきき、運びやすくて値段のよいことであった。ラオス北部では、人々が焼畑農業で自給自足しながら、森の産物で現金収入を補う生活が何世紀にもわたって続けられてきたのである。先に取り上げたN村とG村は、そうしたラオス北部焼畑村の典型である。ラオスでは、現在もその多様な自然立地をうまく使って、各地でさまざまな非木材林産物が採取されている。その生産は、この地域の現代史とも深く関係している。

仏領インドシナの時代は、一八八七年から一九四五年まで続いた。一八八七年に仏領インドシナ連邦が成立し、ベトナム北部は保護領トンキン、中部は保護領アンナン、南部は直轄領コーチシナとなった。また一八九九年にはラオスが仏領インドシナに編入され、北部は保護国ルアンパバーン王国、南部は直轄領となった。第二次世界大戦の後も、インドシナでは戦争が続いた。一九四六年から一九五四年までの対フランス第一次インドシナ戦争、一九六〇年から一九七五年までの対アメリカ第二次インドシナ戦争（ベトナム戦争）、そして一九七八年のベトナム・カンボジア戦争から一九七九年の中越戦争にいたる第三次インドシナ戦争である。その後、共産諸国経済圏との結びつき、さらに「チンタナカーン・マイ」政策に象徴される市場経済化へと続く。

ラオスの人々が大きな時代の変化をくぐり抜ける中、非木材林産物は市場に取り込まれたり、あるいは切り離されたりを繰り返し経験してきた。すなわち、地域全体を覆い尽くす一方的な工業化や市場経済化によって、森林と人々との多様なかかわりが極端に単純化されることはなかったのである。その結果、現在でも多様な非木材林産物の利用や生産のようすを見ることができる。

二　S村の焼畑をめぐって

❖プロジェクトの目的

近年の市場経済化の流れの中で、土地森林分配事業（本書第6章参照）と呼ばれる焼畑地の囲い込み、パラゴムノキに代表される商品作物栽培の拡大、伐採コンセッション（許認可権）やパルプ造林の影響など、世界市場に統合されていく過程で生じるさまざまな変化に、この地域の森と人々も直面している。こうした中で非木材林産物を介した住民と森林との関係は、どのような変容を経験しているのだろうか。

私は二〇〇五年から、ＪＩＣＡプロジェクトに参加する機会を与えられ、ラオス北部のルアンパバーン県ヴィエンカム郡に位置するS村で、焼畑の調査をしている。焼畑の現状と焼畑安定化の試みについて、S村で体験したことを綴ってみたい。

ラオス森林管理・住民支援プロジェクト（FORCOM: Forest Management and Community Support Project）では、焼畑が卓越するラオス北部地域を対象に、土地や森林の持続的利用を実現すべく、さまざまな形で住民を支援している。最初に四つの村――ルアンパバーン県のS村、H村、P村とサイニャブリー県のN村を選定し、村人との対話を通じて、世帯単位での支援と村落単位での支援を行なった。世帯単位での支援としては、家畜（ブタ、ヤギ、ウシ）飼育、養鶏、養魚、水田開発、カジノキ栽培、果樹栽培などが導入された。村落単位での支援には、村落共有林の造成、学校林の造成、水源林保全などがある。こうした住民支援活動では、直接的に森林の造成や保全をはかる短期戦略だけでなく、世帯の収入機会をふやして森林への依存度を軽減させることで、間接的に土地や森林の利用を安定させる中長期的な視点に立った戦略も取り入れられている。

土地や森林の持続的利用の実現には、まずは焼畑の現状をしっかりと把握すること、そして各支援活動が村の生業や土地利用システムに与える影響をモニタリングすることが重要である。そこで四つの村の中でも焼畑が最も活発に行なわれているルアンパバーン県S村で、焼畑土地利用のモニタリングを開始した。

❖焼畑の現状

従来の焼畑モニタリングは、主に各世帯への聞き取り調査をその手法にしていた。聞き取りによっても概要は把握できるが、正確な耕地面積や、焼畑耕地がどのように移動していくのかを時系列に沿って知ることは難しい。たとえば、「あなたの焼畑耕地面積はどれぐらいですか」と村人に質問すると、実際の耕地面積にかかわらず「一ヘクタール」という答えが返ってくることが多い。その理由は、こ

写真1　焼畑耕地の場所を聞き取る（2005年8月、ルアンパバーン県ヴィエンカム郡S村）

れまでの徴税の方法と関連しているようである。労働力一名あたり〇・五ヘクタールの耕地で、三ガロン（一ガロン＝一〇キログラム）の陸稲の種籾を栽培できるという政府の基準があり、この面積単位または労働力単位で税金が徴収されてきたのである。このため、耕作面積を問われた時、世帯の二名分に相当する「一ヘクタール」と答えることが多いようだ。ただし、実際は一・五ヘクタールほどであることが多い。このように聞き取りによる焼畑面積の把握はなかなか難しい。

しかし近年、GPS（Global Positioning System）の利用により、高精度な位置情報を手軽に得られるようになった。これによって、焼畑の位置と面積を具体的に知ることができる。また、衛星画像情報をGIS（Geographic Information System）に導入することで、過去から現在までの土地被覆、特に植生の状態の履歴を明らかにすることができる。

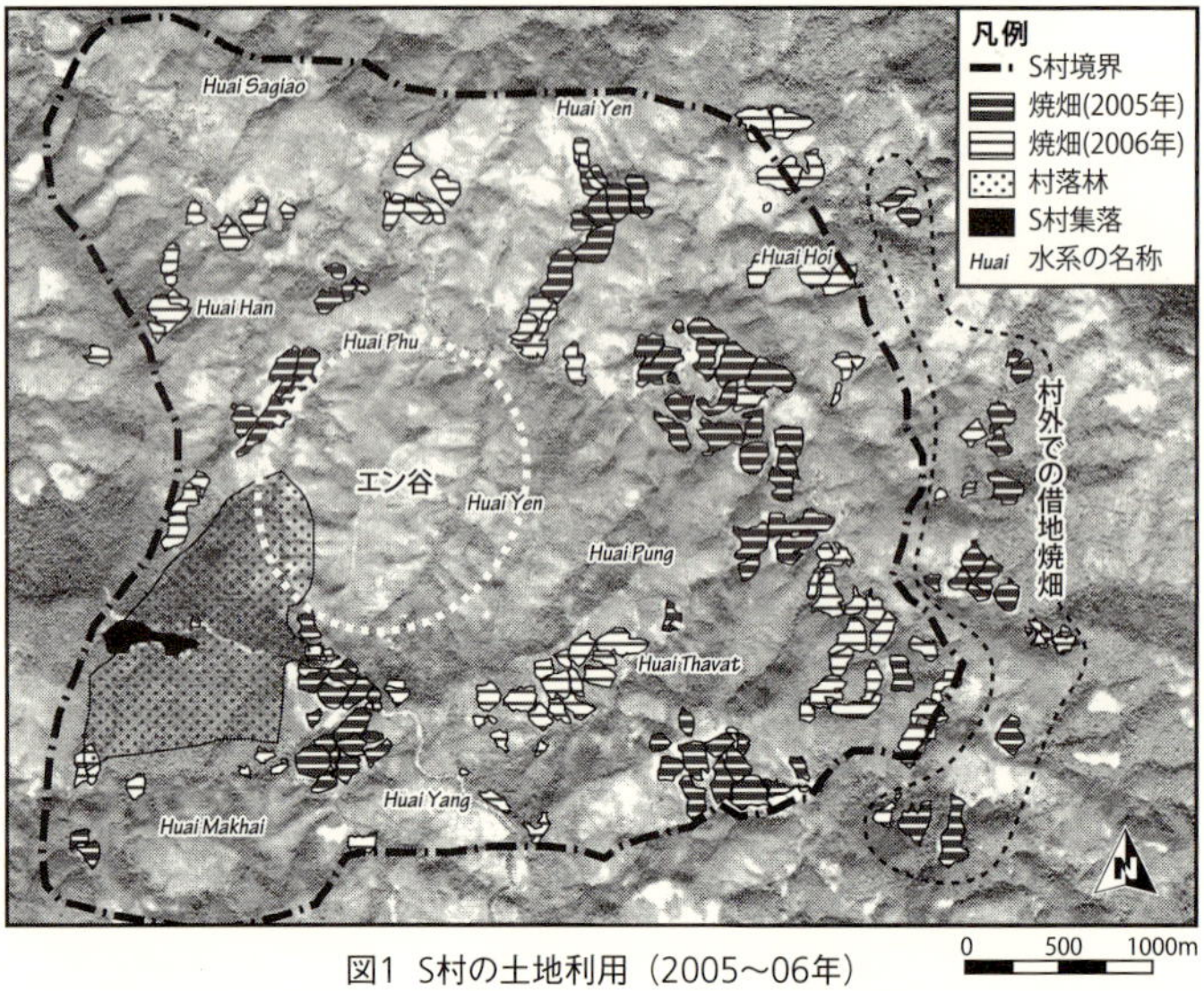

図1　S村の土地利用（2005〜06年）

（注）背景は2005年12月5日撮影のQuickBird衛星画像。裸地に近い状態が白色になるように加工。

二〇〇五年度と二〇〇六年度にＧＰＳを用いてＳ村のすべての焼畑耕地を実測し、世帯調査ならびに衛星画像と関連づけて世帯単位での焼畑を地図化した（写真1）。二年間の焼畑の実態を図1に示す。

二〇〇五年には、全八八世帯のうち、八四世帯が九六ヵ所の焼畑を開いていた。その合計面積は一四三・六五ヘクタールで、一ヵ所あたりの平均面積は一・五〇ヘクタール、一世帯あたりの平均面積は一・七一ヘクタールであった。最も狭い耕地は〇・〇五ヘクタール、最も広い耕地は三・五二ヘクタールであった。村の総面積一七九六・二五ヘクタールのうち、村落林の面積は一二二・三七ヘクタール、村落林以外の面積は一六七三・八八ヘクタールとなる。

村落林以外の土地を「潜在的に焼畑耕地を開くことのできる土地」と仮定して、その面積を焼畑耕地の総面積で割ると、一一・六五となる。すなわち村落林以外の土地をすべて活用することができれば、一〇年間ほどの休閑年数を保ちながら焼畑を循環させることができるのである。

一方、実測と聞き取りから得られた実際の平均休閑年数は、二〇〇五年には五・九年、二〇〇六年には三・九年であった。つまり、この一年でさらに短くなっている。後述するように、実際には植生が貧弱な土地が放牧地として利用されているため、焼畑を開くことのできる面積はその分、限られているのである。

村人に聞くと、焼畑には少なくとも五年から六年の休閑期間は必要だということだ。S村の焼畑耕作では、一年目に陸稲が作付けされた耕地は、二年目にはほとんどが休閑地となる。その若い休閑地ではまずヒヨドリバナが一面に生えてくる。ヒヨドリバナが休閑地に生育することで、三年程度の短い休閑期間をおいただけで、ふたたび耕作ができるようになる。同様の例は、中国雲南省での焼畑耕作でも知られている［Momose 2002］。だが、短期休閑を二回繰り返すと、その後休閑地がチガヤ草原になることを村人は既に経験している。そのこともあって、最低五年から六年の休閑期間が必要だと考えているのである。

休閑林の調査をした時、まずは元の植生である状態のよい山地常緑林を調べようと思い、村人に「最もよい森につれていってほしい」と頼んでみた。すると村の南斜面のタケが優占する場所に案内され、期待外れでがっかりしたことを覚えている。しかしよくよく考えてみると、村人にとって「最もよい森」とは、焼畑を開くのにふさわしい休閑林のことかもしれない。カムーの人々にとって、伐開しやすくよく燃える竹林は焼畑を開くのに最適な場所である。実際にラオス北部に暮らすカムーの人々は竹林を活用して焼畑を営んでいるが、S村の場合には比較的標高が高いこともあって、竹林の比率は少ない。そのため、休閑林は木本が中心となっていて、短期間では竹林ほどの旺盛な回復は望めないのである。

図1にあるように、村落林はよく保全されている一方で、村の中心に位置するエン谷周辺は植生が貧弱で焼畑は全く行なわれていない。ここでは以前にモンの人々がケシとトウモロコシを栽培していた。雨季作のトウモロコシを収穫した後、一〇月にケシを播種する。そして二月にはケシから生アヘンを採取していたのである。トウモロコシとケシは連作され、そして土地が疲弊すると新たな場所に耕地が拓かれる。現在、ケシ栽培が続けられた後の典型的な放棄地となったエン谷周辺は、ウシ、スイギュウ、ヤギなどの家畜放牧地として利用されている。

❖焼畑からの移行

S村では、焼畑耕地の確保がだんだんと難しくなってきているために、他村へ移住する人や隣村から土地を借り入れる人が目立つようになってきた。二〇〇六年には七世帯がサイニャブリー県に、三世帯が郡内の他村落へ移住している。移住の理由を村人に尋ねると「病院などが近く、土地に余力のある場所を求めて、親戚を頼って移住した」との答えが返ってきた。

また、図1に示したように、二〇〇五年には一八ヵ所（二五・〇ヘクタール）、二〇〇六年には一四ヵ所（一五・五ヘクタール）の土地を、隣村から借り入れて焼畑を行なった。二〇〇六年には村内の休閑地の状況が前年よりはよかったために、借り入れ面積は減少している。このように面積に増減はあるものの、現在の村内の休閑地の全体状況からすると、毎年隣村から土地を借り入れざるを得ないのである。

しかし、隣村でも土地が潤沢であるとは言えず、次第に貸したがらなくなる傾向にあると村人たちは考えている。できることなら土地を借りずに、自分の土地で何かをやったほうがいい。そこで村人の選択は、焼畑での陸稲栽培から、畜産や非木材林産物の生産へと移行しつつある。

まず、畜産は次のようだ。一年目の陸稲栽培の時には外からの野生動物の侵入、たとえばイノシシなどによる食害を防ぐために焼畑耕地は柵で囲まれているので、休閑期間に入るとその柵の中で家畜の放牧ができる。二〇〇六年現在、S村の家畜数は、スイギュウ六二頭、ウシ六二頭、ヤギ七六五頭、ブタ五〇〇頭以上である。焼畑の一年目に陸稲を作った後、二年目に家畜の飼料となるキャッサバを栽培する世帯も増えている。

一方、ラオス北部で有望な非木材林産物としては、ジンコウ、パラゴムノキ、カジノキ、ラックが考えられる。

ジンコウは、香料の沈香を産出する樹木で、焼畑休閑期間よりも長期の生育期間が必要である（写真2）。ルアンパバーン県やサイニャブリー県は沈香の産地で、沈香を買い付けている小規模な精油生産業者

や、自社植林を始めている業者がいる。沈香の需要は増えているのに対して、天然のジンコウを見つけることは本当に難しくなってきている。沈香がワシントン条約の対象になったこともあって、ラオスでは、現在ジンコウの植栽に関する関心が高く、各地で実践する人が現れている（本書第10章参照）。

S村のあるヴィエンカム郡には、二十数年前からジンコウの植栽を始めた篤農家がいる。マンゴー、ジャックフルーツ、バナナ、パイナップルなどが混植された果樹園にジンコウが植栽されていて、既に実生が育っている。最近はジンコウの苗を求める人が多いので、一本四〇〇〇キープの値段で、年間二〇〇から三〇〇本ほど売って収入を得ている。沈香の収穫までに、苗で副収入を得ているのだ。ジンコウそのものは、一〇年すると伐採、収穫ができるようになる。一〇年という歳月は焼畑民にとってはかなりの長期であるが、S村でも集落の園地に山から取ってきた苗を植栽している世帯がある。

パラゴムノキは、ルアンアムター県を中心に北部で植栽が進んでいる（本書第11章参照）（写真3）。S村においてもルアンナムター県の仲買業者を通じて、二〇〇五年八月六日に五〇世帯が一世帯一ヘクタールずつ植栽するという契約を中国のゴム会社と結んだ。村人は、二〇〇六年からの植栽に備えて場所の準備を進めていたのだが、結局、仲買業者は村に現れなかった。S村の標高は七六〇メートルでパラゴムノキが生育する限界地なので、仲買業者が二の足を踏んだのかもしれない。二〇〇七年現在、S村にはパラゴムノキは植えられていない。

カジノキは、湿った沖積土を好み、川筋に沿ってよく生育している樹木である。また二次林の先駆

写真2　二十数年前に植栽されたジンコウ。幹には縦にたくさんの傷がつけられている（2007年11月、ルアンパバーン県ヴィエンカム郡）➡

写真3　パラゴムノキの苗畑作業（2007年10月、ルアンパバーン県ナムバーク郡）

種として生育し、焼畑休閑地や園地などにも自生する。ラオス北部をはじめ、ビルマのシャン州やタイ北部では、カジノキの皮を原料に手漉き紙が作られてきた（写真4）。ラオス語では、カジノキを「ポー・サー」、それから作られた紙を「チア・サー」と呼ぶ。この紙は、仏教の経本や日傘、祭りの日に夜空へ放たれる空中灯籠などさまざまな用途に使われてきた。紙漉きは、農閑期の仕事として広く行なわれてきたのである。

タイ北部では、スワンカロークのクワンタイ社を筆頭に、チェンマイ県やチェンラーイ県などでカジノキの機械漉きが行なわれている。主にヨーロッパやアメリカに向けての包装紙、造花加工用紙として輸出され、市場は徐々に拡大してきた。原料のカジノキは、その大半がラオスから輸入されている。タイと比べてラオスは、

写真4　カジノキの皮むき作業（2004年10月、ルアンパバーン県シェングーン郡）

自然条件が栽培に適しているほか、人件費が安く、皮むきなどの加工に適している。タイの紙漉き村では多くのカジノキを見受けるが、ほとんど収穫はされていない。原料はもっぱらラオスからの輸入に頼っているのである。

現在のカジノキの世界的な主産地は、ラオスのルアンパバーン県とサイニャブリー県である。両県では以前は森の中の天然のカジノキを採取してきたが、現在ではカジノキの植栽が進んでいる。ルアンパバーン県では、焼畑跡地にカジノキを植栽している。サイニャブリー県の南部三郡――ボーテーン、ケーンターオ、パークラーイではカジノキの植栽が特に盛んで、九〇年代から急増した。道路沿いの農家の庭先から水田の周囲、そして丘陵斜面と一面にカジノキを植えている。またメコン川を船で行くと、両岸にカジノキ園が続くことも珍しくない。

南部三郡でのカジノキの植栽は、根分け法で行なわれる。管理は年に一回か二回の下刈りをするだけでよく、肥料をやる必要もない。植え付けから一年後に最初の収穫を行なう。それからは、新たに伸びてきた枝から毎年一～二回収穫することができる。

一九九八年ごろから年間二〇〇〇トンほどの量のカジノキの皮が、ラオス北部からタイへ輸出されてきた。現在までそれほどの変化はなく、出荷が続いているようである。カジノキの場合には、在来の非木材林産物が外部の市場と結びつき、地域の農家にとって魅力のある作目として甦ったのである。一人当たり一日四キログラムのカジノキの皮を収穫することができる。買い付け価格は、一キロ当たり三七〇〇から四〇〇〇キープなので、一日に一万五〇〇〇キープほどの収入が見込める。つまりカジノキは、村人にとって、農閑期の副業として魅力のある収入源なのである。

しかしタイへの輸出量は頭打ちの状態にあり、ラオス北部全体では、これ以上の輸出量の増加は見込めない。新規市場の開拓なしには規模拡大は難しいのである。

三　ラック導入の試み

❖ラックとラック虫

ラックは、ラオスで長い生産の歴史をもつ非木材林産物で、村人になじみのある選択枝である。また、中国市場で需要が伸びている。そこで、ラックの普及をS村で試みることとなった。

ラックとは、ラックカイガラムシという昆虫が分泌する樹脂状の物質である。以下、この樹脂状の物質とそれから得られる半製品を「ラック」、ラックカイガラムシのことを「ラック虫」と記して区別する。

ラックは、地元では在来の天然染料として、織物の染色などに使われている。また、工業原料として、赤色染料、あるいはニス、封蠟、靴墨、エボナイトなどを作る原料として利用できる。赤色化学染料であるアニリンが発見されたのち、ラックの工業染料としての価値はほとんどなくなってしまったが、熱可塑性樹脂や光沢剤の原料などの新たな用途が開発され、その重要性は現在でも失われていない。

ラック作りは、ラック虫と宿主木との「寄生‐宿主関係」を応用して行なわれる。つまり、ラック虫の生活史に対応して、宿主木を林業的に管理する技術が必要とされる。ラック虫の接種作業では、なるべく立派なラックを採取してそれを宿主木の枝にくくりつける。そのラックの中から、ラック虫の幼虫が孵化する。幼虫は赤色で、およそ〇・五ミリメートル×〇・二五ミリメートルの舟型をしている。孵化したラック虫は、上に向かって這い進んでいく習性があるので、枝に移り、さらに梢《こずえ》に向かって広がっていく。幼虫は枝の上に一度定着すると、その場所から動かない。定着して約一週間後から幼虫はラックを分泌する。幼虫は、自らが分泌するラックでできた殻に被われ、それは成長とともに大きくなっていく。

ラック虫は、六ヵ月ごとに世代を繰り返すので、一年に二回のラックを収穫できる。一一月から一二月に接種されたラック虫は、五月から六月にその一回目のライフサイクルを終えて収穫される。そして五月から六月に接種されたラック虫は、一一月から一二月に収穫されるのである。

❖種類と産地

一九三〇年ごろバンコクに集荷されたラックの種類や産地について、次のような記録がある［Thailand, The Ministry of Commerce and Communications 1930: 236-237］。

チェンマイ・ラックは、シャム・ラックの中の最上品である。大変注意深く収穫され、ごみや木くずの混入がほとんどない。約九〇パーセントがチェンマイ県内で採集されたもので、主にハナモツヤクノキとアメリカネムノキといった宿主木から得られる。その他は、ビルマのチエントゥンとチェンラーイ、メーホンソンの一部で作られたものである。

チェンラーイ・ラックは、チェンマイ・ラックに比べてややごみや木くずの混入が見られる。主に「国外県」である、チェントゥン、シプソンパンナー、雲南、ルアンパバーンから供給される。チェンラーイ県内産は約一〇パーセントにすぎない。県内産ラックがハナモツヤクノキから得られるのに対して、「国外県」産ラックは、イチジク属やツルサイカチ属の木、ハナモツヤクノキ、キマメから得られる。チェンラーイ・ラックは、直接、あるいはラムパーン、プレー、ウタラディットを介してバンコクに送られる。

ラムパーン・ラックのうち、県内産ラックは、半分に満たない。それはビルマネムノキから得られる。その多くは、国外産ラックである。その他、ラムプーン、チェンマイ、チェンライの一部の地域産ラックもごくわずか含まれる。バンコクに直送される。

プレー・ラックは、チェンマイ・ラックと同品質である。ごみや木くずの混入はわずかで、市場価格は高い。県内産が七五パーセントで、残りはナーンやチェンラーイの一部で産する。他の県と比較するとプレー県のラック生産量は非常に少なく、全国生産量の約五パーセントを産するにすぎない。

ウタラディット・ラックについては、この県でのラック作りはまだ試験的な段階にすぎない。ウタラディット県は、ビルマネムノキから得られるナーン産ラックや、キマメから得られるルアンパバーン、パークライ産ラックの中継市場である。

コーラート・ラックには、ごみや木くずの混入が多く、品質は最も劣る。コーラート、ウボン、ローイエットを結ぶ地域やウドン地域で産するラックで、少し以前は「仏領インドシナ」産も含んでいた。コーラート・ラックは、主にヨツバネカズラ属のサゲナーペーンから得られ、それ以外にもツルサイカチ属やイチジク属の木、インドナツメ、キマメも少し利用される。

この記録から明らかなように、一九三〇年当時からラオスは重要なラック産地であった。

宿主木としてのキマメに注目してみよう。「この木は簡単に植えられ、アメリカネムノキとは異なり、土壌に対する嗜好性がない。新鮮で砕け易く、石灰に富む土壌が、キマメには良いとされる」[*ibid*.: 234]と書かれており、キマメを用いた二つの方式が記載されている。それは、ビルマ方式とルアンパバーン方式と呼ばれる[*ibid*.: 234]。

ビルマ方式は、パーヤップ地方で普及している。キマメは三〜四年間植え付けられる。四メートル間隔で植栽され、植栽後二〜三年で接種できる。手入れが良ければ、一ライ(〇・一六ヘクタール)当たり約二ピクル(一二〇キログラム)のラックの収穫がある。ルアンパバーン方式は、チェンラーイ、プレー、ウタラディットで普及している。二メートル間隔でキマメを植え、六〜一〇カ月以内にラック虫が接種される。二回ラックが収穫された後、刈り払われ、また新しいキマメが植えられる。

❖生産の復活

二〇世紀の後半にラオスは長い戦争を経験し、その間にラックの生産は激減した。しかし染色や刃物の柄付けといった地場消費のために、一部で細々と作られ続けられていた。ルアンパバーン県南部、カサックの人々が暮らすH村は、王制時代には毎年新年に王が訪れていた由緒ある村である。ラック作りはこの村で古くから行なわれていたという。現在でも、村内や近隣村向けに農具の接着に使われるラックが生産され、ルアンパバーンとヴィエンチャンの両方から仲買人が買い付けに来ている。

⬅写真5　キマメとマイ・リエンの畑（2005年8月、ルアンパバーン県ゴーイ郡）

ラオス北部のラック作りは一時途絶えかけていたが、再び盛んになった。そのきっかけは、近年、中国でラックの需要が増大したことにある。中国では農産物の国内長距離流通が発達し、また輸出が増加したことにより、果実の鮮度を長時間保つため、フルーツワックスを果実の表面に塗るようになった。そのワックスにラックが使われているのである。そのためラック工場が雲南省昆明や普《プー》洱《アル》で新たに操業を始めた。

二〇〇三年頃、ルアンナムターの仲買人が中国へラックを輸出するようになり、その買い付けをルアンパバーン県で始めた。その中心となったのがゴーイ郡のH村である。仲買人は、村人に種ラック購入費用として世帯あたり一〇万キップを貸し付けて生産させ、収穫されたラックを買い付けている。

H村でのラック栽培では、主にキマメと「マイ・リエン」(シナノキのなかま)が宿主木に使われている。焼畑にキマメとマイ・リエンを植え、陸稲収穫後にラックを接種する(写真5)。キマメは二メートル×二メートル間隔で、堀棒を使って点播する。穴の深さは三センチメートルほどで、そこに五粒の種子を入れる。土壌が乾いていればそのまま播種する。雨が降って土壌が湿っていれば、キマメの種子を播種前に二四時間水につける。播種後、三~四週間してキマメの草丈が一〇センチメートルほどになったら、陸稲を播種し、マイ・リエンの苗を三メートル×三メートル間隔を目安にして植えつける。さらに一ヵ月後、キマメの草丈が三〇センチメートルほどになったら五粒の種子を点播した中から一本か二本を残して残りを間引く。

←写真6　キマメに接種されたラック（2007年11月、ルアンパバーン県ヴィエンカム郡Ｓ村）

写真7 マイ・リエンからのラック収穫（2007年11月、ルアンパバーン県ゴーイ郡H村）

半年でキマメは草丈二メートルほどに生長するので、一〇月に陸稲を収穫したあとラックを接種する（写真6）。二年目にはそのキマメに再びラックを接種し、三年目にはマイ・リエンに接種する。ラックは一一月と五月の年に二回孵化するが、孵化の時期には幅がある。早生ラックは「カン・ドー」、中生ラックは「カン・クラーン」、晩生ラックは「カン・ピー」とそれぞれ区別されている。

このように現在では、かつての「ルアンパバーン方式」にマイ・リエンなどの他の宿主木を組み合わせたラック栽培が、村人により実践されている。H村は二〇〇五年には約五トンのラックを出荷し、その後も年間七〜八トンを生産している（写真7）。

現在では九〇世帯以上がラック作りに従事している。こうしたH村での成功に触発されて、ラック生産は近隣の村へも広がりつつある。ルアンパバーン県農林局によれば、二〇〇六年にはゴーイ郡において一三七六世帯がキマメを宿主木にラックを生産している。

❖プロジェクトによる普及

FORCOMプロジェクトがS村でラックの普及を始めたのは、二〇〇五年のことである。まず参加を希望する世帯を募り、ラック生産の宿主木となるキマメの種子を配布して植栽を始めた。二〇〇六年には、このキマメにラックを接種した。

二〇〇六年九月五日にヴィエンカム郡の農林局でラックセミナーを開催した。初めての試みなので、人がどれだけ集まるのか心配したが、実際には予想をはるかに超えて、会場がいっぱいになるほどの盛会となった。ラック生産の噂は口コミですでに広がっているようだった。

二〇〇六年一二月二二日には、村の集会所でワークショップが開かれた。この時点で一〇世帯がプロジェクトの支援を得て、その他の一五世帯が自らの力でそれぞれラック生産を始めていた。前年の二〇〇五年一〇月にキマメにラック虫を接種してから一年が経過していたが、まだ十分な種ラックの量が確保できなかった。そのため、販売できたのは接種をして幼虫が抜け出した後に回収したラックだけであった。量は少ないものの一キログラムあたり一万四〇〇〇〜一万五〇〇〇キープですぐに販売できたので、ほとんどの世帯が今後もラック生産を希望した。

二〇〇七年には五月、八月、一一月の三回、S村を訪問した。五月の訪問ではエン谷の一部に焼畑が開かれているのを見つけた。一部はチガヤの根を掘り起こして開いたという。条件は悪いが、他によいところを見つけることができなかったのだ。五月に訪れた時には、陸稲が見えないぐらいに雑草が生い茂っていて、休閑が不十分な焼畑では除草作業が困難になることをあらためて思い知らされた。一方、前年の二〇〇六年の休閑地では、キマメの枝でラックが育っていた。雨季を迎えて樹脂生産も盛んになったようで、樹脂が落下して林床のヒヨドリバナの葉が黒く変色していた。

八月に訪れた際には、播種したキマメの生育が悪いことが問題となっている世帯があった。どうやら種子がよくなかったらしい。宿主木の植栽がうまくいかない時、村人は他の世帯のキマメ畑か、あるいは周辺の森の天然木にラック虫を接種する。このことを「種ラックを森に預ける」と表現していた。また、集落近くの放牧地として利用されてきたエン谷周辺に焼畑を開いたために、その休閑地で育てたキマメを、放牧された家畜が食べてしまうことがあった。キマメは草丈が低い時には、家畜による食害の危険があるのだ。これに対処するためには、キマメを大きく仕立ててからラックを接種するビルマ方式を用いればよいと考えられる。

さて一一月に訪問した時には、既にラックの収穫は終わっていた。一〇月中頃に収穫した時には、ふもとのヴィエンカムの町から仲買人が何人もやってきて、競い合うように買い取っていったという。二〇〇キログラムほど出荷した世帯も出てきた。買い取り価格は、乾燥ラック一キロあたり九〇〇〇キープであった。

収穫の後、既に接種作業が終わった新しいラック栽培地を見て驚いた。新しい宿主木となるキマメに混じって、来年の宿主木となるマイ・リエン、そしてジンコウの苗木とナンキョウが植えられていた。キマメからマイ・リエンに宿主木を切り替え、ラック生産を続ければ、そのうちジンコウの収穫の時期を迎える。焼畑「安定化」のモデルを村人に示されたようだった。

別れ際、村長は「来年は全世帯でラックを栽培するよ」と言った。ラックがよい収入源になることが示された今、S村はラック栽培に希望を託そうとしている。

おわりに

❖焼畑との組み合わせ

非木材林産物は、ジンコウ、パラゴムノキ、カジノキ、キマメを宿主木とするラック栽培というそれぞれの種類ごとに、収穫までにかかる時間が異なる。ジンコウの場合には一〇年以上、パラゴムノキは七年、カジノキは一年から三年、ラックは半年である。したがって、陸稲の栽培によって米を確保しつつ、家畜飼育を組み合わせながら、最適な非木材林産物を導入していく。これが、今後とるべき方向であろう。

最長休閑期間が約一〇年、現在の休閑期間が四年から六年であることを考慮した上で、非木材林産物を焼畑耕作に組み合わせていく必要がある。S村では、収穫までにかかる期間が平均休閑年数よりも短いカジノキ、キマメを宿主木とするラック栽培、家畜飼料栽培を焼畑耕作に導入することにより、焼畑土地利用を集約化することができる。その際、キマメを宿主木とするラック栽培にビルマ方式を導入することで、家畜飼育と共存していけるかもしれない。

一方、ジンコウは、焼畑休閑期間よりも長期の育成期間が必要となるので、焼畑とは別の「スワン」（園地）での植栽が適切であろう。パラゴムノキは既に民間業者を通じて普及が進んでいるので、プロジェクトとしては支援をしていない。

村人の中には、完全に家畜飼育に移行し、将来的には陸稲栽培をやめて米は購入しようとまで考えている人もいる。しかし食料セキュリティーの観点から、自分で米を確保することは重要である。家畜飼育や非木材林産物の生産に特化することはリスクを伴う。

ラオス北部では、ハトムギ［落合 二〇〇二］やトウモロコシ（本書第11章参照）といった商品作物が導入されてきたが、耕地ではその作物のみが栽培されることになりがちである。こうした単一商品作物への過度の依存は、市場の動向の影響を受けやすく、農家の生計と土地利用を不安定なものにしかねない。

❖焼畑の「安定化」をめざして

ラオス政府は、焼畑「安定化」のために、土地森林分配事業を通じて土地利用の集約化を進めている。この方針に従うと、平均三区画の割り当て地で焼畑を循環させることになる。焼畑を準常畑化する一方で、それ以外の二次林は森林として保全する。そうすると二次林の遷移が進んで暗い森に覆われ、攪乱環境に依存して生育する非木材林産物はとれなくなる心配も出てくる。

しかし、遷移後期に適した価値の高い産物もある。たとえばカムーの人々は古くから噛み茶「ミアン」作りのためのチャを森で育ててきた。最近ではジンコウの苗を休閑地に植えている。つまり、カムーの人々は、二次遷移の初期段階から非木材林産物を採取して生計を補ってきただけでなく、樹冠が閉鎖して森林がほぼ回復した後でも、高木の樹下で育つ産物を組み合わせることで、長期的に安定した山地利用を目指している。山棲みの人の知恵だと思う。

ただし、焼畑や野火による攪乱が繰り返されると、タケの多い二次林となる。さらに限られた土地で無理な耕作を繰り返すと、チガヤ草原のような極相となり、二次遷移が進まなくなる。北部山地とヴィエンチャン平野の接点に位置するヴァンヴィエンでは、戦中戦後に避難民が集中して無理な耕作が続けられた結果、「荒廃地」が広がることになった。しかし最近ではこの地域でも、マメ科先駆種の「サファーン」(*Peltophorum dasyrachis*) の二次林が目につくようになった。この樹木は地元では建材としても用いられている。時間をかければ自然の回復力が働くのである。

焼畑「安定化」は、最終の目的ではなく手段である。焼畑を営むカムーの人々にとって安心して暮らせる明日を確保することが重要な目標だ。そのためには性急に結果を求めずに「待つこと」が必要である。自給のための焼畑とその休閑地からは、生活を支えるさまざまな資源が得られる。非木材林産物の販売に特化すれば、確かに収入は増えるかもしれないが、一方で市場の不安を抱えることにもなる。市場の動向は自分たちで決めることはできない。それが不安の原因である。焼畑と休閑地が支える安定した自給生活の力を保ちつつ、うまく非木材林産物の販売を取り込んでいく必要がある。

ラオスをはじめとして東南アジアには、歴史的に、自然を商品化して人々が暮らす村落が広く存在してきた。特に焼畑の休閑地で生産される非木材林産物が商品となり、その生産活動の結果として森林が維持されてきた例を各地で見ることができる［竹田 二〇〇三］。ラオスの森も古くから外部市場と結びついてきたのである。戦争によっていったん遮断されたその結びつきが、市場経済化によって、現在再び深まっている。しかし、その急激な変化は、焼畑が本来持つリズムを待ってはくれない。

カムーの人々の焼畑では、一年耕作した後に数年間の休閑期間を待たなければならない。ラックは、その数年を待つことを助けてくれる非木材林産物である。機が熟すのを待つことが、そこに暮らす人々の生活とそれを取り巻く環境を保全することの近道であり、焼畑「安定化」の真の目的にかなうものなのである。

付記　S村に関しては、岩佐正行リーダー、名村隆行専門家、渡辺盛晃専門家、プーマヴォン・プーシット氏、ポムチャン・トゥイ氏をはじめとするFORCOMプロジェクト関係者、ならびに同村村民の皆さんに数々のご教示をいただいた。ここに深く感謝の意を表したい。

引用文献

落合雪野　二〇〇二　「農業のグローバル化とマイナークロップ――ラオス、ルアンパバーン県周辺におけるハトムギ栽培の事例から」『アジア・アフリカ地域研究』二、二四―四三頁。

竹田晋也　二〇〇三　「熱帯林の撹乱と非木材林産物」池谷和信編『地球環境問題の人類学――自然資源へのヒューマンインパクト』世界思想社、一二〇―一四〇頁

横山　智　二〇〇五　「照葉樹林帯における現在の焼畑」『科学』八五（四）、四五〇―四五四頁。

FAO 2006. *Global Forest Resources Assessment 2005*. Rome: FAO.

Momose, K. 2002. Ecological Factors of the resently expanding style of shifting cultivation in Southeast Asian subtropical areas: Why could fallow periods be shortened ? *Southeast Asian Studies* 40: 190-199.

Schmidt-Vogt, D. 1999. Swidden farming and fallow vegetation in Northern Thailand. *Geoecological Research* 8: 1-343.

Thailand, The Ministry of Commerce and Communications. 1930. *Siam; Nature and Industry.* Bangkok: The Ministry of Commerce and Communications.

小論3　森に映ずるラオスと日本

福田　恵

二年前に東南アジア屈指の森林国と称されるラオスを訪れた私は、同じく森林国である日本との共通点を探りたいと考えていた。しかし、ラオスへ入ってすぐに、日本との違いのほうに目を奪われてしまった。眼前には、鬱蒼とした森、鮮やかな緑の草原、黄金に色づいた農地、時には、真っ黒に一面が焼かれた土地が広がっていた。植生も利用方法も異なる山々を見た瞬間、日本の物差しでは計りきれないラオスの森の奥深さ、とりわけ多様な山の存在と人びとの生活との深い結びつきを感じ取った。これまで日本の農山村で山林調査に没頭してきた私は、意外にもラオスの森から、日本の山の特異さや農山村生活の固有性を教えられたのである。ここでは、森林利用に焦点を当てて、ラオスと日本の農山村の社会的特色と現在の問題状況を見比べてみよう。

❖流動する境界と移動する人々

まず二つの例から、日本とラオスの農山村の特徴を概観してみよう。

一つめは、山の境界に対する人々の認識の違いである。日本の農山村を語る場合、むらの境界や領域はきわめて重要な意味を持つ。農林業センサスという全国統計によれば、大半の集落の住民が境界を認識しているとされる。地元の人に集落の境界を尋ねると、奥山の境界まで解説してくれることは珍しくない。一般的に集落の境界は、中世末から近世の初めごろ、「村切り」と呼ばれる武士勢力や幕藩体制によるむら領域の設定、あるいは百姓たちの村の自生的な誕生など、長い歴史の中で形づくられた。

これに対して、ラオスの村の境界は日本と違いかなり緩やかである。たとえば、私が調査した村では、その一角で他の村の人たちが公然と焼畑をしている場所があり、住民もそれを了承していた。また、高地にいた人々が低地に移り住み、そばにある森を使い始めた時も、それをほぼ黙認した。問題がないわけではないが、そうした人の流れをいったんは受け入れ、そこで新たな集落関係や緩やかな領域をかたちづくるのである。かつて日本では、「山争い」、「山論」と称する領有意識を持つ者同士の争いが頻発したが、ラオスでは状況に応じて境界を流動化させ、周囲の村と折り合っているのである。

二つめは、場所への愛着の違いである。ラオス山間部の国道沿いに住む人々の多くは、近年になって山地から降りてきた場合が多い。その背景には、ラオス政府が実施する集落移転政策があるようだ。政策の是非は措くとして、彼らの移住への迅速な対応とその適応力には驚かざるを得ない。山地に住む人々は、焼畑を主な生業とし、移動を繰り返してきた。しかも、彼らの多くは現在の中国にあたる地域から移住してきた民族である。彼らは自分たちの生活に合う土地を求めてきたのである。

一方、日本の農村でも一九七〇年代に集落移転政策が実施されたことがある。奥地の集落住民が町の中心地へ住み替えるよう要請されたのだ。しかし、この政策はうまくいかず、ところによっては、移転後、自殺者が急増したところもあった。私が調査している集落では、雪が多い冬季間の移転に応じたものの、夏季にはそれまでの集落に戻るという二重生活を続けている。日本では、定住してきた土地へのこだわりは非常に強く、ある土地を先祖伝来の場所と見なしたり、地域全体のものと捉えたりしてきた。

こうした場所への愛着のあり方は、森との関わり方にも反映される。ラオスでは、いくつもの森を相手にできる術を磨いてきたのに対して、日本では、特定の森との付き合いを深めてきたのである。

❖日本の山々の変貌

考えて見ると、ラオスの森がさまざまな顔を持つのに対して、日本のそれは同じような顔をしている。ラオスの森は、キノコ、タケノコ、薪、果物の採取や小動物の捕獲、畑の開墾などのために利用されているし、信仰の対象となる森や、墓として利用される森もある。一方、日本の山はどこ

写真1　富山県出身の伐採夫（1959年9月、於兵庫県香美町、大島弘一氏所蔵）

もかしこも緑の木々に覆われ、一見、美しく見えるが、多くはスギやヒノキの人工林である。木材価格の下落などで、今ではその木々は伐採されず、山に入る人もほとんどいない。ラオスと異なり、森林は利用されずに放置されているのである。

現状を見る限り、日本とラオスの違いは歴然としているが、時間を遡ると共通点が見えてくる。ラオスの森の姿は、かつての日本の山野を彷彿とさせるところがある。日本でも、熊や猪などの狩猟、焼畑、山に対する信仰など、明治の終わり頃に、山に生きる人々の生活が民俗学者の柳田国男によって記録されている。私の聞き取りでも、中国山地では伝統的な鉄生産のための砂鉄や木炭を採取する鉄山の話、但馬では山中を移動しながら木工品を作る木地師の話、飛騨や越中では伐採夫（写真1）の話などがむらの老人たちから聞かれた。かつての日本の山は、ラオスと変わらぬほどの顔を持っていたことがわかる。とすると、日本の山野は何ゆえこうも変わってしまったのだろうか。私が調査した兵庫県の集落では、明治の終わりごろから植林が始められ、山が変貌した。当時、集落レベルでは学校建設や村落組織の見直しに絡んで財政難が生じ、それを乗りきる手段として雑木伐採に活路が見出されつつあった。しかし、開墾、焼畑、伐採による山の荒廃が全国的に問題視され、木材需要の急増も手伝って裸の山への植林が強く励行された。山や木々の成長を人やむらの成長になぞらえるような考えの浸透、あるいは戦勝記念や近代化などの時勢の中で植林と造林は人々の理想として積極的に着手された。

そうした人工林化の方向は戦後に持ちこされていくが、日本政府が外材輸入政策に踏み切ったことで、海外から大量の木材が輸入され、国内の木々は伐採することすらできない状況に陥ってしまう。日本における植林、造林は、戦前戦後を通して、正当性を与え続けられたが、植林への過信、森の人工林化によって、日本の山は変貌を余儀なくされたのである。

❖ラオスに向けられた鏡

森林と寄り添ってきたラオスと日本は、現在、ともに森林をめぐる諸問題に直面している。その問題はずいぶんと様相が異なっているが、両者が歩んできた歴史的プロセスやそこで育まれた森との付き合い方は、お互いにとって参考になろう。

ラオスが直面するのは、開発と開墾による森林面積の減少である。これは、伐採と天然更新によって森林を維持する焼畑のような森林利用とは異なる、森林から農地への土地転換である。ラオスの政府や開発機関は、土地の利用に関する法律を整備するとともに、植林を積極的に進めている（本書第7章参照）。一連の流れは、日本社会が歩んできた道にどことなく似ている。日本で一九世紀末以降、活発化した植林に伴う樹種の単一林化が、今現在、ラオスに押し寄せているのだ。

先に触れた兵庫県の集落では、焼畑や炭焼きでは稼ぎがなくなり、森林組合に造林班を作って、戦前の植林地を拡大、一斉造林をなしとげた。ある人は山に植えた木々が金のなる木に見えたと言うし、木々がきれいに並ぶ様子を見て、新たな時代を感じたと言う。ラオスもこの点、変わりない。私が訪れた中国国境沿いのルアンナムター県のある集落では、大規模なパラゴムノキ植林に踏み切り、莫大な収入を得ていた。北部の少数民族の村々では、焼畑の禁止を受け入れ商品経済に首尾よく対応している人びとも数多い。現在増えているユーカリ林や深い緑色のパラゴムノキ林は、山々や土地を単一の景観に切り替えてしまうため、日本のスギ、ヒノキ、カラマツの林と見間違うほどである。

だが、植林の果てには予想外の問題が待っていることも忘れてはならない。日本ではお金になるはずだった木々は木材不況で二束三文になり、ほとんどの造林木は手つかずの状態である。放置された木と山は、保水力を失い、崖崩れや水害、木材流出の温床になっているし、枝打ちされない杉からは大量の花粉が都市に飛散して花粉症と言う副産物まで生み出している。前述の調査集落では、毎年冬場の雪害に頭を抱え、三年前には台風による流木被害で道路の寸断を余儀なくされた。さらに、農山村の過疎化が進み、山の管理の担い手が減少している。

その一方で、山間地域に住む人々の営為を環境保全や食糧供給など公益的役割として評価する考えが芽生えつつある。都市から農山村へのIターンも歓迎されている。一時期行なわれた集落移転政策とはまったく逆のことが、いま進行しているのだ。周辺の民が周辺に留まることによって、将来的な問題解決の筋道を創り出す可能性があることをこの例は示唆している。

植林や集落移転に舵を取るラオスにとって、日本社会の辿った経緯は、自分たちの進む道のプラス面とマイナス面を照らし出す鏡になることだろう。

❖未来形としてのラオスの森

日本の人工林の割合は国土の四割を超える。それから見れば、ラオスの山々は、植林化されつつあるとはいえ、いまだ多様な姿を保持している。ウドムサイ県の集落では、パラゴムノキやユーカリ、ジンコウの植林が始まっているが、植栽場所は一部に限定されていた。また、単なる現金目的の植林ばかりではなく、生活に根ざした植栽も続けられている。タケはその典型であり、一三種類のタケを区別し、そのうち八種類を植え付けていた。用途は、食用に留まらず、家やトイレの外壁、敷物、おひつ、狩猟・採集道具の材料など多岐にわたる(写真2)。

ラオスでは、いまだ森林の多様性を維持する力が作用しており、日常生活の中に森の恵みが織り込まれているのである。日本社会が森との繋がりを回復しようとする現状を考えれば、ラオスに現

写真2 竹製の敷物を編む（2007年9月、ウドムサイ県ナーモー郡ナーサヴァーン村）

存する当たり前すぎる森林利用の数々は少なからぬ英知を含んでいるのではなかろうか。

日本社会の一つの悩みは、山に対する従来の仕組みや意識が時として足かせになってしまうことである。兵庫県の集落では、境界意識が強すぎて、集落同士の共同管理がスムースにすすまなかったり、やる気のある都市居住者などが山林を簡単に取得できなかったりする。山林所有者が都市に移転し入山さえできない所有者不在の山々も増えている。新たな土地を求める外来者をとにもかくにも受け入れ、異なる民族間でも折り合いをつけてしまうラオスの農山村は、日本のむら社会にない森林利用の柔軟さを持ち合わせている。日本の森の「未来形」。そのような視線と想像力をラオスの森に向けてみる必要がありそうである。

第4部
生業

第9章　焼畑とともに暮らす

落合雪野
横山　智

はじめに

ラオスや、ラオスの周辺に位置するタイ、ミャンマー（ビルマ）、ベトナムといった国々が紹介される時、その複雑な民族構成の中に、低地や盆地に暮らして水田稲作をする人々がいる一方、山地には焼畑に従事している人々がいることが対比して説明されることが多い［大城 一九九六・綾部 二〇〇三・藪 一九九四・Vietnam Museum of Ethnology 1998］。特にラオスでは、北部と東部のほとんどが山岳地帯であり、そこでは焼畑中心の農業が行なわれている実情がある［鈴木 二〇〇三、三二七－三二八］。

日本では、水田稲作が全国で行なわれているし、読者の中には実際に米作りに携わっておられる方もいるだろう。ところが、焼畑については、直接見聞きする機会はきわめて少ない。日本の山村にも広く焼畑があったが［野本 一九八四、橘 一九九五］、残念ながらその技術や知恵は過去のものになってしまった。つまり、水田稲作をする農民たちや米を食べる暮らしに共感することはあっても、焼畑となると、縁遠い感は否めないのではないだろうか。あるいは、ある企業のキャンペーンで紹介されたように「熱帯林破壊の原因」というイメージで、焼畑を判断していないだろうか［横山 二〇〇四］。

本章では、資源を得るために環境に働きかける行為として生業をとらえた上で、焼畑を生業にする人々の立場に立って、山地の村の空間と生物資源の利用について論じてみたい。そのためにラオス北部、ポンサーリー県コア郡の山村に焦点をあて、焼畑の暮らしを検証する。ラオスの事柄をあつかうけれども、遠いどこかの知らない誰かの話ではない。私たちと同じように日々を暮らす人々がそこにいる。ただ違うのは、スーパーマーケットや商店街で生活必需品を買ってくるのではなく、自分たちの村の領域の中から生き物を得て、生活を満たしていることである。

以下ではまず、東南アジア大陸部での焼畑をめぐる現状を見た後、私たちが共同研究に至ったいきさつを説明する。まったく別の専門分野の研究者が、フィールドワークを進めながら分野の枠を超えて知恵を出し合ったことが、焼畑への新たなアプローチにつながったからである。その上で、ポンサーリー県の山村を例に、住民が村の領域をどのように把握し、そこでどのような生業活動を行なっているのか、そして、植物をいかに利用しているのかについて説明する。そして最後に、焼畑を理解するための手がかりと、その結果から導かれる提言を披露したい。

一　焼畑へのまなざし

❖焼畑とはなにか

ユーラシア大陸の東部、中国雲南省からミャンマー、ラオス、タイからベトナム北部にかけて、ひとつづきの山地が広がっている。この東南アジア大陸部山地には、山地民あるいは少数民族と呼ばれる人々が暮らし、山地の空間を利用して焼畑耕作を営んできたことが知られている。では、東南アジア大陸部山地の焼畑とはどのようなものなのか。その特徴を、横山［二〇〇五a］は、以下のように要約している。

住民がある場所の植生、多くは二次林を、焼き払ったり、切り払ったりして耕地を拓き、一年から数年の間そこで作物を栽培する。栽培をやめた後、耕地は休閑地として放置される。休閑地には草本や樹木が生えていき、やがて二次林が成立する。一〇年ほどたつと、再び二次林に耕地が開かれ、作物の栽培が始まる。つまり、耕地、休閑地、二次林のサイクルが焼畑であり、その繰り返しの中で住民は生活の糧を得てきたのである。

❖伝統的な生業

東南アジア大陸部山地の焼畑については、これまでさまざまな分野の研究者がそれぞれにアプローチし、記述してきた。まず、生業の一形態として焼畑を見る立場から行なわれてきた文化人類学分野の成果を紹介しよう。

佐々木［一九七〇］は、インドから東南アジアにかけての各地に見られる焼畑耕作について、植生の伐採に始まり、種まき、除草、収穫に至るまでの技術、栽培される作物の組み合わせや輪作の様式、農具の種類、収量や人口支持力などを取り上げ、相互に比較して焼畑の特質を明らかにした。中国雲南省の焼畑農耕については、尹［二〇〇〇］が、耕作と休閑のシステム、土地制度、技術、栽培植物などを詳細に記述している。また、焼畑が生業の手段にとどまらず、住民の社会や文化と深く関係してきた点を重視し、住民の社会組織や関連して営まれる儀礼、信仰などを論じる立場もある［Anderson 1993・尹 二〇〇〇・ダニエルス 二〇〇七］。

このような研究の中で、ミャンマー北部、カチン山地に暮らすカチン人の詳細な民族誌を執筆したリーチ［一九九五、二六一―二八］は、二〇世紀前半の現地調査をもとに、カチンの焼畑について次のように説明している。

第一の必要条件は、一年間に限り開墾され、その後は放棄されなければならないということである。第二に、一度開墾された土地は一二ないし一五年間は再び開墾されてはならない。この手順が踏まれるならば、森林乱伐といったことはないし、土壌の損失も無視しうるほどである。こうした条件の下で、山地性陸稲は灌漑水田で得られるのにほとんど匹敵するほどの、規則的な収穫量をあげる。

つまり、リーチはミャンマー北部山地のモンスーン林の特徴として、開墾地が過度に利用されないうちに放棄されれば、さかんに成長する二次林に急速に覆われてしまうという生態要因があるからこそ、焼畑が営まれていること、そして、栽培期間や休閑期間の限度を守りさえすれば、焼畑が持続可能な農業であることを指摘しているのである。

❖焼畑「問題」と政策

ところが最近では、森林面積の減少や生物多様性保全などの環境問題に関連して、焼畑が環境を悪化させる原因だとして、これを問題視する傾向がある。

保全生物学の分野では、地球規模での熱帯雨林の破壊と関連させて焼畑が議論されている。プリマックと小堀［一九九七、一〇六―一一二］によれば、現在、毎年一八万平方キロメートルの熱帯雨林が消失しているが、そのうちの五〇パーセントが耕作地に変えられ、さらにその大部分が焼畑に用いられているという。ラオスでは一九六〇年代から森林消失が進行したが、第二次インドシナ戦争による空爆、農業用地の開墾、住民の移動、木材利用のための伐採、水力発電開発などとともに、移動耕作、すなわち焼畑農耕がその原因にあがっている［松本、ハーシュ 二〇〇三、一三四―一三六］。

では、焼畑耕作は森林破壊の元凶なのだろうか、それとも、カチンの例のように持続的な生産手段なのだろうか。焼畑に対するこの二つの側面を、久馬［一九九〇］は土壌生態学の知見をもとに、耕作と休閑のパターンから分析した。それによれば、焼畑の合理性は、休閑期に立派な二次林が回復することを前提として成り立っており、作付期間にできるだけ土を荒らさないようにすると同時に、十分長い休閑期間を確保できることが必須であるという。ところが、人口の増加にともなって作付面積を増やすと、耕作後の休閑期間を短縮しなければならない。すると、植生は回復しないし、土地の生産力も今までのレベルには戻らない。そしてそれはさらなる作付面積の拡大につながる。このような悪循環に陥った結果、焼畑のシステムは崩壊するというのである。つまり、おなじ焼畑であっても、十分な休閑期間を確保できる状況にあれば持続的な生産手段となり、悪循環の最終段階に着目すれば森林破壊の元凶と判断されるのである。

確かに東南アジア大陸部山地では、植生が回復しない状態にまで至った焼畑も少なくない。安井［二〇〇三、一九〇―一九四］は、ラオスのモン人が行なう焼畑を例に、人口の増加や土地利用の制限によって焼畑の休閑期間が短縮された結果、森林がススキ野に変貌してしまったようすを住民の嘆きとともにリポートしている。

このような動きの中、ラオス政府は一九八六年に「新経済メカニズム」と呼ばれる経済改革を開始、環境保全に向けた法制度を整備し、生物多様性保全地域の設定に着手した。これは市場経済化による貧困削減や経済発展への取り組みと環境保全に向けた取り組みを同時並行して実施しようとするものであった［河野 二〇〇五］。さらに一九九六年から、土地森林分配事業を開始した（本書第6章参照）。この事業のもとでは、ある村の土地に居住地と農地が確定され、森林は保全林、保護林、生産林、再生林、荒廃林の五つに区分される。そして森林と区分された土地では、焼畑が禁止された［横山 二〇〇四］。この制度は現在進行中で、既に適用された村には、それぞれの区分を色分けして示した土地利用図の看板が設置されている。また、サヴァンナケート県のある村に制度が適用された結果、焼畑地が実際に減少した例が報告されている［百村 二〇〇三］。

ラオス政府や外国の援助団体は、農地に区分された土地に商品作物を導入し、市場性の高い農業の拡大を目指している（本書第一〇章参照）。一方森林に区分された土地を、木材以外のさまざまな野生動植物の産物、非木材林産物を生み出す場として認め、環境保全と経済発展のバランスを取りつつ、市場性のある産物をいかに持続的に生産しうるかが検討されている［NAFRI, NUoL and SNV 2007: 26–34］。

❖研究のバックグラウンド

焼畑をめぐってさまざまな立場の人たちのまなざしが交錯する中、私たちは、それぞれ別の分野の研究者として、東南アジア大陸部山地で焼畑をめぐる研究を行なってきた。

民族植物学者の落合は、主にラオス、タイ、ミャンマーで、焼畑耕地で栽培される栽培植物、特にハトムギ、モロコシ、アワ、シコクビエなどの雑穀の農耕文化や食文化を調査してきた［落合 二〇〇三、二〇〇七a］。焼畑耕地で栽培されるもっとも重要な栽培植物はイネ（陸稲）であり、住民の主食として欠かすことはできない。だが、イネ以外にも多種類の栽培植物が栽培され、利用されてきたのである。ところが住民に話を聞くうち、焼畑耕地の外の空間、つまり休閑地や二次林から野生植物が集められ、利用されている例をしばしば耳にするようになった。つまり、焼畑耕地の外に広がる休閑地や二次林の植物をカバーできていなかったのである。

一方地理学者の横山は、ラオス北部山地の定期市で売買される森林産物に着目した研究を行なってきた［横山 二〇〇五b］。山村の生活はすべて自給自足でまかなわれていて、外の社会と隔絶しているというわけではない。東南アジア大陸部山地の住民は、山地の環境だからこそ得ることのできる特殊な産物を、盆地に暮らす人々と交換し、あるいは遠隔地に向けて出荷する役割を担ってきた。現在でも、香辛料のカルダモン、ほうきの材料になるタイガーグラスの穂などの野生植物を休閑地や二次林で採集し、仲買人に売り渡して収入を得ている。その現金は生活必需品の購入や教育、医療のために使われる。ところが、横山の着眼点では市場価値を持つ植物を対象にしてはいたものの、住民がふだんの生活に役立てている植物が抜け落ちていた。

❖手法の融合

このような経験と反省から、山村で焼畑を営む住民はどのような生活をしているのか、その実態にアプローチすることを目的に、ラオス北部で現地調査を行なうことにした。この調査のポイントは二つある。

一つめは、人と植物のかかわりを探る民族植物学の原則に立ち、栽培植物であるか野生植物であるか、村のどこに生えているか、何のために使うか、頻度や量はいかほどか、自家消費用か販売用かなどの条件を問わず、住民の生活に役立てられているあらゆる植物を対象に調査することである。これによって、自給自足的な側面と現金収入による側面の両方から、住民の生活を把握することができる。

二つめは、その植物が集落を構成する空間のどこに生えているのか、また、その空間はどのような生態的条件にあるのかを把握することである。これによって、村の空間と生業活動とを関連づけることができる。そして、その結果を表現するため、地理学者の持つ地図作成の技術を駆使して、「有用植物村落地図」を作成することを考えた。有用植物村落地図に、村の空間構成と利用されている植物の情報を落としこむことで、利用される植物の多様性と、それを支える生態環境を目で見える形に置き換えることができる。たった一つの村であっても、その現実を地図の形でリアルに伝えることにより、焼畑の空間全体を理解するための糸口にすることを目指した。

二　フィールドワークへ

❖アカ・ニャウーの村

焼畑の村の生活にアプローチする。この課題に挑戦する機会を与えてくれたのは、ラオス北部、ポンサーリー県コア郡にあるフエイペー村の人たちである。私たちは二〇〇四年八月から二〇〇七年一月にかけて三回、のべ一七日間のフィールドワークをこの村で行なった。

フエイペー村には、二〇〇六年一二月現在、四三世帯、五三家族の二九〇人が住んでいる。その全員がアカ・ニャウーを自称する人々である。アカ・ニャウーは、チベット・ビルマ語系のアカ語を母語とする人々のサブ・グループであるとされている［Chazée 1999: 138］。住民によれば、アカ・ニャウーの人口は少なく、同じコア郡の三つの村にだけ居住しているという。

村の集落は、ポンサーリー県の県庁所在地ポンサーリーとウドムサイ県の県庁所在地サイとをつなぐ国道四号線沿いに位置している。国道のわきにある急な坂を、標高差にして一八〇メートル、二〇分ほど歩いて登ると、丘の上に平坦な場所が開け、家畜を囲う柵と家々が見えてくる。これがフエイペー村である。

現在の集落で住民が生活を始めたのは、二〇〇三年二月のことである。その時、徒歩で二〇分ほど離れた、標高九五〇メートルの位置にある旧集落から引っ越してきた。旧集落では、およそ五〇年間暮らしていたという。新旧二つの集落の周囲には、二次林、休閑地、焼畑耕地が広がっていた。住民に話を聞くと、村の主な生業が焼畑であることがわかった。しかも、一ヵ所の耕地面積はかなり広いにもかかわらず、その場所で一年一回だけ耕作すると、放棄して休閑している。しかも、約一〇年の長い休閑期間がとられている。最後に調査を行なった二〇〇七年一月の時点まで、行政による土地区分は行なわれておらず、住民は昔ながらの取り決めに従って焼畑を続けていた。このような状況から、村では十分に持続的な焼畑が営まれていると判断し、フィールドワークを行なうことに決めたのである。

では、集落の様子を紹介しておこう。広場を囲むように木造低床式の家々が立ち並んでいる。それぞれの家には、屋敷林や庭畑にあたるものはない。集落内の植物といえば、竹製の柵で囲まれてわずかにココヤシや野菜などが植えてある程度である。広場では、子供たちが遊んだり、女性たちが機織のために経糸を巻きとる作業をしたりする。その間を放し飼いのブタ、ヤギ、ニワトリ、イヌがうろついている。公共の施設として、三ヵ所の共同水汲み場、三ヵ所の共同トイレ、小学校がある。小学校では、ラオ人教師二人が教鞭をとっている。

現在のところ、村に水道、電気、ガス、電話などの供給はない。水は、森林の中にある沢から共同水汲み場までパイプで引き、炊事、洗濯、水浴びに使っている。燃料は薪である。ライフラインは完全に自給自足なのである。調味料、洗剤や文房具、薬品などの生活必需品は、国道に降りて四キロメートルほど北にある商店や、そこで一〇日おきに開かれる定期市で購入している。二〇〇六年には自宅の一部で商売を始める人が現れ、ビールや菓子、たばこ、ろうそくなどの商品を村内で買うことができるようになった。

私たちは、調査の間、村長の家に泊めてもらい、その家族とともに過ごした。

❖調査の手法

村の住民によって、どのような植物が使われているのか、それがどんな空間に生えているのかを把握するためには、住民が植物を集める現場に立ち会う必要がある。そこで住民とともに集落と周辺に広がる耕地、休閑地、二次林などの行き来に使っている山道を歩き、利用の様子を見せてもらうことにした。もし歩いている途中で、住民が使ったことのある植物が生えていれば、そこで立ち止まり、データとサンプルを集めた。

データのうち植物の生育位置については、人工衛星を利用したGPS（全地球測位システム）を使って、緯度経度のデータで表した。この数値を使って、地図上の位置を決定するのである。また、その植物がどんな名前で呼ばれ、どこを何のために使っているかを知るため、アカ・ニャウー語の植物名、ラオ語の植物名、用途、使う部分などのデータを住民から聞き取った。さらに、植物の実物の一部を切り取って標本サンプルとした。このサンプルは、保存のため新聞紙にはさんで押し葉にしたあと、植物の学名を決めるために使った。

調査の最中、土砂降りの雨に見舞われてつるつるに滑る坂道を降りたこともあったし、渓流の中を進んだこともあった。昼食時には、村から運び上げたご飯を囲んでピクニックである。村中を歩きながら作業を繰り返し、データとサンプルを集積するという、文字通り地べたを這う手法を基本に、フィールドワークを進めていった。

二〇〇四年八月には、まず主な山道を歩いてみて、新集落と旧集落との位置関係、耕地や休閑地、二次林を観察し、村の領域の状況を大まかに把握した。

続いて二〇〇五年八月には、村の領域をできるだけ偏りなく歩くことができるよう、四つのルート、総延長一五・八キロメートルを設定した。そして、一人の男性Kさん（四〇代）を中心にその親族とともに、四日間かけてそのルートを歩き、データとサンプルを収集した。Kさんは二〇歳くらいの時に、祖母から植物の知識を教え込まれた経験があり、現在、病人やけが人が出た時には、薬用植物を使ってその治療にあたっている。彼は、一人で一二〇種類を超える植物を示してくれた。また、村の領域がぜんぶで九つの空間区分によって構成されていることもわかった。つまり、二〇〇五年の調査によって、一人の住民が利用する植物について深く知ることができたわけである。ところが、住民全体を見渡した時、Kさん一人の知識がきわだって豊富で、頻繁に利用しているのかもしれない。すると、偏った調査結果を導いてしまうおそれがある。

そこで二〇〇六年一二月から二〇〇七年一月の調査では、より多くの住民の知識や利用の実践について知るために、全四三世帯の代表に一人ずつ出てきてもらい、植物に関するデータを聞き取った。四三名のうち、男性が三一名、女性が一二名いた。また年齢層に分けると、一〇代三名、二〇代九名、三〇台代一三名、四〇代一〇名、五〇代八名で構成されていて、最年少が一七歳、最年長が五六歳であった。つまり、実際に生業活動にかかわっている一〇代から五〇代までの人々から、ほぼまんべんなく話を聞くことができたのである。

この人々に九つの空間区分を一つずつ示しながら、そこで採って、使ったことのある植物三種類をあげてもらい、そのアカ・ニャウー語の名前、ラオ語の名前、用途、使う部分などを教えてもらった。その結果、Kさんだけでなく多くの住民が幅広く植物を利用していることがわかった。また、複数の住民が共通して使っているという種類もあった。結局植物の総数は約一七〇種類となった。その中には二〇〇五年の調査では出てこなかった種類が含まれていたため、あらためて二日間、一二・二キロメートルの山道を歩いて、その植物がどこに生育しているかを確かめ、データとサンプルを収集した。これによって、山道の範囲をさらに広げるとともに、利用される植物の種類や用途の広がりについても把握することができた。

三　空間と植物

❖空間区分

では、歩いて集めるフィールドワークによって、どのようなことがわかったのか。その結果を見

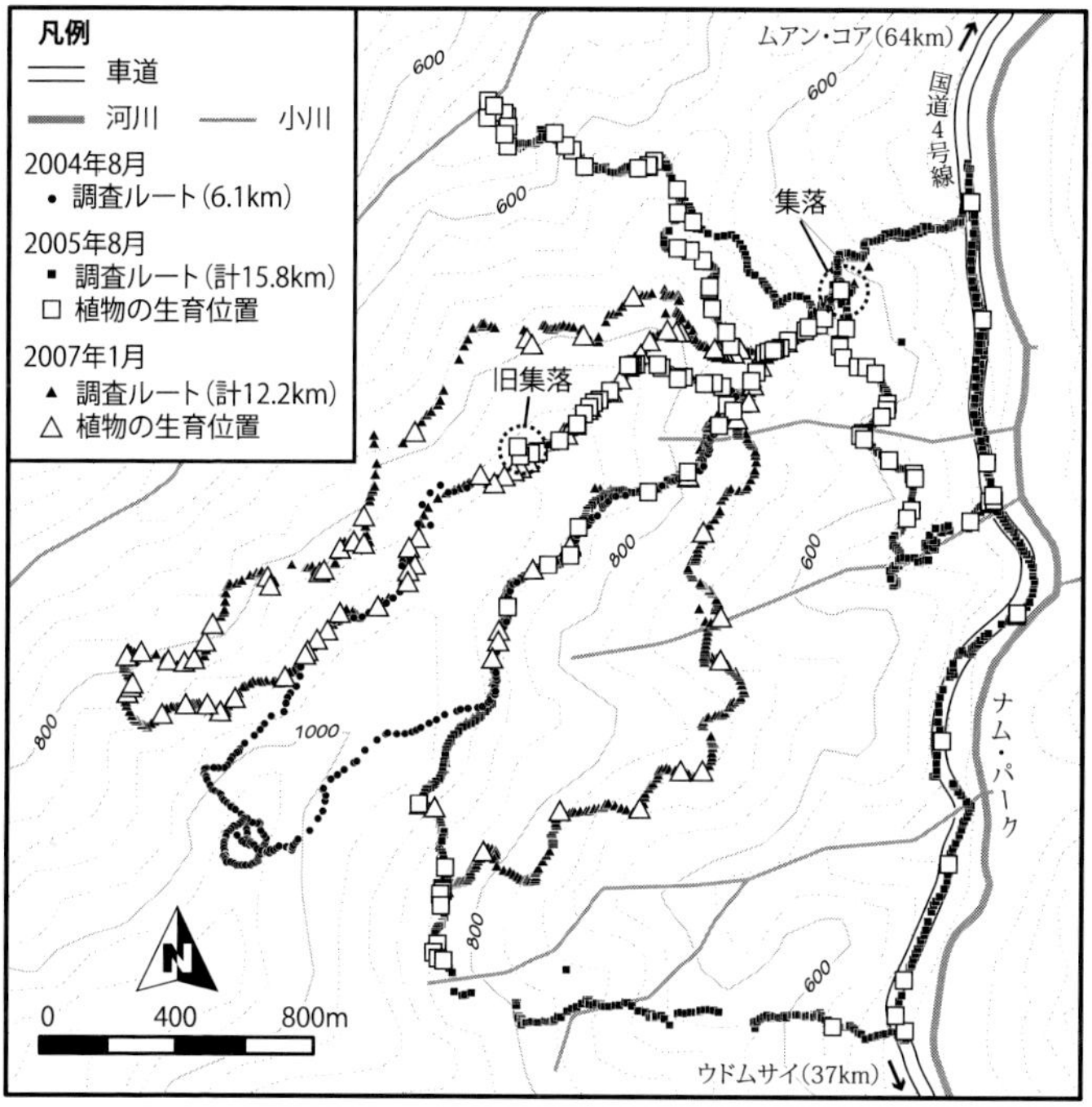

図1　村の領域と調査経路

表1　住民による村の空間区分

	空間区分	アカ・ニャウー語の名称
1	耕地	ヤー
2	休閑1年目	ヤプチュ
3	休閑2～4年目	イエッササーベイ
4	休閑5～6年目	イエククピオラ
5	休閑7～20年目	サーカー
6	休閑20年以上	サーカーカマー
7	車道	ロガマ
8	山道	ガマ
9	河川	ウチュドペ

写真1　耕地

写真3　二次林

ていくことにしよう。

三回の調査で私たちが歩いたルートを、図1にまとめた。これによってまず、東西と南北がそれぞれ約二・七キロメートルにおよぶ村の領域の範囲を確認していただきたい。この領域には集落、焼畑耕地、休閑地、二次林が含まれ、また大小の川が流れているが、住民はその空間を九つに区分していた(表1)。それぞれの区分は、日照、土壌水分、植生、攪乱の度合いなど、異なった生態的条件が組み合わされてできている。

九つの空間区分のうち、焼畑に関連して六つの区分が生じている。焼畑の最初の段階で、二次林を伐採、焼却し、耕地「ヤー」(アカ・ニャウー語、以下同じ)を開く(写真1)。この耕地で一年間だけ栽培植物を栽培した後、放棄すると、その場所はそれ以後、休閑地となる。

写真2　休閑地➡

放棄後一年目の休閑地を「ヤプチュ」(写真2)、二、三年目の休閑地を「イェササーベイ」、五、六年目の休閑地を「イェククピオラ」と呼ぶ。放棄された直後の休閑地には、草本や切り株から再生してきた樹木など、背の低い植物が生えている。やがて樹木が生長をはじめ、七年目を超えると二次林「サーカー」(写真3)が成立する。さらに休閑後二〇年以上が経過すると、深い二次林「サーカーカマー」になる。

山道を歩いている住民に、休閑地を指し示してたずねると、ここはイェククピオラである、ここはサーカーであるとすぐに空間区分の名前が返ってくる。つまり、ある場所に誰かがいったん耕地を開くと、その当事者ではない住民でも休閑後の経過を覚えているのである。

集落と耕地、休閑地、二次林は、人が一人通れるほどの幅の狭い山道でつながっている。これが、「ガマ」である。また、集落を降りると車道「ロガマ」に出る。車道は舗装されていて、トラックやバスが往来している。さらに、国道沿いには幅一〇メートルほどの川であるナム・パークが流れ、また、耕地、休閑地、二次林の中には、ところどころ小川が流れている。その周囲の空間「ウチュドペ」は、土壌の水分条件が他の空間区分と大きく異なる。

❖耕地での生業活動

次に、村の領域を構成する九つの空間区分のすべてで、何らかの生業活動が行なわれていることがわかった。

耕地「ヤー」は、第一に栽培植物を栽培する空間として使われる。耕地では陸稲を中心に、飼料用、換金用のトウモロコシや、アワ、モロコシ、ハトムギなどを栽培している。かつては、シコクビエも作っていたそうだ。このような穀類で、飯を炊いて主食にしたり、あるいは菓子や酒を作ったりしてきた。また、畑のところどころには、タロイモ、ヤムイモ、サツマイモ、キャッサバなどのイモ類、カボチャ、トウガン、ナスなどの野菜類を栽培している。これは、おかずの材料になる。耕地の一角には農作業の合間に休憩したり、食事をとったりするための小屋が設けられているが、そのそばにはトウガラシやレモングラスなどの香辛料植物が植えてあって、必要な時にすぐ使えるようになっている。

第二に耕地は、大型の家畜を放牧する空間でもある。陸稲を収穫した後の耕地に、ウシやスイギュウの群れを追い込み、放し飼いにするのである。住民の一人は、私たちといっしょに耕地に出かけたついでに群れに近づき、家畜に変わったことがないかと、様子を確かめていた。

第三に耕地は、野生植物やキノコ類の採集の空間として利用されている。耕地に生えている栽培植物以外の植物を、私たちは栽培を邪魔する雑草としてとらえがちである。ところが、住民にとっては、栽培植物といっしょに、生活に役立つ植物が勝手に生えてくるのが耕地なのである。たとえば、「フチャナボ」（セリ科ツボクサ）の葉はあえものやスープに調理されて食べられている。「シプヤム」（キク科、カッコウアザミ）の葉は、下痢や腹痛、吐き気、歯痛になった時の薬として、あるいはけがをして出血したときの止血剤として使われている。

また、耕地には、切り倒されたり、焼き尽くされたりしなかった樹木の切り株が生き残っていることがあるが、その株から再生してきた枝や葉が利用されている。「カジュルマ」（シソ科、ムラサキシキブ属）の葉は、全身にだるさを感じた時、頭痛やめまいが起きた時の薬になる。さらに、死んでしまった樹木の切り株でさえも、役に立つ。そこに生えたキノコ類、「アフフチ」（キクラゲのなかま）などが、食事のおかずになるのである。

❖休閑地での生業活動

住民は、休閑地でさまざまな野生植物を採集し、生活に役立てている。利用の対象となる植物の種類は、シダ類から裸子植物、種子植物まで幅広い。アカ・ニャウー語では、植物は大きく、草本「ヤム」、樹木「アボ」、つる性植物「チニ」に分けられている。

休閑一年目の空間区分「ヤプチュ」では、草本が発芽を始めると同時に、生き残った樹木の切り株からも枝が伸びている。二次林の樹木が生み出した種子が地面の中に埋まっていて、新しい樹木が芽を出すこともある。ここでは、耕地とほぼ同じように草本や樹木の若い葉や芽が採集され、利用される。

休閑二年目から四年目の「イエッササーベイ」から、休閑二〇年目以降の「サーカーカマー」までの空間区分では、休閑年数の推移とともに、その場に生育する植物の構成が変化する。また、同じ植物でも、若い段階から成熟した段階へと、生長の度合いが変化する。住民はその様子を見据えつつ、野生植物を採集し、利用していく。

たとえば、休閑期間の初期にしか利用されない植物がある。「ロト」(ニレ科ウラジロエノキ属)は、つる性の植物である。この植物の樹皮が、二年目から六年目までの休閑地から採集されて、ロープとして用いられる。それ以後の休閑地では、植物が生長しすぎていて樹皮が固く、ロープにふさわしくないのだそうである。一方休閑年数が経過して、二次林が成立してから、やっと利用される植物がある。「ビュ」(センダン科)や、「ログドペ」(コショウ科)は休閑七年目以降の二次林で採集される。「ビュ」はその果実を食用にする。「ログドペ」は茎を食用にしたり、あるいは近隣の市場に売りに出したりする。

生長段階に応じて、それぞれ別の部位が用いられる植物がある。「イエートウイエーマ」(ノウゼンカズラ科マルカミア属)は、耕地や休閑一年目に生える若い植物からは芽や葉が、休閑二〇年目以降の成熟した植物からは黄色い花が集められ、それぞれ食べものになっている[落合ら二〇〇八]。

さらに二〇〇六年の聞き取りの時、休閑地で採れるものとして、植物だけでなく動物をあげた住民も多かった。休閑地や二次林は、さまざまな野生動物を狩猟する空間でもある。その種類はイノシシ、リス、サル、タケネズミなどの哺乳類、鳥類、昆虫などである。このような動物は、おかずとして食卓にのぼる。昆虫の中では、ハチがさかんに利用されていて、幼虫や蜂蜜を食べたり、あるいは蜂蜜で儀礼用のろうそくを作ったりしている。

❖道沿いと河川での生業活動

　集落から耕地、休閑地の間をつなぐ山道に沿った空間もまた、野生植物を利用する場となっている。道沿いには地面が露出し、日光が直接当たっていて、人による踏みつけも多い。このような場所には攪乱環境を好む植物が生える。耕地や休閑一年目の区分と同じ草本、たとえば「フチャナボ」(セリ科ツボクサ)は山道でも採集されている。また、「アジュカル」(ウリ科トケイソウ属)は、もともとの分布地がアメリカ大陸にあって、そこから世界の熱帯に拡散した帰化植物である[NAFRI, NUoL and SNV. *op.cit.*: 143]。これが村の山道に生えていて、果実が食べ物になっている。さらに、休閑二〇年目以降の深い二次林に生育する植物を利用する場合、その中にわざわざ入り込まなくとも、林の縁の道沿いに目あての植物が生えていれば簡単にアクセスすることができる。たとえば「イエートウイエーマ」(ノウゼンカズラ科マルカミア属)の花は、道沿いの樹木からも集められている。仕事からの帰り道、花を拾って帰れば、それはその日の夕食のおかずになるのだ。

　いっぽう、国道の両側は大きく開けた空間であって、耕地や休閑一年目の空間区分と共通した種類の草本が採集されている。また、国道沿いではさかんに採集されるものの、耕地や休閑一年目の空間区分には見当たらない、「セホコカ」(ウリ科ツルレイシ)のような植物が生えていて、葉や果実が食用になる。

　ここまで、空間区分に応じて、特定の植物が利用される例を見てきたが、そのいっぽうで、休閑地から道沿いまで広く採集されている植物もある。その代表が「ソロ」(ラタン)である。芽は食用になる。つる性の茎はかごやマット、テーブルを編む素材、あるいはロープとして用いられる。葉は屋根を葺くための素材となる。実に用途の多い植物である。また、「ミチュミレ」（イラクサ科ヤブマオ属）の皮をさまざまな場所から集めて乾燥させておくと、商人が買い取っていく。

さらに、耕地や休閑地、道の区分と比べ、川ではまったく異なった植物が利用されている。川のそばの湿地に生える「ガードゥ」（バナナのなかま）はそのつぼみをスープや包み焼きにして食べる。「ブーチ」（サトイモ科サトイモ属）の芽や葉は、包み焼きやスープ、煮物に調理され、またブタのえさとしても使うことができる。水中に生育する緑藻類「ウーユ」（シオグサ科シオグサ属）は、日本で見る青海苔のように乾燥させて保存しておき、軽くあぶって香りをひきだしてから食べる。さらに川では魚類、ウナギ、エビ、カニ、カエル、おたまじゃくしといった動物が捕獲され、食べものとして利用されている。

四　植物の用途

❖衣食住

住民は、暮らしのどのような場面に植物を用いているのか、その用途の広がりについて見てみよう。生活の基本となる衣食住の中でも、食べものになる植物の種類は実に多い。芽、葉、茎、つぼみ、花、果実、根といったあらゆる部位が食用にされている。そして、食事の際には、生のまま食べるほか、ゆでる、あえる、いためる、スープにする、煮込む、包み焼きにする、つけものにするなど、さまざまな調理方法がとられている。ラオス語で「チェーオ」と呼ばれる、つけだれの素材に加えることもある。また、おやつとして、「シーマ」(ウルシ科ヌルデ)や、「シゲアシ」(キョウチクトウ科アマロカリックス属)などの果実が、生で食べられている。

衣服については、ほとんどの男性や子どもが西洋式のTシャツやズボンを着ているのに対し、成人した女性には長い髪を束ねた上にヘッドドレスをかぶり、伝統的な衣装を身に着けた人が多い。ヘッドドレスのパーツとして、「デニョ」(アカネ科)の根でラタンの茎を赤く染めて使っている。衣装はジャケット、インナー、スカート、ベルト、脚半からなる。女性は、焼畑で栽培したワタをつむぎ、機で織った布で衣装を作る。布を美しい紺色に染めるためには、ナンバンアイ(マメ科コマツナギ属)あるいはリュウキュウアイ(キツネノマゴ科)と「レウ」(ノボタン科ノボタン属)、「シサ」(クワ科オオバイチヂク)、石灰、酒を混ぜた染料を使っている(写真4)。ナンバンアイやリュウキュウアイは焼畑で栽培せず、休閑地の一角に小さな専用の畑を設け、そこで栽培していた。また、タイやミャンマーに居住するアカの女性たちは、ジュズダマのなかま(イネ科)の種子をビーズとして使ってきたことが知られている[落合二〇〇七b]。この村の女性たちも、かつてはヘッドドレスやアクセサリーなどの飾りとして、ジュズダマのなかま「ロバ」の種子を使っていたが、現在ではほぼ完全にプラスティック・ビーズに置き換わっている。

住宅については、二次林で選んだ樹木がその建設に使われている。二〇〇六年一二月に自宅を改

←写真4 染料を調合する

Sirichai says
many at fault
for violence
Singapore

築した副村長によると、あらかじめ世帯のメンバーが二次林で建材になる樹木を見つけて伐採し、角材を作っておく。樹種によって、屋根の梁に向いている「ポロ」（モクレン科モクレン属）、柱に向いている「ブーシ」（ツバキ科ヒサカキ属）、板に向いている「マソ」（トウダイグサ科）などがあり、使い分けている。適当な樹木を見つけるのには時間がかかる。彼の場合、一年以上かけて必要な本数を準備したという。出来上がった角材は、二次林の中にやぐらを組んで、その上に載せて保管しておき、いよいよ改築する段になったら、他の世帯の人々にも手伝ってもらって集落まで運びおろす。また、木材のほかに竹材も利用される。屋根にはタケの一種「ハーボ」を縦横に組み、その上に別の一種「ハーカ」を平面状に広げて瓦のように用い、屋根を覆っていく。

さまざまな生活のための道具や用具を作る素材も植物から得ている。「シーマ」（ウルシ科ヌルデ）の幹を農具の柄にする。「ハラババ」（アカネ科）の根をたたいて水と混ぜると、糊になる。「アルママ」（タケの一種）で土間を掃くほうきを作り、同じく「ハーソ」でマットを編む。川で魚を捕る時には、「チグ」（マメ科）の繊維で編んだ網（写真5）ですくい、あるいは「テサンカドゥ」（未同定）の毒を川に流す。鳥を捕まえる時には、「ウネ」（未同定）でトリモチを作り、樹木に塗ってわなを仕掛ける。そして、煮炊きのための薪も、休閑地や二次林から得ている。

❖身体をケアする

住民には、野生植物を使ったコスメティックスがある。「ポロ」（モクレン科モクレン属）の花は香水になる。

←写真5　植物の繊維で魚網を編む

デートする男性が、ポケットにしのばせるのである。同様に「アブアテ」（アカネ科）の花も、その香りを楽しむのに使われる。歯をきれいにし、虫歯を予防するには「マロ」（未同定）の根や枝の皮を噛む。

病気や怪我の時には、さまざまな薬用植物が使われる。肺病、腹痛、胃痛、下痢、便秘、嘔吐、風邪、疲労、熱射病、めまい、歯痛、腰痛、出血、打撲、骨折といった幅広い症状に対応する薬用植物があって、植物体の一部を直接服用したり、外用したりしている。また、耳の痛い病気（中耳炎）になったら、「アチボチョイ」（オオホザキアヤメ科オオホザキアヤメ）を囲炉裏の上に置いておく、頭痛やめまいがしたら「ムジュムジュ」（ツヅラフジ科ホウタイツヅラフジ）の蔓を頭に巻く、熱射病の時には、「パゴウ」（トウダイグサ科）の葉を頭につけるといったように、植物を間接的に使って治療する例もある。

出産の時には、助産士としてトレーニングを受けた女性が介助するほか、家族が植物を使ってケアする。分娩の時の出血に対処するためには、「ゴソゴマ」（キク科タカサゴギク）や「シゴシナ」（エゴノキ科エゴノキ属）の葉を妊婦の体の下に敷いておく。特に「ゴソゴマ」の葉は、暖めておくとよいという。産後、母親の体調のすぐれない場合には、「ニュマチュカ」（ナス科ナス属）の若芽を水に浸して飲ませる。生まれた赤ちゃんが無事に成長するためには、「レグレニ」（グネツム科グネツム属）の葉や茎を家の入り口に貼り付け、悪い精霊を遠ざける。

❖冠婚葬祭

新年の祭りには、「ラチュウ」（未同定）あるいは「シサ」（ツバキ科イジュ）の幹を四本とつる性植物「ルネ」(未同定)を使って、ブランコを作る。また、「ハーボ」(タケの一種)のさおを地面に立て、その脇に小さなテーブルを用意して先祖の霊を祭る。餅を搗いたら、乾燥しないように「アパ」(バナナの一種)の葉でくるんでおく。

結婚式には、「ハーボ」(タケの一種)で祭壇を、「ハーカ」(タケの一種)でコップを、「アボアジ」(未同定)でイスを作って、儀式の準備をする。

家を新築する時には、柱の一つに「パロガポ」(バナナの一種)を縛りつけ、あるいは、「ブーシ」(ツバキ科ヒサカキ属)や「ソガ」(サトイモ科ラフィドフォラ属)の葉を使って、火災予防や家内安全を祈願する。

誰かが亡くなったら、「ポロ」(モクレン科モクレン属)あるいは「ソマ」「ズー」(いずれも未同定)の幹を使って、棺桶を作る。遺体が腐敗するにおいがもれないよう「ブーネ」(ニレ科)の樹木からとった糊で、棺桶の蓋と本体を接着しておく。葬式に参列する時には、「シマナマチ」(フウチョウソウ科フウチョウボク属)の茎をお守りとして身につける。遺体を埋葬する時には、水を入れたヒョウタンを持った老人に、「ブーシ」(ツバキ科ヒサカキ属)の杖をついて森に行ってもらい、お告げを聞いてふさわしい場所を指し示してもらう。

❖現金収入

休閑二〇年日以降の二次林から、「スーソスーシ」(ラン科)を採集し、中国の会社へキロ当たり五〇〇〇キープで販売している。先にあげた「ミチュミレ」(イラクサ科ヤブマオ属)も中国に向けて出荷されている。これらは、中国の需要に対応して最近始まった新しい商売である。このほかにも、ラオス国内の市場に向けて、香辛料として使う「ログドペ」(コショウ科)の茎やカルダモン、食用のタケノコやガの幼虫、蜂蜜、ほうきを作るためのタイガーグラスなどを売って、現金収入を得ている。

おわりに

フエイペー村でのフィールドワークによって、明らかになったことをまとめてみよう。まず、住民たちが、自分たちが住んでいる場所を、耕地、休閑地、二次林、道沿い、河川といった九つの空間区分によって認識していることがわかった。つまり、村の領域は、この空間区分の組み合わせによって成り立っているのである。次に、住民はあらゆる空間区分において栽培植物の栽培、家畜の飼育、野生植物の採集、野生動物の狩猟や漁撈といった生業活動を行なっていて、その結果得られる生物資源全体が住民の生活を支えていた。さらに空間区分のうち、焼畑に関係した空間は、耕地から休閑地、二次林へと移り変わっていく。そして休閑後の経過年数に応じて、利用される植物の植物が変化している。つまり、焼畑にともなって空間区分の生態環境が変化し続ける中、そこで行なわれる生業活動の全体によって住民の生活が支えられているのである。

この事実は、私たちに何を問いかけているのだろうか。

❖時間軸を含んだ土地利用への理解

まず、焼畑の村の土地利用を理解するためには、空間という水平面の上に、時間の経過という奥行きを重ねてとらえる必要があるということである。

私たちが作成を目指した有用植物村落地図は、二〇〇五年なら二〇〇五年というある時間を区切って、その時点の村の領域のどこで、どんな植物が生え、それが何に利用されているかを表すことを目指していた。しかし、村の空間区分に、焼畑耕地から二次林に至るまでの六つの区分が含まれていたことによって、結果としてこの地図は時間軸を含んだものとなった。例えば、現在耕地として図示された場所は、七年後には二次林になる。休閑五〜六年目の「イエッサキュキュピオラ」は、あと一五年たてば「サーカーカマー」になる。もちろん逆に、現在、休閑一年目の「ヤプチュ」は、前年までは耕作をしていた場所であり、その前は二次林「サーカー」あるいは「サーカーカマー」だったのである。

焼畑の村で、目に見えている耕地、休閑地、二次林の状態は一時的なものであり、恒久的にそのままであり続けることはない。このことは、たとえば水田がイネを栽培する空間として、半永久的に使い続けることを前提に造成されるのとはまったく違った考え方が、焼畑にはあることを示している。焼畑に関連した空間区分においては、過去から現在、そして将来に至る連続したプロセスを見通す目が必要なのである。

❖「分けたがる性癖」から脱却した理解

次に、焼畑を行なう住民の生活を一方的に分けることに無理があるということである。

第一に、焼畑を営む住民のことをどのように表現したらいいのだろうか。畑を耕しているから、農民だろうか。家畜を飼っているから、牧畜民だろうか。木材を切ってくるから、林業者だろうか。野生植物や野生動物をとってくるから、狩猟採集民だろうか。産物をマーケットに販売しているから、生産者だろうか。答えはイエスであり、ノーでもある。実情はそのすべてなのである。ここを誤って、耕作の部分に重きを置いてしまうと、焼畑民は農民の一つにまとめられ、その結果、平地の農業の論理を押し付けられることにもつながりかねないのである（本書一〇章参照）。

第二に、焼畑の土地を区分し、その機能を固定してしまうことにも問題がある。耕地は農業を行なって農産物を生産するところ、二次林は木材や非木材林産物を得るところというように、空間とそこでの生業活動を一対一の対応関係で把握し、それぞれの場所での生産効率や活動の経済性を求める考え方は、焼畑にはふさわしくない。耕地であっても、二次林であってもそこで活用されている生物資源は、きわめて重層的であり、複雑である。また、焼畑のサイクルの中には、耕地でも森林でもない、休閑地という空間があることに注意を向けなければならない。休閑地の空間区分は、次の耕作のための準備をしている場であり、また、耕地から二次林へ移り変わる途中に生育する植物を利用している場でもある。つまり、空間区分とともに変化して行くプロセスとして、焼畑に関連した生業活動を受け入れる目が必要なのである。

佐藤［二〇〇七、三三一―三三二］は、タイ中西部におけるフィールドワークでの出来事をもとに、「分けたがる性癖」について指摘している。本章でのアプローチと重なる部分があるので、以下に引用してみたい。

村人の資源利用の実態を何らかの方法によって可視化したいと思っていた私は、村長に集落の大まかな配置図を見せた後に、材木、薬草、動物、薪といった個別資源ごとに、どの場所に採りに行くことが多いのか、地図上に上書きしてほしいと頼んだのだった。私が出来上がりとしてイメージしていたのは、個別資源ごとに異なる採集場所が描かれた「リソース・マップ」であった。ところが、村長はしばらく悩んだ後に、私の期待とは裏腹に、自宅地点から四方八方に矢印を伸ばし始めた。彼らにとって資源とは、その時々の必要に応じてどこへでも採りに行くものであって、個別資源ごとの場所は特に決まっていなかったのである。このとき、私は自分が知らずに陥っていた西欧的な分析科学に根を持つ「分けたがる性癖」に気づいてハッとした。人々が必要に応じてどこにでも資源を採りに行く自由を有しているという半ば当たり前の事実に、私は新鮮な満足感を覚えたのと同時に、生きるためならところ構わず足を運ばなくてはならない彼らの生活の厳しさを目の当たりにしたのだった。

分けることによって理解することは、分けることによって管理することへとつながる。佐藤［二〇〇二〕が指摘するように、それまでローカルの論理で地域に応じて用いられてきた空間や資源を、中央権力が「読みやすく」制御しやすいように配置しなおし、政府の定める単位を規則に応じて規格化する「シンプリフィケーションの論理」は、焼畑の空間で資源を活用している人たちに迫っている。だが、分けることになじまない人々の暮らしがあり、空間と資源への認識があることを、はっきりと確認しておかなければならない。

最後にこんな結論を導いておこう。

焼畑とは、連続するプロセスである。人からの働きかけによって移り変わる生態環境と、その中で栽培植物の栽培、家畜の飼育、野生動植物の利用をすべて行なう複合した生業のありかた、それらが相互に組み合わされたプロセスが焼畑なのである。時間の変化とともに変化する空間とそこをすみかとする生き物を利用している人々がいて、時間軸を無視して地理的な空間に線を引くことになじまない暮らしがあることを、私たちは認識する必要がある。

❖環境保護の手段としての理解

二〇〇七年一月、フィールドワークを行なったフエイペー村に、思いがけない変化が生じていた。それは中国の影響によるものであった。アヘンを採るために栽培されているケシを撲滅し、代わりに天然ゴムを生産するパラゴムノキを植えようというプロジェクトが入ってきていたのである。既に、住民の一部がこれに参加し、村の領域の一部が将来のゴム園として準備されていた。

パラゴムノキのプランテーションは、ポンサーリー県だけでなく、ラオス北部で大々的に展開されている（本書一一章参照）。階段状のテラスに広がる広大なゴム園は、ラオス北部を旅行する人にとってあたりまえの景観になりつつある。だが、ゴム園以前にそこが焼畑耕地や休閑地や二次林であったこと、焼畑を続けてさえいれば、すみかを奪われることのなかった生き物がいたことを思い出してほしい。つまり、持続的な焼畑を営む住民によって二次林の空間が確保されることにより、結果的に生物多様性が維持されていたのである。中国の経済発展に巻き込まれて無理な山地開発をするよりも、焼畑の空間全体が自然と文化が融合した景観として保全すべきものであること、そこには焼畑を営んできた人々の在地の知恵や技術が詰まっていることを、ラオスは誇ってもいいのではないだろうか。

引用文献

綾部恒雄　二〇〇三　「「後住」少数民族としての山地民——問われる法的権利」綾部恒雄、林行夫編『タイを知るための六〇章』明石書店、一四五—一五〇頁。
尹紹亭　二〇〇〇　『雲南の焼畑——人類生態学的研究』農林統計協会。
大城直樹　一九九六　「風土と地理」石井米雄、綾部恒雄編『もっと知りたいラオス』弘文堂、四四—六八頁。

落合雪野　二〇〇三「雑穀をめぐる農業と生活のいとなみ――東南アジア大陸部山地のフィールドワークから」『東北学』九号、三〇〇―三一一頁。
――　二〇〇七a「山地民は何を食べてきたか――耕地から得られる食材を中心に」『自然と文化そしてことば』三、四二―四九頁。
――　二〇〇七b「飾る植物――東南アジア大陸部における種子ビーズ利用の文化」松井健編『資源人類学六、自然の資源化』弘文堂、一二三―一五九頁。
落合雪野、小坂康之、齋藤暖生、野中健一、村山伸子　二〇〇八「五感の食生活、花からサラダへ――山地林の環境」河野泰之編『生業の生態史』弘文堂。
久間一剛　一九九〇「焼畑と森林破壊」矢野暢・高谷好一編『講座東南アジア学二、東南アジアの自然』弘文堂、一七一―一八六頁。
河野泰之　二〇〇五「森を使いまわす知恵」『科学』七五、四六二―四六五頁。
佐藤　仁　二〇〇二『希少資源のポリティクス――タイ農村にみる開発と環境のはざま』東京大学出版会。
――　二〇〇六「資源と民主主義――日本資源論の戦前と戦後」内堀基光編『資源人類学一――資源と人間』弘文堂、三三一―三五五頁。
佐々木高明　一九七〇『熱帯の焼畑』古今書院。
鈴木雅久　二〇〇三「農業」ラオス文化研究所編『ラオス概説』めこん、三二五―三五九頁。
ダニエルスC.　二〇〇七「山地民があゆんできた道」『自然と文化そしてことば』三、六―一七頁。
橘　礼吉　一九九五『白山麓の焼畑農耕』白水社。
野本寛一　一九八四『焼畑民俗文化論』雄山閣。
百村帝彦　二〇〇三「保護地域における森林管理――ラオス南部・サワンナケート県の事例」井上真編『アジアにおける森林の消失と保全』中央法規、二一九―二三六頁。

プリマック R. B.、小堀洋美　一九九七『保全生物学のすすめ――生物多様性保全のためのニューサイエンス』文一総合出版。

松本悟、ハーシュ P.　二〇〇三「メコン河流域国の森林消失とその原因」井上真編『アジアにおける森林の消失と保全』中央法規、一三二―一四八頁。

安井清子　二〇〇三「民族」ラオス文化研究所編『ラオス概説』めこん、一七一―二〇五頁。

藪　四郎　一九九四「民族と言語」綾部恒雄・石井米雄編『もっと知りたいミャンマー』弘文堂、五八―六三頁。

横山　智　二〇〇四「森林利用と森林管理の視点からみた東南アジアの焼畑」『自然と文化』七六、八―一二頁。

――――　二〇〇五a「照葉樹林帯における現在の焼畑」『科学』七五、四五〇―四五四頁。

――――　二〇〇五b「山で暮らす豊かさ――ラオスの森の恵み」『地理』五一、（一二）、三一―三七頁。

リーチ E. R.（関本照夫訳）　一九九五『高地ビルマの政治体系』弘文堂。

Anderson, E. F. 1993. *Plants and People of the Golden Triangle: Ethnobotany of the hill tribes of northern Thailand*. Oregon: Dioscorides Press.

Chazée, L. 1999. *The People of Laos, Rural and Ethnic Diversities*. Bangkok: White Lotus.

NAFRI, NUoL and SNV. 2007. *Non-Timber Forest Products in the Lao PDR, A Manual of 100 Commercial and Traditional Products*. Vientiane: NAFRI.

Vietnam Museum of Ethnology. 1998. *Vietnam Museum of Ethnology*. Ho Chi Minh City: Tran Phu Printing Company.

小論4　土壌から見た焼畑農業

櫻井克年

❖東南アジア大陸部における現状

東南アジア大陸部では、山地で行なわれている農業のほとんどが焼畑農業である。そして、その焼畑耕地では、主に村人の主食となる陸稲が栽培されている。

都市から離れた山地に大規模な灌漑施設を設け、水田を開くなどは、経済的に見て、ありえないので、焼畑農業は山地で村人が営むことのできる唯一の本格的な生業である。一方、水が集まる低地や谷では、土地のほとんどが小さな水田になっている。陸稲の収量が不安定な焼畑農業にのみ依存していては、生活そのものが不安定になるから、水田稲作で補っているのである。

一家族五、六名が一年間、焼畑農業によって生産した米を主食として生活するのには、毎年一へクタール程度の耕地が必要である。水稲と比べると、陸稲の単位面積あたりの収量は半分以下しかないために、こんなに広い耕地が必要なのである。また、焼畑農業では、耕地を拓くために樹木を伐採し、乾燥させ、焼却する作業や、陸稲を栽培するための播種から、除草、収穫にいたるまでの作業に、水田稲作の何倍もの手間がかかる。さらに、樹木の焼却によって得られた灰に含まれる養分が土壌中に残る期間はほぼ半年から一年程度である。このため、無理を承知で二年続けて焼畑で陸稲を栽培した場合、焼却用の樹木が少ない二年目には、土壌中に蓄積された養分そのものが不足する。また、雑草の種子が焼ききれず、すぐに繁茂するため、一年目と同等の満足な収量を得ることが難しい。

ラオス北部では、政府による土地政策の変更に伴い、各家族が利用できる焼畑耕地の面積が絶対的に不足している。休閑期間の短縮も避けられない。今後人口が増加し続けると、米不足となる家族の数は増加の一途をたどるだろう。家族の生活を支えるには、男性が出稼ぎに出かけざるを得ない状況になっており、山村での労働力も不足する。つまり、このままでは焼畑農業を続けていくこと自体、不可能になっている。

ラオス政府は環境保全を意図し、焼畑農業を制限した。これによって、ラオス北部の環境が保全される方向へ向かっているかのように見える。しかし、東南アジアのほとんどの国で天然林が消失してしまった現在、焼畑後の休閑地に成立する二次林は、生物資源の宝庫であり、未来の人類にとってかけがえのない財産と考えることもできる。真の環境保全は、焼畑耕地の縮小ではなく、焼畑農業の保全によって初めて達成できる、そう考えられはしないだろうか。

この小論では、焼畑農業の保全を主張するための根拠の一端を、土壌生態環境から考えてみたい。

❖土壌へのアプローチ

農業は土壌を含めた環境条件に大きく依存するが、中でも焼畑農業はその度合が強い農業形態である。しかし、意外なことに、焼畑農業における土壌生態環境の検討はほとんど行なわれてこなかった。その理由としては、山地が多く現地調査が容易でないこと、あまりにも広大な面積が調査の対象となること、焼畑耕地の土壌生態環境が多様で普遍性を持った結果が出にくいこと、水稲と比べて陸稲の生産性が低いために、もし調査したとしても農業上の経済的価値が低いことなどが考えられる。

東南アジア大陸部、特に焼畑農業の盛んな山地部での調査研究を進める人々から「陸稲の生産性は焼畑村の生活基盤そのものを左右する。生産性は土壌に大きく依存するだろうから、現地での土壌の見方について教えてほしい」と要望されることも多い。私たちのグループではこれまでに、ラオス北部、タイ、マレーシアなどで焼畑農業に伴う土壌生態環境の研究に取り組んできた。これらの経験から、土壌生態環境と土地利用形態に関して、焼畑農業の理解に役立つ数々のヒントを紹介する。

考えてみることにする。

❖土壌生態環境のとらえ方——森林、水田との比較から

まず、山地から低地までを含む一つの川沿いの集水域全体の土地利用との関連から、焼畑農業を考えてみることにする。

農業が依存する自然環境要因のうち、営農形態を決める最も重要な要因は水資源の有無である。すなわち、稲作を行なう場合、水の得やすい低地や谷では水田、それ以外の傾斜地は焼畑となる（写真1）。もちろん年間の降水量や降雨の分布パターン、灌漑設備の有無も水田面積の増減に影響を及ぼすが、ラオス北部の場合、耕作可能な面積のうち、一割から二割を水田が、残りの八割から九割を焼畑が占めることになる。

第二の要因は土壌肥沃度である。自然のままの土地を耕地として利用する焼畑にとって、その土壌肥沃度は作物の十分な生産性を保証するほどには高くない。山地部における森林、低地での水田稲作との比較から、焼畑農業がどのような仕組みで成り立っているのか詳しく考えてみよう。

森林の樹木は、少ない養分を効率よく循環させながら成長していく。樹木が大きくなるということは、光合成によって大気中の二酸化炭素を固定し、自らの体の骨格となる幹を太らせ、伸ばしていくことである。無機栄養分はほとんどが葉や細い枝などに含まれており、光合成を通じて個体の成長のために利用されている。要らなくなった成分は枯葉に蓄えられ、それが落葉として地上に戻される。落ちた葉や枝は、小動物や微生物によって速やかに分解される。もともと養分の乏しい土壌に開放された葉や枝の成分は、土壌中を移動する間もなく、再び樹木の根に吸収される。熱帯で

⬅写真1　焼畑耕地（2003年3月、ルアンパバーン県シェングン郡）

は温帯と比べると、二倍以上の落葉や枝が地上に供給されるが、それが、二倍以上の速度で分解され、再吸収されると言われている。気温の高い熱帯では、一年の光合成量も温帯より多いため、生育速度が二倍以上になる樹種も多数見られる。

実のところ、自然状態の土壌肥沃度は熱帯でも温帯でもほぼ同じである。なぜなら、土壌のもととなる岩石中の養分含量には、熱帯でも温帯でも大きな差はないからである。つまり、森林生態系全体で見ると、バイオマス量の大きな熱帯林では養分がより多く樹木中に蓄えられているが、バイオマス量の小さな温帯林では樹木と土壌とが折半している、ということになる。

焼畑農業では、森林に蓄えられた養分を引き出すための重要な手段が、樹木の焼却なのである。火入れによってカルシウム、カリウム、リンはその半分程度が、窒素は九七パーセントが空中に放出されてしまうものの、焼却後に得られる灰は作物への養分供給源として活用できる。さらに、熱帯の焼畑農業では一回の作付け終了後、より短い休閑期間で次の作付けが可能になる。そのからくりは、土壌を含めた生態系内での養分循環速度や植物の成長速度が高いことによるのである。

第三の要因は、土壌酸性である。東南アジア大陸部の山地の土壌は、ある程度風化が進行しているので、カルシウムやマグネシウムなどのアルカリ性を示す無機養分は既に土壌中から流れ去ってしまっている。その上、やっかいなことに、土壌中から溶け出しにくいアルミニウムが高濃度で蓄積して、酸性のもとになっている。そのため、土壌は強い酸性を示す。土壌酸性は植物の生育に大きな負の影響を与える。そこで、焼却後の灰に含まれるカルシウムやマグネシウムが、土壌酸性を

写真2　集落付近の水田（2003年3月、ルアンパバーン県シェングン郡）

中和する役割を担っている。

つまり、東南アジアの山地部の土壌は、肥沃度が低く、酸性が強い。しかし、このような場所で、化学肥料や石灰を使って農業を行なうことは経済的に困難である。したがって、火入れを伴う焼畑農業を選択することが、土壌生態環境の視点からは、最善の方策ということになる。

このことは、水田稲作との比較によっても明らかになる。先に述べたように低地や谷では水田が開かれている（写真2）。なぜ、小さな面積でも、水田ならば稲作が続けられるのか考えてみよう。水田では山から流れてくる水を溜めることによって、水に溶けて運ばれてくる養分や、それを保持するための粘土が絶えず供給されることになる。水に溶けた養分の濃度はけっして高くないが、水をためている期間が長いために、継続的かつ効率的に水稲に養分を供給することができる。さらに、水をためている間に、水中に溶けている酸素が徐々に減って、土壌は還元状態になる。還元状態の時には、鉄やマンガンなどが溶け出す反応や酸性の元になる水素イオンを消費する化学反応が進行するので、土壌酸性が中和されるのである。

したがって、施肥をすることなく農業を行なう場合、低地では水田、傾斜地では焼畑、という土地利用形態の分化は、土壌生態環境から見ても、きわめて必然的な結果と言えるのである。

❖村レベルで考える——集水域全体からの視点

一方、焼畑農業によって山地部の土壌が侵食される現象が、土地保全に反するとして批判の対象になってきた。しかし、本当に土壌侵食は大問題なのだろうか。私はこの問いにはノーと答える。

山地部の多くの村は、農業用水もさることながら、生活用水が必要なため、複数の川を中心とした集水域の上に成り立っていることが多い。もちろん、集水域内には焼畑耕地も水田もある。巨視的に見れば、焼畑農地から流れ出た土砂が毎年安定的に水田に供給されることによって、水田稲作での生産力が担保されていると考えることもできる。つまり、集水域全体で見れば、焼畑農業における土壌侵食もまた必要ということになる。

ところが、そこに住む村民にとっては、問題はそう単純ではない。一つの家族が実際に利用している耕地は焼畑耕地のみであることが多いが、水田を少し持っている場合もある。水田の有無で米の安定的な供給力が大きく左右されるため、個々の農家レベルで見れば、生活の安定性に差が出てしまうことになる。もし、これからも焼畑農業を中心とした村の生活を続けていこうとするならば、村全体の土地の分配を考え直すことが必要になるだろう。

❖現地調査のすすめ

ここまで述べてきたように、焼畑農業の持続性を明らかにする上で、土壌生態環境へのアプローチを欠かすことはできない。焼畑農業を土壌生態環境から調査したいという人のために、ここでは私たちの調査方法を簡単に紹介しておこう。

できるだけ長期間村に滞在しながら少しずつ調査するのが望ましい。基本的に、略図とGPS、フィールドノート、カメラを持って主要な耕地を歩く。耕地に着くまでの道中の周囲の状況を、できるだけ詳細に記載する。その時、地形は尾根か、中腹か、谷か、小川はどこに流れているか、自然林は川筋のみ分布しているか、他にもあるか、二次林の密度や草本、木本の大きさはどのような様子かなどが、必須事項である。焼畑耕地に関しては、一枚の面積、傾斜の程度、斜面の向き、稲の背丈、土の色、地表に見える礫や岩の量などを記録しておく。

土壌生態環境を評価するための調査では、まず、一枚ごとに耕地の概略図を描く。周囲の畑、二次林の状況についても簡単な記載をとっておく。焼畑耕地は全体が傾斜地なので、一枚の中心付近で、尾根筋でも谷筋でもない、地表面ができるだけ平坦な斜面の中腹を探す。耕地の平均的な土壌特性

写真3　焼畑耕地の土壌（2003年3月、ルアンパバーン県シェングン郡）

を知るために、この地点で深さ一メートルまでの土壌断面調査を行なう（写真3）。土壌断面調査では、土層の厚さや境界の様子、色、土壌の構造、土の性質、粘着性や可塑性、根や礫などについて詳細に記載する。

もし、短期間で調査を終わらざるを得ない場合には、稲刈り直前の時期に実施するのがよい。ラオスやタイの山地部では、一〇月末から一一月中旬ころである。陸稲の栽培状況が最もよくわかるし、必要ならば収量調査もできる。また、この時期の土壌サンプルを採取しておけば、栽培後に休閑される直前の土壌肥沃度を把握しておくことができる。今後の焼畑耕地の行方を追跡するためには、ぜひ必要なことだと思う。

焼畑農業がなくなるということは、ともに貴重な生物資源が消えゆくことを意味する。また、焼畑農業中心の生活や文化が消えゆくことでもある。それらを阻止し、真の環境保全と持続的社会の構築をめざすために、今後も引き続き、土壌生態環境の調査研究を展開させていきたい。

第10章　開発援助と中国経済のはざまで

横山　智
落合雪野

はじめに

まず、一枚の看板から見ていただこう（写真1）。画面を左右二つに分けて、対照的な集落のようすが描かれている。

右側の集落には、トタン屋根の小綺麗な家と手入れされた井戸。小川で釣りをし、水田や果樹園で農作業にいそしむ住民の姿。緑の水田と青々とした森林。豊かな集落を描いたこの部分には「豊かな森は豊かな生活」（パー・ソムブン・シビット・ソムブン）の標語が踊る。一方左側の集落には、茅葺き

写真1　NGOが立てた「豊かな集落」と「貧しい集落」の看板（2004年8月22日撮影）

の薄汚い家と手入れされていない井戸。樹木を伐採し焼却する人、働きもせずに話し込んでいる住民の姿。スイギュウの過放牧で植生が失われた土地、焼畑が原因で表土が露出した山。貧しい集落を描いたこの部分には「森林破壊は貧困な生活」（タムラーイ・パーマイ・カーンダムロンシビット・ニャークチョン）の標語が豊かな集落との違いを強調している。

二〇〇四年八月、私たちがマイ・ナータオ村を訪ねた時、最初に目に入ったのが、この看板であった。先進国のＮＧＯの名前が入ったこの看板は、そのＮＧＯが自ら立てたもので、農業・農村開発プロジェクトがこの地で実施されていることを伝えている。

私たちは、綿々と受け継がれる住民たちの伝統的な生業活動、特に野生植物の利用について調査するためにマイ・ナータオ村を訪れた。この調査は一つの村を対象に、住民とともに集落内の道を歩き、住民が日常生活に利用している植物を見つけたら、その利用方法、利用部位などのデータを聞き取ると同時に、生育位置をGPS（全地球測位システム）で記録して詳細な地図を製作するもので、私たちは「有用植物村落地図」と称している［横山・落合二〇〇五］。

その調査の対象として、焼畑を実施していること、住民の生活行動や意識が一般的なラオス農山村と大きく違わないこと、たとえば開発援助などの外部プロジェクトが強く影響していないことを条件に村を探していた。このような条件から言うと、マイ・ナータオ村は、焼畑から常畑への転換を支援するNGOのプロジェクトが入っており、調査村としてはふさわしくなかった。しかしさまざまな事情から、初めての有用植物村落地図の調査を、二〇〇四年八月、試験的にマイ・ナータオ村で実施することにしたのである。

この調査は、初めてにしてはうまくいった。第一節で説明するように、住民の伝統的な植物利用の状況を十分に把握することができた。しかし、NGOのプロジェクトによって焼畑が減少してい る最中であったため、翌年以降も調査を継続するのは困難であった。そこで、二〇〇五年以降の調査は、ポンサーリー県コア郡フエイ・ぺー村で実施したのである（本書第9章参照）。

だが、私たちはマイ・ナータオ村のことが常に気になっていた。焼畑をしていた住民は、うまく常畑に切り替えることができたのだろうか、常畑には何を植えたのだろうか、その結果どのように土地利用が変化したのであろうか。このような新たな興味を抱いた私たちは、二〇〇七年一月に再びマイ・ナータオ村を訪れた。

本章で取り上げるウドムサイ県ナーモー郡マイ・ナータオ村は、カムー族の村である。中国との国境のゲートがあるメーオチャイまで約二二キロメートルの位置にある。一九七七年にナーモー郡の東側に接するラー郡の山地に位置する三村から、水田適地を求めて現在の位置に移住してきたのがこの村の始まりで、歴史は浅い。二〇〇六年末の時点で一九二人、三三世帯、四一家族が住む、比較的小さな村である。

二〇〇七年の二回目の調査では、土地を詳細に測量し、各世帯に分配された土地の利用状況や、古老たちのライフヒストリーについて聞き取りをした。さらに隣接する他の村へ出かけて、農林産物仲買人への聞き取りもした。三年前に訪れた時にあったものが消え、そしてなかったものが入ってきて、村の生活は大きく変化していた。

本章では、私たちが目にしたもの、そして住民から聞いたことをもとに、ラオス北部の中国国境に近い農山村では土地利用と生活がどのような変化を迎えているのか、そして、その変化はどのように与えられたものであったのかについて論じてみよう。

一　伝統的な生業と焼畑をめぐる制度

❖植物の利用

ラオス北部の農山村に住む住民たちが、日々の生活の中でもっとも普通に営む生業、それが生物資源の採集である。自宅と農地を往復する時、用事で隣村に行く時など、さまざまな機会に通った場所で、見つけた生き物を採る。そんなごく日常の活動にあえて注目し、研究対象にすることで、生物資源の利用状況と焼畑との関係を探ろうとした。

マイ・ナータオ村の住民たちは、村の周囲でどのような植物を採集し、そして何に利用しているのであろうか。二〇〇四年八月、五日間かけて焼畑耕地、休閑地、林地、森を流れる小川沿いなどの四本の小道を男性二名、そして集落の周辺を女性一名とともに歩き、有用植物村落地図を作成した。

総延長一五キロメートルのルート上では、一四八点の植物のデータとサンプルを収集した。そのうち、一三六種が食用、薬用、物質文化用の植物として自家消費されたり、現金獲得を目的に換金されたりしていた。食用が六八種で最も多く、次いで薬用が五四種、物質文化用が七種、換金用が一八種であった。

薬用植物には、外傷や出血、やけど、風邪、発熱、歯痛、食あたり、便秘など、一般的な疾患の治療に用いられる種類があったほか、出産前後の女性のケアのための種類が多かった。ラオスの妊産婦死亡率は一〇万人に対して六五〇人で、近隣諸国と比較してきわめて高い値である［国連人口基金 二〇〇七］。保健衛生状態の悪さが、出産のための伝統的な薬用植物の多さにも表れているのかもしれない。ほかにも、樹木の幹の髄を耳飾りにする、シダ植物の茎をストローにしてつぼ酒（どぶろく）を飲む、焼畑耕作の儀礼に着生植物を用いるなど、さまざまな用途に植物が利用されていた。

こうした有用植物の大半は、一九七〇年代以前から利用されてきた。移住によって集落の立地環境は変化したが、かつて住んでいた村で身につけた植物の知識が継承されてきたのである。植物の中には利用が中断された種類もあったが、それらは油を抽出したり、また洗剤の代わりに使用したりしたものである。知識が途絶えたのではなく、工業製品の流通が改善され、市販の油や洗剤が簡単に入手できるようになったため、利用が中断されたのである。

一方、新たに採集され始めた植物の多くが換金用であり、住民がこれまで利用していない種類であった。中国からの需要によって二〇〇〇年以降採集を始めた種類が多い。だが、住民はその用途すら知らない。

❖有用植物を採集する空間

マイ・ナータオ村で自然環境の観察と聞き取りから、村の空間を集落、農地、森林、水系の四つの大区分に、そしてそれぞれの大区分をさらに小区分に分けることができた。各区分からは**表1**に示す

表1　マイ・ナータオ村における住民の空間区分と植物サンプル数
（2004年）

空間区分		サンプル数
大区分	小区分	
集落	集落および幹線道路	28
農地	水田のあぜ道	6
	出作り小屋脇の菜園	3
	焼畑および耕地内の小道	17
林地	短期休閑林（5年未満）	4
	長期休閑林（5年以上）	33
	尾根筋の森林	14
	傾斜地の森林	20
	谷筋の森林	3
水域	河川内部	2
	河川脇	15
	湿地（池）	3
計		148

数の植物サンプルが収集された。なお、この表の小区分の休閑林とは、住民が過去に焼畑耕作を行なっていない、その後に植生が回復した場所を、森林とは住民が移住後に一度も焼畑耕作を行なっていない場所を指している。現在の村の領域では、マイ・ナータオ村が移ってくる前に別の民族集団が焼畑を行なっていたらしく、森林が原生林であるとは限定できないが、少なくとも三〇年以上樹木の伐採が行なわれていないので、森林は大型の樹木が群生する状態にある。

住民は表1に示したように、集落内や幹線道路沿い、農地の脇や小道沿い、焼畑休閑地、そして河川の脇などに生育している植物を多く利用している。これらの区分はいずれも人の手が入ったり、水流の影響を受けたりする環境にあり、植生が撹乱されているという点で共通している。

一方、撹乱されていない環境、すなわち森林はどうであろうか。林地における植物利用を見ると、森林と休閑林の植物サンプル数はともに三七であった。それぞれの区分で歩いた距離が異なるため、サンプル数を単純に比較することはできない。しかし、住民の日常生活において植物を採集する区分としては「森林」よりも「休閑林」のほうが重要であることが、聞き取りによって確認できた。休閑林は、単に次の耕作のために土地を休ませているだけではなく、住民が積極的に利用している空間で、日本の里山と同じような機能を持っていると考えてよいだろう。

ただし、あえて「森林」に入る場合もある。それは、森林にしか生えない特殊な植物を採集するためである。たとえば、ラオス語で「ヤー・バイライ」と呼ばれるラン科キバナシュスラン属植物は、湿った森の林床に生えている。一キログラムあたり一〇万〜一二万キープ（約一〇〇〇〜一二〇〇円）もの高値で取引されて、中国に送られている。このランは特に、中国と台湾で大きな需要がある［NAFRI, NUoL and SNV 2007: 378］。

自然環境に人間活動による攪乱が加わることで、一つの村の小さな領域にも、さまざまな生態的条件の異なる空間区分のモザイクができあがっている。それぞれの空間区分は、植物に特徴的な生育地を提供している。住民はそうした環境の違いを認識し、目的とする植物をそれぞれに応じた場所で採集している。**表1**に示したように、焼畑を行なっている耕地、水田、森林、休閑林、小川のすべてが、住民の生活に欠かせない空間となっているのである。タイ中西部の山地でフィールド調査を行なった佐藤は、私たちの調査と同じく個別資源ごとのリソースマップを作成しようとしたが、その採集場所は自宅から四方八方に散らばっており、住民が必要に応じてどこへでも採りに行くことがわかったと記している［佐藤 二〇〇六、三三一］。

❖土地森林分配事業の適用

ところが、マイ・ナータオ村では、植物を採集できる環境が失われようとしていた。空間区分の違いや住民の植物利用は全く考慮されずに、村の土地と森林を他者が線引きし、線引きした区画を、定められた規約に則って使用することになったのである。土地の線引きとは政府による土地森林分配事業のことである（本書第6章参照）。マイ・ナータオ村では二〇〇四年の春にこの事業が行なわれた。

村の領域内の土地は、森林、農地、居住地に線引きされ、さらに農地は各世帯に分配される。分配といっても、土地は国家に帰属するため、正確には売買可能な土地利用権を各世帯に与えるのである。森林は現状に応じて、保護林、保全林、再生林、生産林、荒廃林に分けられ、いずれも農地として使用することは許されない。つまり、森林として線引きされた土地では焼畑耕作はできない。もし焼畑を行なうならば、農地で実施しなければならない。ただし、各世帯に分配された農地面積は一世帯あたり三ヘクタール前後であるため、以前のように多数の休閑地をローテーションさせながら焼畑を実施することはできない。土地森林分配事業というのは、いいかえれば、森林を線引きし、農地を別に定めることによって、常畑への転換を促す政策で、焼畑を行なうための耕地にアクセスすることを止めさせるものである［Ducourtieux *et al.* 2005］。

土地森林分配事業の直後だったためであろうか、二〇〇四年の調査の時にはまだ土地の線引きによ

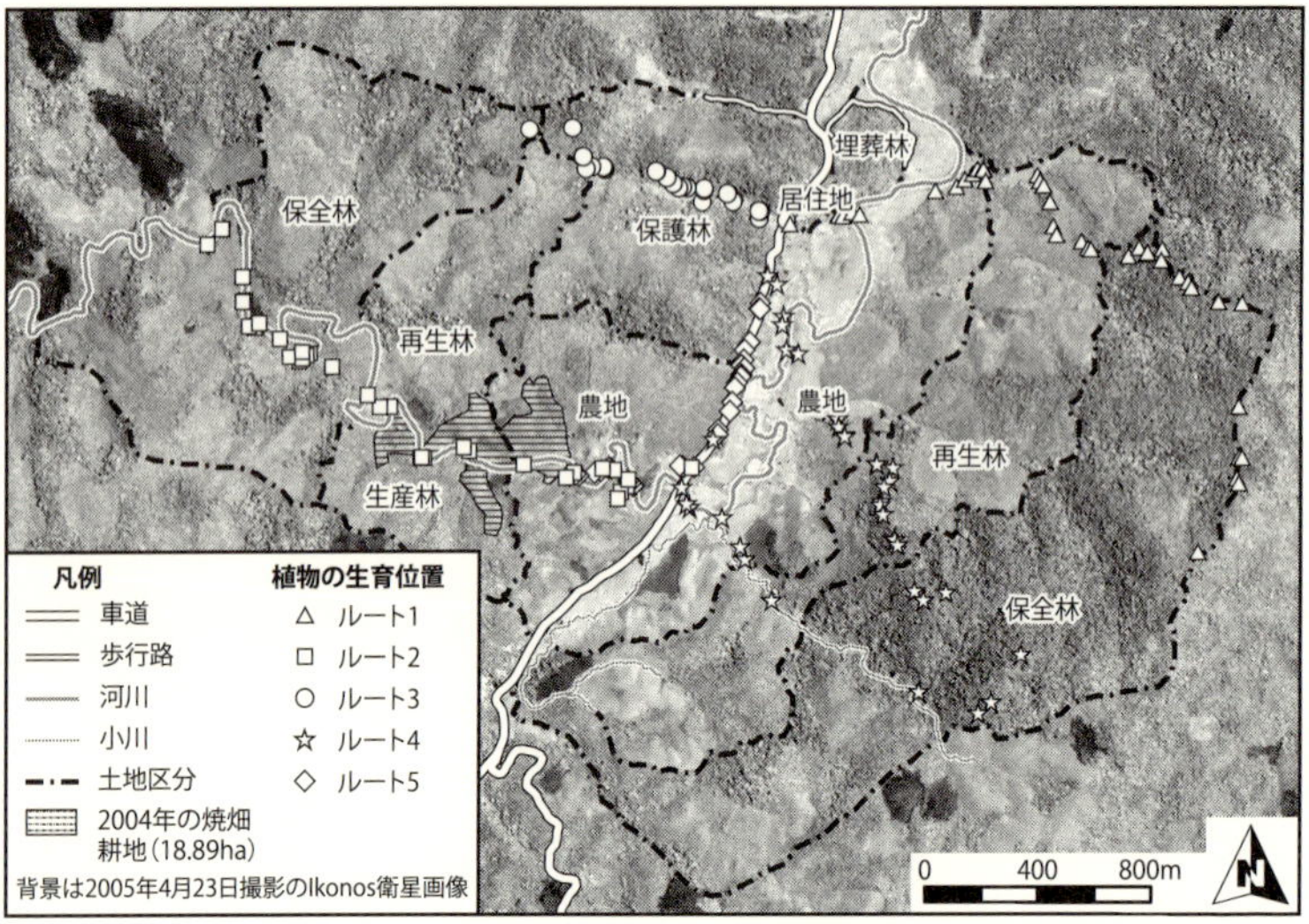

図1 「有用植物村落地図」調査で得られた植物の生育位置と政府による土地森林区分（2004年）

る植物利用や土地利用の変化は見られなかった。図1に示すように、住民は再生林や生産林で一八・八九ヘクタールもの大面積の焼畑を実施していた。そして植物の生育位置でも示されているように、保護林や保全林でも、住民は植物を採取していた。しかし、法律では保護林や保全林での動植物の利用は禁止されている。

　土地森林分配事業が行なわれた最初の年は、住民による慣習的な土地利用や、日常的な生物資源の利用が継続されていた。この事業が、実質的な効力を持っていなかったと考えてよいであろう。住民が実感できるような変化は、これまで見たこともない地図という紙の上に線が引かれたこと、そして、政府から土地利用権が与えられたことであった。

二　NGOの影響

❖土地森林分配事業にともなうNGOの農業開発

実際に現場となる村で土地森林分配事業を行なう行政機関は、郡農林局である。中央政府は郡農林局スタッフに対して、測量技術や土地の権利書作成の方法などをトレーニングしている。しかし、この事業は技術的な課題を多く抱えているという［Sysomvang *et al.* 1997］。また、郡農林局の予算規模が小さいため、人件費を負担することも困難である（本書第2章参照）。

マイ・ナータオ村の場合、先進国のNGOが技術的・金銭的支援を行なうことによって、土地森林分配事業が進められることになった。NGOとしては二〇〇三年から村で支援の準備活動を開始しており、焼畑から常畑へスムースに移行させるためにどのような作物を導入するのがよいのか、そして自然環境を維持しつつ持続的な農業を行なうにはどうすればよいのか検討を重ねてきた。

その結果NGOは、常畑での農作物栽培を奨励した。そして、ダイズ、ラッカセイ、トウモロコシ、ゴマ、キャッサバ、ニンニク、パイナップル、シャロットの八種類の作物と[*1]、バナナ、ミカン、オレンジ、ライチ、ロンガン、プラム、ザボン、マンゴー、ライムの九種類の果樹を導入した。

＊1　ニンニクとシャロットの二種は、常畑ではなく水田の裏作で栽培される。

多種類の作物を一度に導入した理由は、一筆の耕地に複数の種類を栽培する混作を奨励したためである。単一の作物を生産するモノカルチャーは、技術を簡素化することで効率的に大量生産し、また販路を固定することができるが、異常気象や病虫害の発生に見舞われると作物が全滅するリスクが高い。混作によって、ある程度このリスクを分散できる。また、マメ科の緑肥作物であるクロタラリアを導入して、土壌に窒素を固定させ、化学肥料を投入しない農業を推奨している。

一方、多種類の果樹が導入された背景には、中国からの果物輸入が増加し、ラオス北部の市場に中国産の果物があふれている現状があると考えられる。果樹栽培を奨めるNGOの担当者は、住民に対し「果樹栽培を始めれば、焼畑をやめることができますよ。ウドムサイの市場で果物が売られているでしょう。今は中国から運ばれてきた果物ですが、それをマイ・ナータオ村産の果物に変えることができるのですよ」と説明したそうである。

さらにNGOは、これまで野生植物の採集に頼っていた非木材林産物を栽培する試みを始めた。「プアック・ムアック」（イラクサ科ヤブマオ属）、ジンコウ（ジンチョウゲ科アクイラリア属）、ラタン、カルダモン、ガランガル（ショウガ科ハナミョウガ属）の五種類である。プアック・ムアックは村に自生しているものを移植して、それ以外の種類はNGOが苗を仕入れて安価で住民に提供している。カルダモンは森林で、それ以外の四種類は農地で栽培される。本来、森林と線引きされた土地では栽培はできないが、村の許可があれば植えてもよいという。ラオスでは国立農林業研究所やさまざまな農村開発プロジェクトが試験的に非木材林産物の栽培を開始している［Sodarak *et al.* 2004; Jenson 2004］。そ

写真2　かつて焼畑を行なっていた山の斜面に分配された農地。トウモロコシ、バナナ、そのほかに多種類の果樹が植えられている（2007年1月6日撮影）

の影響のもとで、林産物の栽培がマイ・ナータオ村へ導入されたのであろう。

村での常畑での農業は、平地ではなく、これまで焼畑をしていたような山の斜面で行なわれる（写真2）。したがってNGOは、「アレイ・クロッピング」と呼ばれる農法をマイ・ナータオ村の住民に教えた。これは、土壌流出を防ぐために等高線に沿って樹木を一列に植栽し、その列の間に作物を植え付ける。村では、クロタラリアを一列に植栽し、その間にトウモロコシを植えていた。なお、NGOが推奨したトウモロコシの品種は、ヴィエンチャンの農業試験場で開発されたものである。

ラオス北部では、ベトナムやタイのハイブリッド品種の導入が進んでいるが、これには収量や品質を維持するために種子を毎年購入しなければならないという欠点がある。他の作物の品種も、基本的には村で採種できる種類に限られていた。NGOによる農業開発は、環境に配慮した方法で、市場の動向に合った農作物、非木材林産物を栽培しようとする点に特徴がある。

❖農林産物の販路開発

NGOは、農業開発と同時に、農林産物の流通に関しても支援を行なっている。それを受けて、八名の委員で構成される「クム・カンカー」(商業セクション)が組織された。クム・カンカーとは農産物、畜産物、非木材林産物など、村の全産物の販売を取り仕切る組織である。住民が産物を販売する際には、クム・カンカーを通さなければならないことになっており、クム・カンカーの手数料が差し引かれた販売額が住民に渡る。住民は産物の販売に対して個別に税金を支払う必要はない。税金はクム・カンカーが一括して支払う。また、クム・カンカーが税金を支払った後の収支が黒字になれば、村のために使用することになっている。すなわち、クム・カンカーは村が共同運営するビジネス組織と位置づけられる。さらにNGOは、各種産物の仲買人とクム・カンカーを結ぶ橋渡しを行なった。

NGOがクム・カンカーを組織させた理由は、村に金銭的な利益をもたらすことではない。むしろ、多種類の作物を混作する農業を普及させたかったためであろう。狭い農地で作物を混作する住民は、作物一種類あたりの収穫量が少ない。村の近くに市場があれば、住民自らが市場に出かけて少量でも作物を売ることができるが、近くに市場がないため、それができない。したがって、少量の作物を個別に販売するのは難しいのである。しかし、収穫した作物をクム・カンカーがまとめることによって、一回あたりの取引量を増やすことができる。そうすれば、町に住む仲買人が村まで買い取りに来てくれるのである。

クム・カンカーのシステムは、二〇〇四年の時点では、畜産物販売に関しては既に機能していた。住民がスイギュウやウシを販売する時は一頭あたり五万キープ、ブタの場合は一頭あたり二万キープを手数料として支払うことになっていた。非木材林産物に関しては、二〇〇五年からプアック・ムアックをはじめとする五種類を仲買人に販売していた。しかし果樹に関しては、二〇〇七年の時点では、仲買人との間にネットワークはできているものの、いまだに販売実績がない。

三　土地森林分配事業による影響

❖土地利用と生活の変化

土地森林分配事業によって、マイ・ナータオ村の土地利用と住民の生活はどのように変化したのであろうか。二〇〇四年と二〇〇七年の状況を比較してみよう。

二〇〇四年の時点では、既に水田を所有している世帯に対しては公式の権利書が発行され、水田を所有していないか所有していても面積が小さい世帯に対しては、水田を開墾できそうな適地を優先的に分け与えていた。

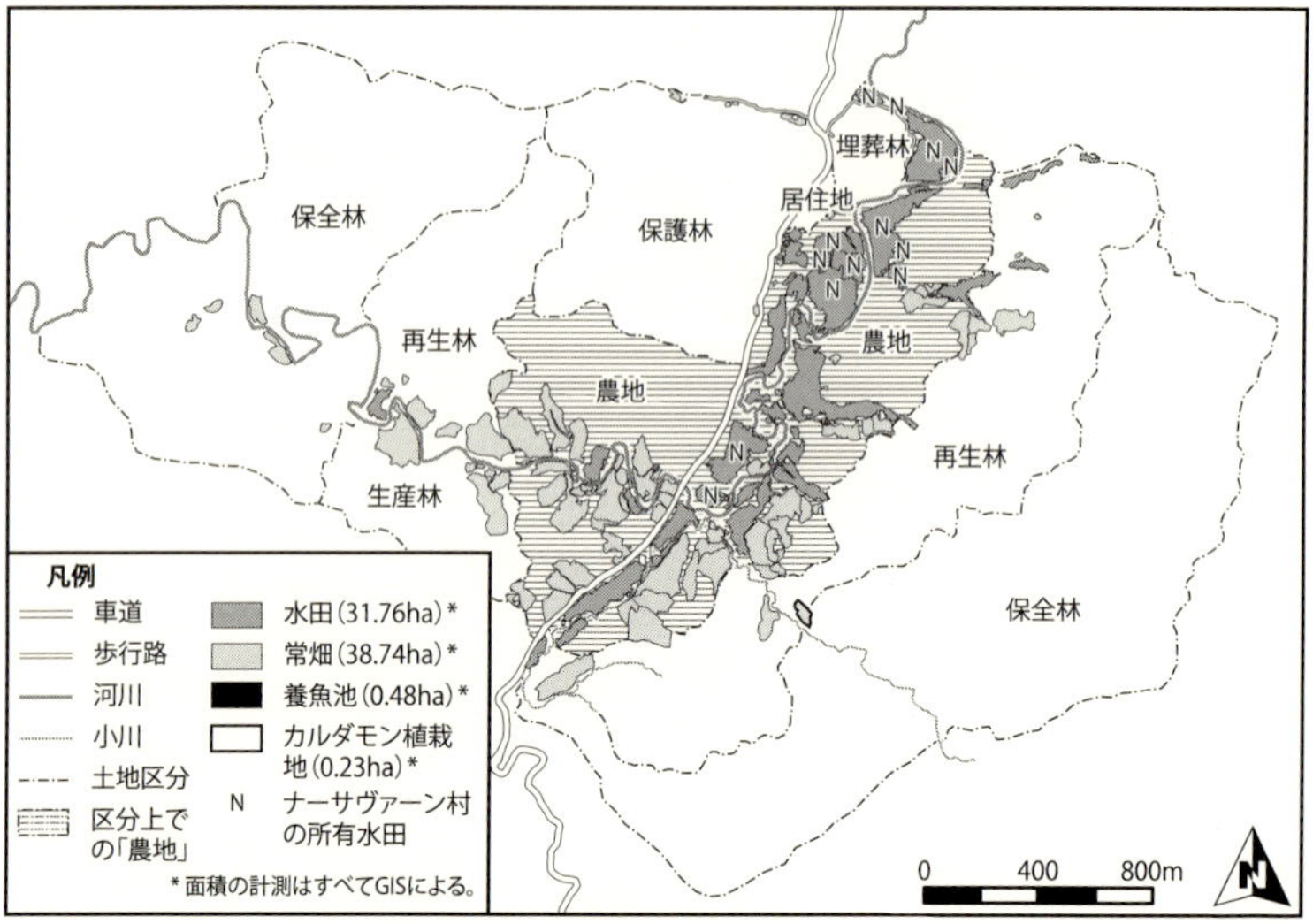

図2　土地森林分配事業後の土地利用（2007年1月）

二〇〇七年、GPSを用いて土地森林分配事業後の土地利用を調査した（図2）。この調査は、実際に利用されている農地を測量したもので、分配されても利用していない農地は地図に反映されていない。村の土地利用を概観すると、図2の西から南にかけて流れる河川（ナム・パーク）を中心に、西側上流部の傾斜地では常畑が、主要道に沿って形成されている低地部には水田が分布していた。また、面積が小さいため地図上で確認することは難しいが、養魚池が三二ヵ所、作られていた。

なお、村の東側に設定された再生林と保全林の間に、カルダモンを植えた住民がいた。二〇〇六年にNGOから苗を一本四〇〇キープ（約四円）で購入し、六〇〇本を植えたという。樹木を伐採せずに林床に苗を植え、そのまま放置する粗放的な栽培であった。草本にまぎれて、カルダモンがあちこちに点在していたが、よく見なければ判別できない。あと数年経てば、カルダモンが人の背の高さぐらいに生長するのであろう。カルダモンの植栽地は全部で一〇ヵ所ほどあるというが、二〇〇七年の調査では、そのうちの一ヵ所を測量した。

住民に分配された土地は農地だけであるが、再生林、生産林、保護林、保全林などの森林にも常畑が開墾されていることが図2より判別できる。森林での農業は、焼畑でなければ特に問題ないと村は言う。もし水田を開墾すれば、郡事務所に届け出れば公式の権利書が発行され、所有が認められる。

新たに開墾した土地の利用目的が水田ならば、たとえ森林の中でもラオス政府が認めるというのであれば、これは明らかに土地森林分配事業の主要目的の一つである「森林の保全と保護」と矛盾する。土地森林分配事業が行なわれた後でも、森林が利用されていることはけっして珍しいことではない。私はウドムサイ県サイ郡で調査を行なった時に、土地森林分配事業後、保護林内で焼畑を継続していた村を見たことがある［横山 二〇〇四］。その村の住民は十分な面積の土地を分配されたにもかかわらず、常畑での農業はしたことがなく不安だ、これまで通りの焼畑のほうがいいと言うのである。

つまり、土地森林分配事業はその趣旨や実効性が大いに疑問視されるのである。また、土地を区分したあとのモニタリングも適切に行なわれていないということにもなる［Sysomvang *et al.* 1997］。

❖焼畑の消滅と少ない水田適地

さて、二〇〇四年の調査で見た焼畑は、二〇〇七年にはどのようになったのであろうか。図1と図2を比較すると一目瞭然であるが、焼畑を行なっていた土地のほとんどは常畑へと変化した。住民によると、二〇〇六年からは全く焼畑を行なっていないという。土地森林分配事業によって、与えられた土地で住民が水田を開墾し、焼畑での陸稲栽培から水田での水稲栽培へと移行したと考えるのが普通だろうが、そう簡単には水田造成ができるとは思えない。

図2に示した村の水田面積を測量結果から算出したところ、合計三一・七六ヘクタールとなった。これを村の世帯数三三で割ると、一世帯あたり平均〇・九六ヘクタールの水田を所有していることになる。これは、ラオス北部の農村の基準からすればきわめて恵まれた面積である。だが、二〇〇四年に村長に村の水田面積を尋ねた時は、一四・五ヘクタールであった。わずか三年で面積が倍以上になるのは不自然である。

調査を進めたところ、水田面積の約半分に相当する一四・〇二ヘクタールが、マイ・ナータオ村の北隣に立地しているナーサヴァーン村の水田であることが判明した(図2Nの部分)。この分を差し引いたマイ・ナータオ村の本当の水田面積は一七・七四ヘクタール、一世帯あたりの水田面積は平均〇・五四ヘクタールとなる。二〇〇四年以降に開墾された水田は三・七二ヘクタールで、一世帯あたりわずか一一アールしか開墾していない。

ナーサヴァーン村は、一三世紀からこの地に集落を構える歴史ある村である(本書第4章参照)。つまり、既にナーサヴァーン村の水田が存在していた場所にマイ・ナータオ村の住民が移住してきたのである。マイ・ナータオの元村長Cさんによると、移住したばかりの住民たちはナーサヴァーン村から二ヘクタールの水田を借りつつ、低地を地道に開墾して水田を拡大していった。C氏は一九八二年から水田を開墾し始め、一九八九年にようやく一六枚、〇・六三ヘクタールの水田を手にした。しかし、新参者の立場は弱い。ナーサヴァーン村の住民からC氏が開墾した水田の一部は自分の土地だったから返却しろと言われ、苦労して開墾した水田八枚分を手放さざるを得なかったという。

ナム・パークの沖積低地には、水田適地はほとんど残されていない。各世帯に分配された土地の大半は、新たな水田を開墾できるような場所ではない。かつて焼畑に利用されていた、水田が開拓できない山の斜面であった。土地森林分配事業以前に水田をわずかしか所有していなかった世帯、もしくはまったく所有していなかった世帯は焼畑で自給用の米を確保していたが、事業後は焼畑が禁止され、また水田も開墾できない。その結果、常畑で栽培する作物、もしくは家畜の販売によって得た収入で米を購入しなければならなくなったのである。

❖経済状況の悪化

マイ・ナータオ村の世帯では、分配された土地をどのように利用しているのか、またどのように現金収入を得ているのか、二〇〇七年に五世帯に対して詳細な調査を実施した。そのうち、自給用の米が不足している三世帯をここで取り上げ、経済状況を説明してみよう（表2）。なお、地目と面積は土地の権利書によって、栽培している作物については聞き取りと現地観察によって、それぞれ明らかにしている。

　世帯Aは五人家族で、〇・二七ヘクタールの水田を所有する。この面積で生産できる米の量は、家族の食事三ヵ月分をまかなうのみである。一・〇六ヘクタールの常畑では、果樹とトウモロコシを植え、八〇万キープ（約八〇〇〇円）ほどの収入を得た。二〇〇五年に植えたパイナップルは、二〇〇七年以降にならないと収穫できない。ブタを一頭販売して

表2　米が不足する3世帯の土地の利用状況（2006年）

世帯（人数）	地目*	面積(ha)	栽培の状況
A（5人）	水田	0.27	水稲
	常畑	1.06	マンゴー、ミカン、ロンガン、オレンジ、ライチ、プラム、ザボン、パイナップル、プアック・ムアック、トウモロコシ
	常畑	0.20	自給用の野菜
	計	1.53	（水田 0.27ha）
B（4人）	水田	0.09	水稲
	常畑	0.47	パイナップル、プラム、ライチ、ミカン、ロンガン、ラッカセイ、ガランガル、ラタン
	常畑	0.53	トウモロコシ
	計	1.09	（水田 0.09ha）
C（8人）	常畑	0.35	ユーカリ
	不明	0.90	
	常畑	0.57	パイナップル、バナナ、ラタン、ラッカセイ、トウモロコシ、プアック・ムアック
	水田	0.12	未開墾
	水田	0.30	水稲
	水田	0.17	水稲
	計	2.41	（水田 0.59ha）

*宅地用に分配された土地を除く。

三〇万キープ（約三〇〇〇円）、非木材林産物で二四一万キープ（約二万四一〇〇円）を得て、不足する米を購入した。また、他世帯の水田で農作業を手伝い、その報酬として米をもらったこともある。

世帯Bは、二〇〇一年にラー郡ヴァンヴェン村から移住してきた。土地森林分配事業の以前は水田を所有しておらず、焼畑で陸稲を栽培していた。水田として分配された土地は、わずか〇・〇九ヘクタールである。二〇〇四年にその土地を開墾して水田を造成したが、一カロン（精米後で約一〇キログラム）の米しか生産できない。二〇〇六年はトウモロコシがイノシシに食い荒らされて全滅したため、常畑から得られる収入はまったくなかった。これでは生活できないので、家畜と非木材林産物からの収入で米を購入している。スイギュウとブタを一頭ずつ売ったので、残った家畜はスイギュウ二頭だけになってしまった。非木材林産物を一一六・二万キープ（約一万一六〇〇円）で販売した。

世帯Cは、三枚、〇・五九ヘクタールの水田を所有しているが、そのうちの〇・一二ヘクタールは土地森林分配事業によって新たに分配された土地で、まだ開墾していない。約四ヵ月分の米が不足する。農作物収入は、トウモロコシから五〇万キープ（約五〇〇〇円）得られるだけで、パイナップルとバナナは、家族で食べる分ぐらいしかとれない。ここでも家畜や非木材林産物の収入が重要な役目を果たしている。ブタを二頭販売して八〇万キープ（約八〇〇〇円）、非木材林産物からは九一万キープ（約九一〇〇円）を得ていた。

以上、米が不足している三世帯の事例を紹介したが、現在は家畜と非木材林産物を販売した収入で米を買わなければならず、果樹からの収入は当分期待できない。土地森林分配事業が行なわれると十分な水田を所有しない世帯はいきなり貧困層へと落ちていく構図ができあがろうとしている。NGOもその状況を理解しており、村に多くのブタを援助した。村は水田面積が小さい世帯にブタを二頭貸し与える。貸与された世帯は、生まれた仔ブタを自分のものにし、親ブタを村に返す。このようなシステムは「家畜銀行」（タナカーン・サット）と呼ばれているが、これはあくまでも暫定的な対策であり、土地森林分配事業に対する根本的な解決策とならないことは明らかである。

❖忘れられた常畑

世帯調査では、住民に山の斜面の常畑を所有するという概念がないことも明らかになった。このような状態で土地を分配しても有効活用は難しい。具体的な例を紹介したい。

表2の世帯Cには、地目の中に「不明」とされる土地〇・九ヘクタールがある。不審に思った私は、その土地で何を栽培しているのか尋ねたところ、この世帯主はそんな土地なんて持っていないし、使用してもいないと言う。土地の権利書には、自分の所有地が誰の所有地と接しているのかが記されている。調査に同行した副村長に見てもらうと「あぁ、パイナップルを植えている〇〇さんの隣の土地だよ」と場所はすぐにわかった。それでも、世帯主はそんな土地は知らないと言い張る。そこで、税金の領収書を見せてもらうと、知らないと言っていた土地の分も毎年きちんと納税していることがわかった。役人から言われたとおりの額を、確かめることもなく納めていたのである。〇・九ヘクタールといえば小学校の校庭ほどの広さであり、そんな大きな土地を三年間も忘れていたとは普

通では考えられない。冗談のような本当の話である。

実は世帯Cの事例は、マイ・ナータオ村においては特別なものではない。他の世帯に分配された土地の利用状況を聞いても、覚えていないという答えが何度も返ってきた。自分の所有地に何を植えたのか覚えていないとは、どういうことか。たとえば、S氏が所有していた常畑一・六一ヘクタールの利用方法を聞くと、七種類の果樹を植えたという。さっそく、その耕地を観察に出かけた。すると、そこには果樹も確かに植えてあるが、ラタンも植えてある。しかもラタンのほうが数はずっと多い。私が「ラタンのほうが多いじゃないか」と指摘すると、「ラタンは違う土地に植えたと勘違いしていた」と答えたのである。

マイ・ナータオ村の住民は、水田に対しては「所有する」という概念を確かに持っている。しかし、それ以外の土地、たとえば山の斜面の常畑を「所有する」という概念はないのではないかと感じた。住民がみなで何十年も焼畑をやってきた土地をいきなり自分のものだと言われても、それを所有するという意識には結びつかないのであろう。さらに、分配された常畑で栽培する作物が現金収入に結びついていないことも大きい。住民にとって常畑は、忘れ去られるような土地なのである。

四　越境する中国経済の影響

❖謎の稲畑

土地森林分配事業が行なわれたウドムサイ県サイ郡の村で、焼畑を森林で実施している例を第三節で紹介した。政府の見解では、それを焼畑とは呼ばない。「稲畑」（スワン・カオ）と呼ぶ。この事業が行なわれた村では、農地は水田か常畑の二種類に限られ、統計上は焼畑が存在しないことになっているからである。

マイ・ナータオ村では、土地森林分配事業後に焼畑は姿を消した。政府の政策やNGOの指導に従う優等生の村であると思っていたら、焼畑をしている世帯に出くわした。それが、表2の世帯Bと世帯Cであった。聞き取りを進めると、マイ・ナータオ村では三世帯が「稲畑」で陸稲を栽培しているという。ところが、この「稲畑」は村の土地利用を示した図2には表れていない。いったい、どこに「稲畑」が存在するのか。いわば、謎の「稲畑」であった。

図に表れない理由は、「稲畑」が、村の南隣に位置するミーサイ村にあるからである。ミーサイ村はモンの人々の村で、まだ土地森林分配事業が行なわれておらず、焼畑が続いている。ミーサイ村のいくつかの世帯は、二〇〇五年に中国の会社と契約を結んでパラゴムノキの植林を始め、そのための土地を用意する必要が生じた。その時、頭脳明晰なモンの人々は、ゴム園にする予定の森林でマイ・ナータオ村の住民に焼畑をさせたのである。焼畑ができずに困っていたマイ・ナータオ村の世帯にとっては、米を生産できるよい機会であり、ゴム園を拓こうとしていたミーサイ村の世帯にとっては、労せずに樹木の伐採と整地ができる。この選択は双方にとって利益があった。

世帯Bによれば、二〇〇五年に従来通りの方法で焼畑を行ない、一・五トンの米を収穫した。二〇〇六年には、前年に焼畑を行なった土地に再び火を入れて、斜面を階段状に整地したのち、パラゴムノキの苗を植えた。その間で陸稲を栽培して、一トンの米を収穫できた。二〇〇七年にも同じように陸稲を植える予定だと述べていた。ただし、陸稲の作付けは三年が限度である。四年目になるとパラゴムノキが大きくなり、土地の生産力も落ちるため、陸稲の生長が悪くなるという。

残念ながらミーサイ村の謎の「稲畑」は見ることができなかった。しかし、ラオスの北部を訪れると、至るところにパラゴムノキが植林されているのを目の当たりにする。ミーサイ村と同じように、パラゴムノキが大きくなるまでの間、陸稲を栽培しているところもあれば、パイナップルを栽培しているところもある。樹木作物と農作物を同一の耕地で生産する点では、短期間だけのアグロフォレストリーと言えるだろう。

この謎の「稲畑」は、隣り合う二つの村で、片方の村では土地森林分配事業が行なわれ、もう片方の村ではそれが行なわれていなかったところへ、中国からパラゴムノキの植林が入ってきたことが重なり発生したものである。一見、偶然に起きたことのように思えるが、ラオス北部の農山村はどこにでも、政府による土地森林分配事業と越境する中国進出の影響が出ている。謎の「稲畑」は、必

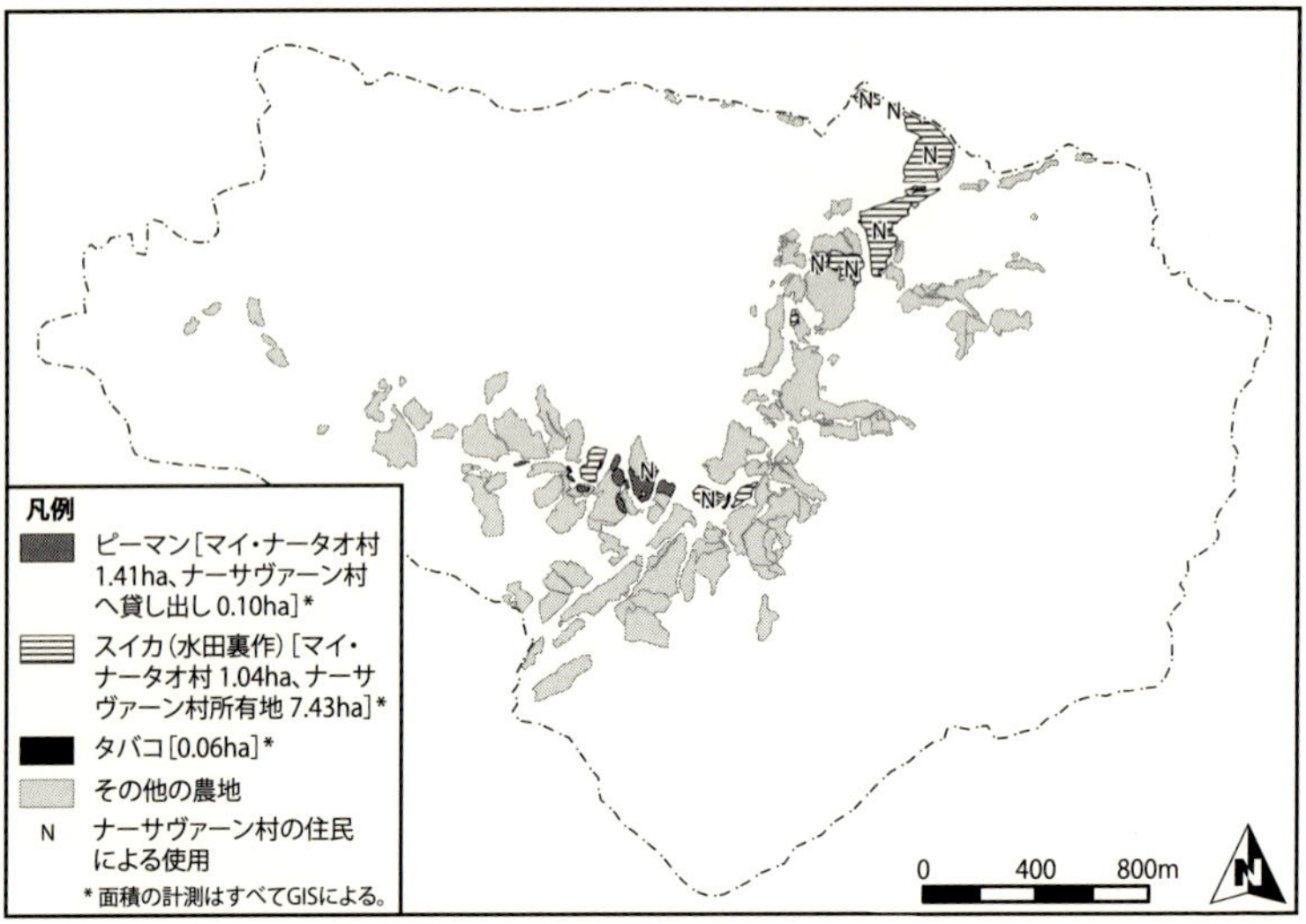

図3　中国企業と商品作物の契約栽培が行なわれている農地（2007年1月）

然的に形成されたのかもしれない。

❖中国の進出

マイ・ナータオ村では、NGOが推奨しなかったパラゴムノキの植林はほとんど行なわれなかった。しかし、これ以外の中国の影響は徐々に押し寄せていた。ここでは、中国が進出してきたことによって変化した土地利用を見ていこう。

マイ・ナータオ村が位置するナム・パーク流域では、二〇〇四年から商品作物の契約栽培が本格化してきた。二〇〇四年に中国雲南省の「ケシ撲滅プロジェクト」[*2]によって、ナーサヴァーン村を中心とするタイ系民族の集落に、高収量のイネの改良品種、化学肥料、殺虫剤が無料で配付された。二〇〇五年からはスイカとピーマン、二〇〇六年からはカボチャの契約栽培が開始されている［横山・富田 二〇〇八］。マイ・

ナータオ村では、NGOのプロジェクトが終わる二〇〇六年の秋から、中国の企業とのピーマンとスイカの契約栽培が開始された（図3）。

ピーマンは一三枚の常畑一・五一ヘクタールで栽培されていた。そのうち二枚〇・一〇ヘクタールでは、マイ・ナータオ村の住民が使用していない土地をナーサヴァーン村の住民に貸して、ナーサヴァーン村の住民が栽培している。スイカは水田に植える。図3でもわかるように、多くはナーサヴァーン村の住民が所有する水田に植えられている。マイ・ナータオ村の住民がスイカを植えた水田は、三枚、一・〇四ヘクタールであった。そのほか、一枚だけタバコが小面積で栽培されていた。タバコは二〇〇六年に栽培が開始された。収穫したタバコは、中国人がナーサヴァーン村に建設した乾燥小屋に送られる。

ピーマンは一〇月に植えて一月に収穫する。スイカは一二月に育苗を始めて、一月に畝を立てた水田に移植し、五月に収穫する（写真3）。ピーマンとスイカは、その種子だけでなく、肥料、殺虫剤、そしてマルチング[*3]のためのポリエチレンフィルムなどの資材一式が、契約した企業から提供される。

＊2　ラオス北部には、「ケシ代替作物導入」と中国語とラオス語で記された看板が至るところに立っている。しかし、実際にケシが栽培されている山奥の村で中国人が活動している例は聞いたことがない。農産物の運搬が容易な道路沿いの村でパラゴムノキの植林を行なったり、商品作物の導入を行なったりしている。また、ほとんどの看板には「〇〇有限公司」と書かれており、民間企業が利益目的で実施しているビジネスである。

＊3　マルチングとは、雨による土壌浸食や肥料の流亡を防ぎ、肥料の利用効率を高めるために土壌の表面を被う農法で、蒸発を抑えて土壌の乾燥を防いだり、雑草を抑えたりする役目も果たす。

写真3　マルチングによって栽培されるスイカ。左奥には、ピーマンが栽培されている常畑が見える（2007年1月6日撮影）

種子と資材の金額は、生産物の販売価格から差し引かれる。

二〇〇七年、ピーマンとスイカの買い取り価格はともにキロあたり六五〇キープであった。どちらとも、病虫害が発生せず、指導されたとおりに施肥すれば一ヘクタールあたり三〇トンもの収量が得られるとされている。ただし、ピーマンは二年間、スイカは三年間の休閑が必要となり連作はできない。スイカの場合、水田の裏作なので夏季は通常通り稲作ができる。

二〇〇七年一月、マイ・ナータオ村では住民が初めてピーマンを収穫し、その出荷作業に追われていた。住民に尋ねると、中国人は実に傷があるもの、形がゆがんでいるもの、色むらのあるものは買い取ってくれないという。このため、収穫したピーマンのうち、よくて三分の二、普通で半分、悪いところなら三分の一程度しか販売できない。売れ残ったピーマンを、ウドムサイの業者が安く引き取ることもあるらしいが、ラオスではピーマンの需要が少ないため、その量はわずかである。

結局、私たちが見たのは、農地にピーマンが放置され、それが小川に流れていく光景であり、また子供たちがボールの代わりにピーマンの投げ合いをして遊んでいる姿であった。また、何とか利用できないものかと、ピーマンを千切りにして乾かして保存しようとする住民もいた。契約栽培とはいうものの、実際には、買い手もなく、子供たちも遊び飽きた、数え切れないほどのピーマンが廃棄されているのである。

中国向け商品作物の契約栽培は、栽培後に必要とされる休閑期間や歩留まりを差し引いても、NGOが導入した環境に優しい農業に比べ、単位面積あたり何十倍もの収入が得られる。このためマイ・ナータオ村の多くの住民は、将来的に契約栽培を導入しようと考えている。しかし、ピーマンやスイカが栽培できる土地の地形は平地に限られる。傾斜地しか持たない住民は、商品作物ではなく中国輸出向けのパラゴムノキやユーカリなどの植林の検討を始めている。

表2の世帯Aは、二〇〇七年にパラゴムノキを植える予定で、一・〇六ヘクタールの常畑の一部をゴム園のために整地していると言っていた。世帯Bは二〇〇六年にトウモロコシを栽培した〇・五三ヘクタールの常畑を、二〇〇七年にゴム園にすると述べていた。また、世帯Cはまったく使用していなかった〇・三五ヘクタールの常畑に二〇〇六年にユーカリを植林した。中国人が植えてくれと無料の苗を持ってきたので、約一〇〇本植林したという。

近い将来、ナーサヴァーン村に導入されたカボチャ栽培もこの村に入ってくるであろう。そして最終的には、ピーマン、スイカ、カボチャだけにとどまらず、次から次へと中国からの注文が舞い込んできて、マイ・ナータオ村は、中国への農林産物の供給基地になってしまうのかもしれない。

おわりに

マイ・ナータオ村は、今後どうなっていくのであろうか。土地利用が変化するスピードがこの数年で加速している。何が良くて何が悪いことなのか、住民には考える時間の余裕もない。変化に対応する術も持たないままで、これまで経験したことのないものが外部の人たちによって村に持ち込まれているのである。政府による土地森林分配事業、NGOによる開発援助、越境してくる中国経済、このすべてが受け入れの準備が整っていない状態で村に入ってきた。

NGOはマイ・ナータオ村に環境に優しい農業を導入し、農林産物販売のためのクム・カンカーを組織し、また水田を持たない世帯のために家畜銀行を設立する手助けをした。しかし、環境保護と貧困削減といった先進国援助のキャッチフレーズに目を奪われて、NGOの農業・農村開発を正当化するのは問題である。少量多品目の農林産物を販売することを目的に組織されたクム・カンカーや、貧困世帯に対する現金収入を与えることを目的とした家畜銀行は、焼畑を実施していた時には不要であった。また、常畑で栽培する果樹からはいまだに現金収入が得られず、結局は林産物や家畜の販売に生活を頼らざるを得ないような構図が生まれている。

第三節で紹介した三つの世帯は、焼畑を実施していたときはひどい米不足に陥ることはなかったと述べていた。焼畑の場合、毎年の天候変動や土地の状態によって米の収量は多少変動するが、村の委員が世帯の労働人数に合わせて焼畑耕地を分配するので、必要な米を生産するための面積を著しく下回ることはなかったのである。ところが、政府の土地森林分配事業によって土地が分配され、焼畑は強制的に止めさせられた。政府の政策に同調し、新しい農業形態の導入を煽った結果、貧困を生じさせるきっかけを作ったのは、事業を支援したNGOである。

現在、住民は厳しい経済状況を打破できる糸口を中国の商品作物栽培とパラゴムノキの植林に求めようとしている。商品作物の栽培を平坦な土地で、パラゴムノキの植林を傾斜地で実施することで、分配された土地を有効に活用できる。隣のナーサヴァーン村には、商品作物によって大金を得る住民も出てきている。マイ・ナータオ村の住民は、なかなか現金収入に結びつかない果樹を栽培しながら、横目でその様子をずっと見てきたのである。しかし、副村長の話では、NGOは中国企業と契約栽培を行なうことを最後まで止めさせようとしたという。中国の農業は農薬や化学肥料を多用するため、NGOの農業理念に合わないのである。また、中国商人に生産物を安く買い叩かれて利益を搾取されるという構造も許せなかったに違いない。

ところが、NGOの努力もむなしく、活動が終わる二〇〇六年末の直前に、住民はピーマンとス

写真4　NGOが立てた看板の前で中国商人に収穫したピーマンを計量してもらうマイ・ナータオ村の住民たち（2007年1月6日撮影）

イカの契約栽培を選択した。これを阻止することができなかったのは、NGOが支援した土地森林分配事業によって土地が線引きされ、各世帯に分配されていたからである。線引きされた土地の管理は村に委譲され、分配された農地の利用は所有者に任されているため、NGOはどうすることもできない。NGOが土地森林分配事業を支援しなければ、ピーマンやスイカの契約栽培も、ここまで急速には進展しなかったであろう。ここに、大きな矛盾が生じている。

森林や土地の管理権限を委譲するということは、すべてが住民の判断に委ねられることである。そうした制度にうまく入り込んでくる外部の者も存在する。それが、中国国境に近い地域の場合は中国企業である。NGOの活動だけが変化をもたらした原因ではない。土地森林分配事業という政府の政策そのものが、地域によっては、このような大きな変化を生じさせたのである。政策、開発援助、そして中国経済圏の越境、マイ・ナータオ村では、外部からの三つの影響が同時進行的に影響したことによって、土地利用と住民の生活が大きく変化した。

二〇〇三年にNGOの活動が始まった時は、マイ・ナータオ村の住民にとって、NGOが救世主のように思えたに違いない。中央から離れた周縁の村にとって、先進国のNGOのプロジェクト対象地に選ばれるなど、めったにない幸運である。しかし、活動から三年経過しても、NGOが立てた看板に描かれたような「豊かな村落」に変わることはできなかった。「豊かな村落」は、ラオスの農山村で実際に生活をしていないよそ者たちが作り出した虚構だったのであろうか。

二〇〇七年一月、理想の農村像が描かれた看板の前には、中国商人に収穫したピーマンの計量をしてもらう住民の姿があった（写真4）。マイ・ナータオ村には、中国という新しい救世主が現われたのか、それとも新たな波乱をもたらすのか、その答えはまだわからない。

引用文献

国連人口基金　二〇〇七『世界人口白書2007――拡大する都市の可能性を引き出す』国連人口基金。
佐藤　仁　二〇〇六「資源と民主主義――日本資源論の戦前と戦後」内堀基光編『資源人類学一、資源と人間』弘文堂、三三一—三五五頁。
横山　智　二〇〇四「森林利用と森林管理の視点からみた東南アジアの焼畑」『自然と文化』七六、八—一一頁。
横山　智、落合雪野　二〇〇五「「有用植物村落地図」作成にむけて」『総合地球環境学研究所　研究プロジェクト四—二　二〇〇四年度報告書』一八七〜一九八頁。
横山　智、富田晋介　二〇〇八「ラオス北部の農林産物の交易」ダニエルズ C.編『モンスーンアジアの生態史　第二巻　地域の生態史——地域にとっての生態史』弘文堂。

Ducourtieux, O. J., Laffort and S. Sacklokham. 2005. Land policy and farming practices in Laos. *Development and Change* 36: 499-526.

Jensen, A. 2005. Domestication of *Aquilaria* Spp. and rural poverty: socio-economic and genetic aspects of the planting boom in the "Wood of the Gods". In *Poverty Reduction and Shifting Cultivation Stabilisation in the Uplands of Lao PDR: Thechnologies, Approaches and Methods for Improving Upland Livelihoods,* Bouahom *et al.* eds., pp. 213-228. Vientiane: NAFRI.

NAFRI, NUoL and SNV. 2007. *Non-Timber Forest Products in the Lao PDR, A Manual of 100 commercial and traditional products.* Vientiane: NAFRI

Sodarak, H., C. Ditsaphon, V. Thammavong, N. Ounthammasith and O. Forshed. 2005. Indigenous agroforestry practices in two districts in the northern part of Lao PDR. In *Poverty Reduction and Shifting Cultivation Stabilisation in the Uplands of Lao PDR: Technologies, Approaches and Methods for Improving Upland Livelihoods,* Bouahom *et al.* eds., pp. 213-228. Vientiane: NAFRI.

Sysomvang S., S. Senthavy, S. Amphaychith and P. Jones. 1997. A review of problems in land use planning and land allocation processes, procedures and methods. A paper presented at a Workshop on Land Use Planning and Land Allocation Procedures and Method Development. Vientiane, Lao PDR. July 29-30.

第11章　商品作物の導入と農山村の変容

河野泰之
藤田幸一

はじめに

ラオスに慣れ親しんだ旅行者やラオスでフィールドワークを行なっている研究者は、だれもが、ここ一〇年ほどのラオスの変容に目を奪われているのではないだろうか。首都ヴィエンチャンでは、空港が整備され、近代的な設備を備えたホテルが建設された。街中には、次々としゃれたゲストハウスやカフェが出現している。地方都市でも幹線道路が整備され、マーケットや役所の建設ラッシュが続いている。もちろんこのような変化は、ラオスの人々自身が最も強く感じているに違いない。

彼らの日常生活は変わりつつある。そしてそのことを、ラオスの人々は誇りに思っているであろう。

❖戦争と混乱の時代

二〇世紀後半のラオスは戦争と混乱の時代だった［竹内 二〇〇四］。一九四五年三月、タイ領に待機していた日本軍が、ヴィエンチャンやサヴァンナケートなどのメコン川沿いの都市に侵攻し、フランスによる植民地支配を終結させた。そして、日本が降伏し第二次世界大戦が終わってからは、抗仏戦争や王国政府と左派勢力の内戦が続いた。一九七五年のラオス人民民主共和国の成立により、戦争の時代は幕を閉じるが、社会主義経済の導入は順調に進まず、農業生産や物資の流通は停滞し、経済的、社会的な混乱が続いた。その結果、当時の人口の約一割に当たる三〇万人が、難民として国外に脱出した［菊池 二〇〇三、一五六―一七〇］。ラオス政府が国家としての体制作りに本格的に取り組むようになったのは、一九八〇年代半ばに「チンタナカーン・マイ」政策を打ち出してからであり、その成果が首都から地方都市へ、そして農山村へと浸透するようになったのは九〇年代になってからである。

ラオスの農山村がこの戦争と混乱の時代をいかに生き延びてきたのかについての研究は、残念ながら遅れている。ラオス人と外国人を含めた研究者がその社会を生で体験し、観察し、記録できる状況にはなかった。残された文書記録も限られており、多くの地方文書は未だ発掘されていない［増原 二〇〇六］。経済発展や技術革新という観点から見るならば、この戦争と混乱の時代は停滞の時代と読み替えることができるであろう。しかし、この時代にラオスの農山村社会が経験したことが、今日のラオス社会の変化の起源となっているのではなかろうか。その意味で、ラオス農山村が戦争と混乱の時代をどのように生き延びてきたのかを知ることは、今日のラオス、そしてこれからのラオスを考える上で、重要な研究課題である。

❖外部世界からの介入

それでは、戦争と混乱の時代に農山村は何を経験したのか。それは、圧倒的な力を持った外部世界が彼ら自身の生活基盤に介入し、生活を改変し、それが結果として生存を危機に陥れたことである。戦争と混乱の時代以前、すなわちラーンサーン王国やルアンパバーン王国の時代、ラオス農山村は安息香やラックなどの森林産物の交易などを通じて外部世界とのつながりを持っていた。フランス植民地期になると、貨幣やマーケットなどの物流システムが整備され、交易は農山村の日常生活にさらに浸透した［横山 二〇〇七］。しかし、メコンデルタで実施された植民地政府が主導する大規模な農地開墾やそれに伴う地域住民の移住は、現在のラオス国内では限定的なものでしかなかった。すなわち、農山村にとって、外部世界はその生業構造や組織原理の改変を促すほどのものではなかった。

これに対して、戦争と混乱の時代に経験した外部世界からの介入は、農山村の生活基盤に踏み込み、それを暴力的に改変する力を持っていた。ラオス内戦において、アメリカ軍がラオスに投下した爆弾の量は三〇〇万トンに達する［竹内 二〇〇四、三］。これらの大部分は農山村に投下されたものであり、農民は集落を捨て、爆撃機から見えないように森に隠れて住む生活を余儀なくされた。戦争が終結して、社会主義国家が成立すると、宗教活動や文化活動に関する規制が強化された。土地霊を祭る伝統的な行事が禁止され、それが農山村のコミュニティとネットワークを弱体化させた。また、経済的な困窮に直面した地方政府が収奪的な木材伐採やケシ栽培を奨励したために、慣習的に維持されてきた土地利用秩序が崩壊し、それまでコミュニティが主体となって維持管理してきた森林が瞬く間に減少した［富田ら 二〇〇八］。

❖開かれた生活空間へ

このような経験から、ラオスの農山村の住民は、生活空間がもはや孤立した閉鎖的なものではないこと、そして外部世界とどのような関係を結んでいくのかが彼らの生存を左右することを学んだ。経済発展と環境保全を旗印とする今日、農山村に対する外部世界の介入は、市場経済と地方統治に集約することができる。これまで、自給的で自律的であった生活基盤を、どのように市場経済や地方統治と調和したものへと改変していくのか、それが今日を生きるラオス農山村が直面している課題である。難民として国外へ移住した親族との関係や国境を跨いで分布する地縁・血縁のネットワークなど、彼らがこれまでに築いてきた人と人のつながりも活用しながら、ラオスの農山村は新たな生業構造と組織原理の構築に挑戦しようとしている。

ラオスの農山村の住民は、焼畑から常畑への転換、山地から道路沿いへの移住、そして商品作物の導入など、さまざまな生活基盤の改変に挑戦している。これらはけっしてラオスに特異な動きではなく、ベトナムやタイなど近隣国の住民も同様の動きを経験してきた［Kono and Rambo 2004］。このような動きが環境保全政策や地方行政政策に基づいた政府の強制的な介入に従ったものであることも確かである。しかし一方で、より長期的な農山村の変容過程という視点に立つならば、これはまさにラオス農山村が外部世界と調和的な関係を構築しようと模索している姿でもある。

一　商品作物栽培の導入

戦争と混乱の時代から経済発展の時代へと推移する中で、ラオスの農業はどのような挑戦を試みているのかを、商品作物栽培の導入に焦点を当てて見ていこう。

❖自給農業

戦争と混乱の時代までのラオスでは自給農業が主体であった。農民は自らが消費するために農作物を栽培していた。農民が扶養しなければならない都市住民や軍隊などの人口は国全体で考えても限られていた。道路を中心とする国内の交通インフラも流通システムも未整備だったので、基本的な食料を長距離輸送することはできなかった。

ラオスの農山村の主食は米である。低地の人々はもち米を好む。蒸したもち米とトウガラシの効いた「チェーオ」が食事の基本である。これに、水田に自生するナンゴクデンジソウなどの野草や魚類、焼畑で陸稲とともに栽培されるウリ類などの野菜、焼畑休閑地で採取されるバナナの花やタケノコ、捕獲される野生動物や昆虫などの森林産物から作った副食を組み合わせる。季節によって変化する副食が、ラオスの農山村の食事にアクセントをもたらす［山田 二〇〇二］。モンなど一部の焼畑民はトウモロコシを主食とする。ふだんは米を主食にしている人が端境期にはトウモロコシを食べる場合もある。

❖未発達な農業的土地利用

作物を栽培する農地の面積は、今日に至る過程でどのように推移してきたのか、ここでは国家統計センターが県単位で取りまとめている農業統計に基づいて分析してみよう［Committee for Planning and Investment 2005, 2007］。地方行政制度が整備され、各県、各郡に、農林事務所が配置されるようになったので、近年の統計データの信頼度は高まっているものと考えられる［Pravongvienkham 2004］。

農業統計がカバーする時代は、ラオス人民民主共和国が成立した後の一九七六年から二〇〇六年までである。一九九五年まではほぼ五年ごとの、そして九五年以降は毎年のデータが入手可能である。掲載されている作物は、水稲（雨季作、乾季作）、陸稲、トウモロコシ、イモ類、野菜類、ラッカセイ、

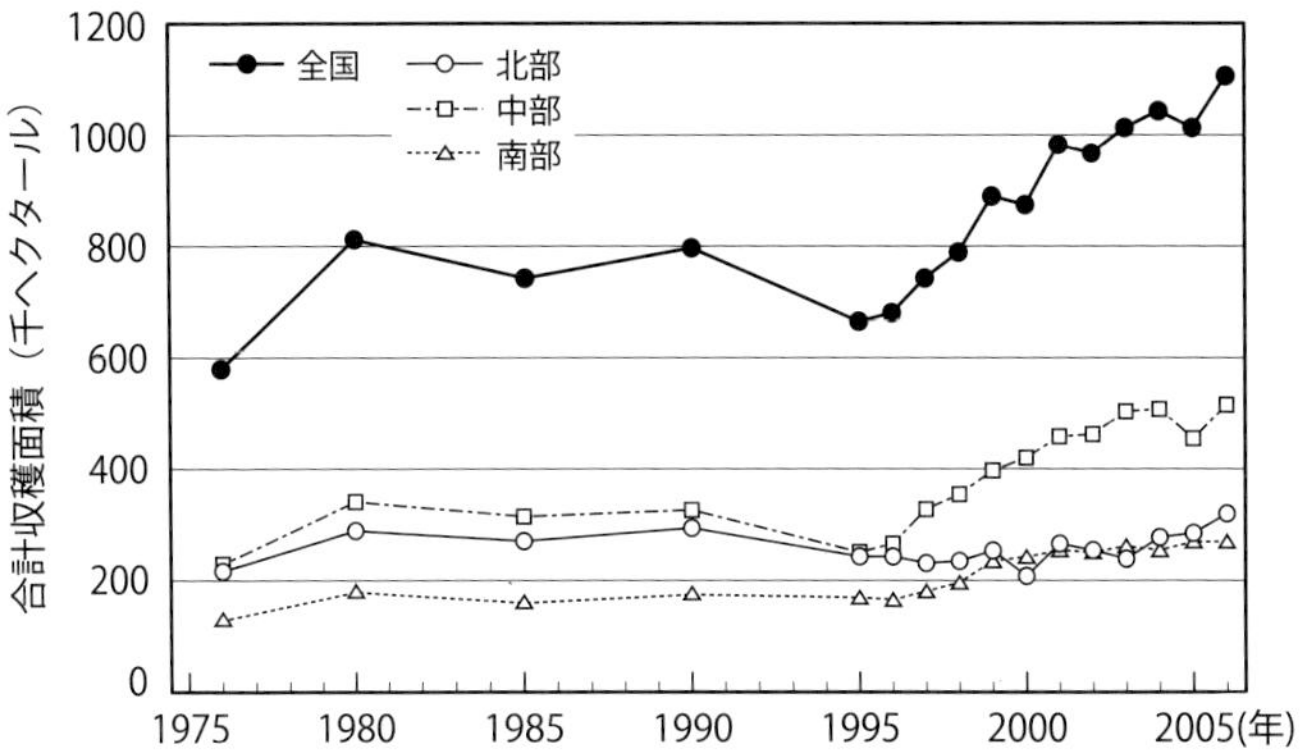

図1　主要作物の合計作付面積の推移用

出典［Committee for Planning and Investment 2005, 2007］より作成

ダイズ、リョクトウ、タバコ、ワタ、サトウキビ、コーヒー、チャの一三作目一四種類である。このうちイモ類はキャッサバが主と考えられるが、農業統計にはこの点は明示されていない。これら一三作目がラオスで栽培されている主要作物と考えることができる。

そこでまず、これら主要作物の収穫面積の合計に基づいて、農業生産の推移について検討しよう。国全体での収穫面積の合計は一九七六年に五八万ヘクタールであったが、それが一九八〇年には八一万ヘクタールに増加した。その後徐々に減少し、一九九五年には六七万ヘクタールになった。その後は増加に転じて、二〇〇〇年には八八万ヘクタール、二〇〇六年には一一一万ヘクタールに達した（図1）。これをラオスの国土面積二三万七〇〇〇平方キロメートルと比較すると、二〇〇六年の収穫面積でさえ国土面積の四・七パーセントにすぎない。二期作や二毛作が営まれている場合があるので、農地面積はさらに小さい割合でしかない。これは、ラオスにおける農業的土地利用がきわめて未発達であることを如実に示している。

❖農地の拡大と縮小

ラオス人民民主共和国が成立して以降の収穫面積の増加や減少の傾向をどのように理解すればよいのだろうか。ラオスと同様、社会主義化、農業集団化と市場経済の導入を経験した中国やベトナムでの農業の動向を参考にすると、上に示した収穫面積の推移は以下のような農業変容を反映したものと考えることができる。

一九七六年から一九八〇年にかけての増加は、内戦が終結し社会秩序が回復したことにより、当初は農民による自発的な開墾が、続いて営農の集団化によって形成された合作社による開墾が活発に実施され、農地が拡大したものである。一九八〇年から一九九五年にかけての減少は、それまでの開墾が農業不適地をも対象に行なわれたために、このような土地での耕作が集団化体制の崩壊とともに放棄され農地が縮小した結果である。一九九五年以降の増加は、一九九〇年代半ば以降、人口増加による自給用作物への需要の増大と商品作物の導入による農地の拡大を反映している。

さらにラオス全体を、北部、中部、南部の三地域に区分して、収穫面積の推移の地域差について検討しよう。ラオス全土は、首都ヴィエンチャンと一五の県に分かれている。このうち、北部はポンサーリー、ルアンナムター、ウドムサイ、ボーケーオ、ルアンパバーン、サイニャブリーの六県から、中部は首都ヴィエンチャン、シエンクワン、ヴィエンチャン、ボリカムサイ、カムムアン、サヴァンナケートの五県から、そして南部はサーラヴァン、セーコーン、チャムパーサック、アッタプーの四県からなる。

地域ごとの主要作物の収穫面積の合計の推移は、国全体の推移と基本的には同様の傾向を示している（図1）。とりわけ中部では、一九八〇年に三四万ヘクタールに達した収穫面積が、一九九五年には二五万ヘクタールと大きく落ち込んだ後、二〇〇六年には五二万ヘクタールとなり、一一年間で二倍以上に増加した。これに対して、南部でも集団化による増加とその崩壊による減少、そして近年の増加は見られるが、その増減は中部と比較するとゆるやかなものである。両者の違いは、自然条件に加えて、政治的圧力や地域経済の構造の違いが反映されたものと考えられるが、それらを立証する資料はまだない。これら二地域に対し、北部の特徴は、収穫面積の減少から増加への反転が起こったのが一九九〇年代末であり、他の地域よりも遅れていることにある。このタイムラグは、北部の輸送条件が劣っていたことを示していると考えられる。

❖自給用作物から商品作物へ

この間、自給生産の比重はどのように推移してきたのか。ここでは水稲雨季作と陸稲とトウモロコシを自給用作物と仮定して、考察してみよう。水稲乾季作は九〇年代後半に中部を中心として普及した水田灌漑によって拡大したが、その生産の大部分は販売用なので、ここでは自給用作物から除外した［Schiller 2006］。また後に詳しく述べるように、一九九〇年代末になると飼料用トウモロコシ

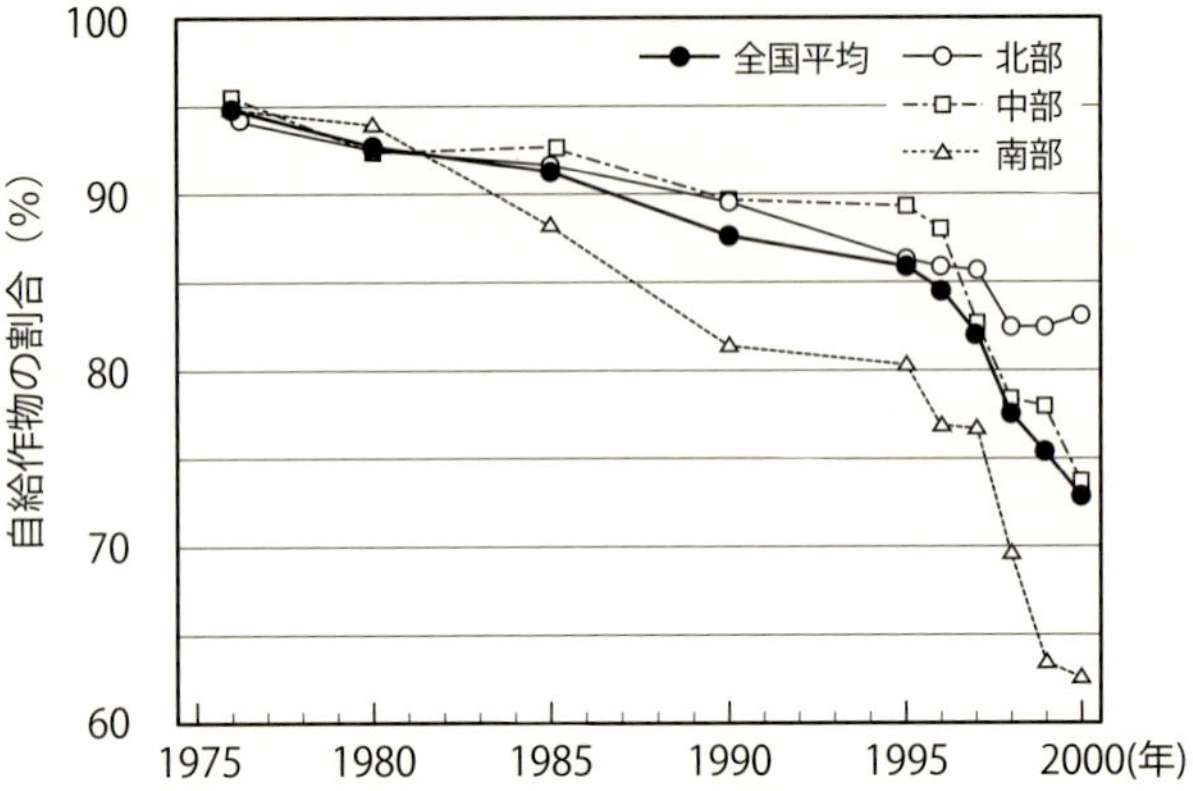

図2　主要作物の収穫面積に占める自給作物の割合
出典［Committee for Planning and Investment 2005, 2007］より作成

栽培が導入された。したがって、それ以降はトウモロコシを自給用作物とすることはできない。そこで、ここでは一九七六年から二〇〇〇年までを検討の対象とした。

主要作物の収穫面積に占める自給用作物の割合は、ラオス全体では、一九七六年に九五パーセント、一九八〇年に九三パーセント、一九八五年に九二パーセント、一九九〇年代前半八八パーセントと徐々に低下した後、九〇年代後半に急激に低下し、二〇〇〇年には七三パーセントであった（図2）。すなわち国全体で見ると、一九九五年ごろから商品作物の導入が本格的に始まったことを示している。地域ごとに見ると、北部と中部は分析期間を通じて、全国とほぼ同じ傾向を示している。これに対して南部は一九八〇年代から自給用作物の割合が低下しており、商品作物栽培の浸透が他の地域より早い時期に始まったことを示唆している。

❖地域によって異なる商品作物

それでは具体的に、どのような作物が商品作物として栽培されてきたのだろうか。トウモロコシは、先に述べたように、一九九〇年代半ば以前は自給用に栽培されていたが、それ以降は商品作物である飼料用トウモロコシの栽培が拡大した。また水稲乾季作は、先に述べたように大部分が販売用と考えられる。そこで、農業統計に掲載されている一四種類の作物から水稲雨季作と陸稲を除いた一二種類の作物を商品作物と仮定し、地域ごとに収穫面積を集計した(図3)。

北部では、一九八〇年代後半からタバコが導入された。さらに九〇年代になるとワタが拡大している。しかしこれらはいずれも、北部全体で数千ヘクタールの栽培規模でしかなかった。九〇年代の後半になって急激に栽培規模が拡大したのは野菜類とトウモロコシである。野菜類の収穫面積は、一九九五年まで三〇〇〇ヘクタール前後であったが、一九九八年には八〇〇〇ヘクタール、二〇〇一年には二万五〇〇〇ヘクタールにまで拡大し、その後、二万ヘクタール前後で推移している。中国との国境に位置する北西部のルアンナムター県やウドムサイ県では、水田裏作でスイカやトウガラシ、ピーマンなどが大規模に栽培され、中国市場に出荷されている。中国人の仲買人との契約栽培である場合も、中国人の農民がラオスの農民から借地して栽培している場合もある。中国市場が、北部の野菜栽培の拡大を牽引しているのである。

またトウモロコシは、九〇年代までは二万〜三万ヘクタールであった収穫面積が、タイやベトナム、中国市場向けの飼料用トウモロコシの栽培が本格的に開始されると、二〇〇四年に四万七〇〇〇ヘクタール、二〇〇五年に五万九〇〇〇ヘクタール、二〇〇六年八万六〇〇〇ヘクタールと急激に増加し、北部を代表する商品作物に成長しつつある。これに関しては次節で詳しく述べよう。

中部では、一九八〇年代にタバコが導入されたが、その栽培規模は北部と同様、限られたもので

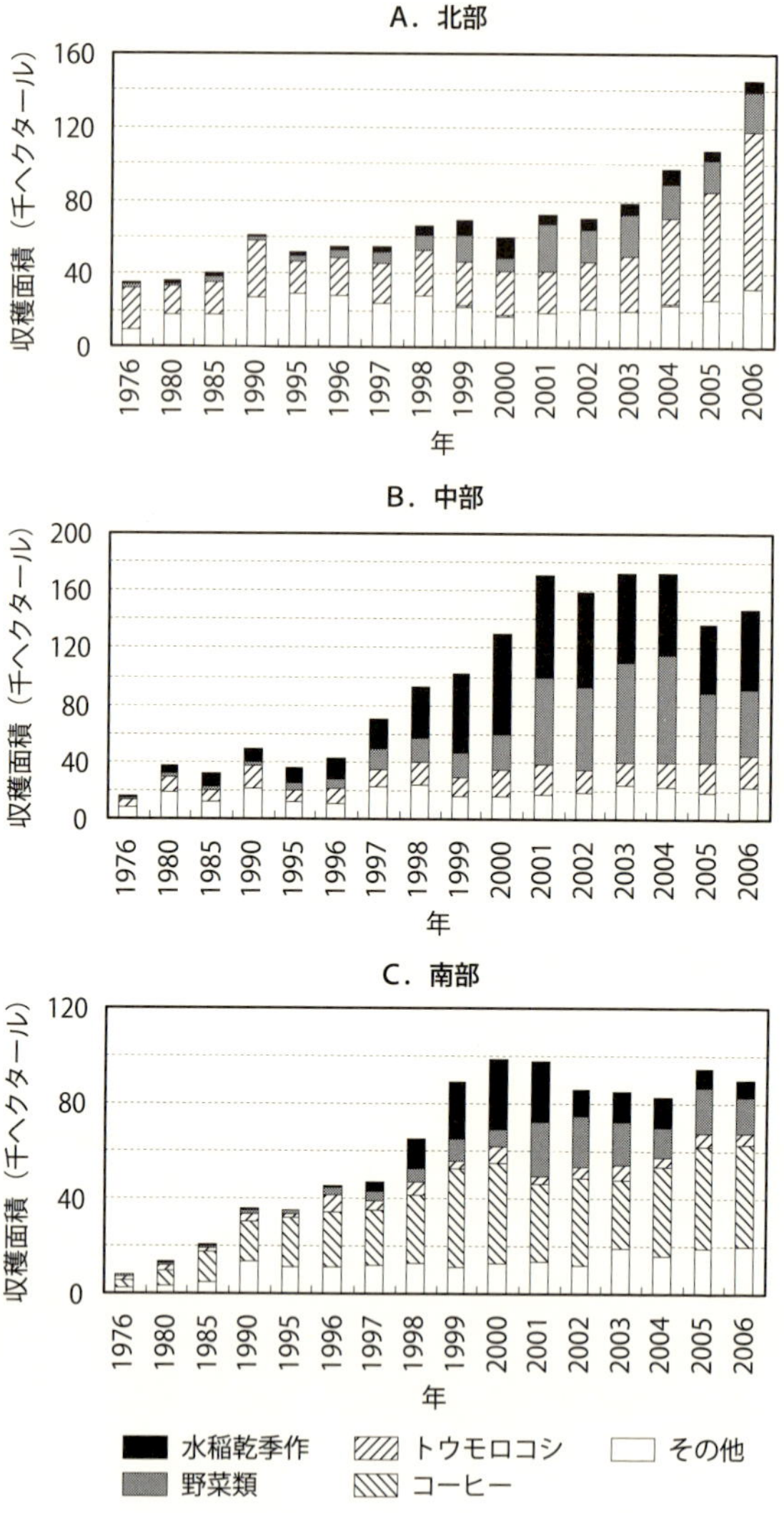

図3　水稲雨季作と陸稲以外の作物の作付面積の推移
出典［Committee for Planning and Investment 2005, 2007］より作成

あった。それ以外に、九〇年代前半までは目立った商品作物は見られない。九〇年代後半になると、水稲乾季作が拡大するようになり、それとともに野菜類の栽培が増加した。

一九九五年に一万一〇〇〇ヘクタールであった水稲乾季作の収穫面積は、二〇〇一年には七万一〇〇〇ヘクタールに達し、その後わずかに減少して、二〇〇〇年代前半は五万ヘクタール前後で推移している。また野菜類の収穫面積は、一九九五年の四〇〇〇ヘクタールから二〇〇〇年代前半には六万ヘクタール以上へと拡大した。これは首都ヴィエンチャンに加えて、タイ市場に向けた生産であろう。野菜類の多くが水田の裏作で栽培されている。すなわち、水稲乾季作も野菜作も、灌漑施設整備による水田農業の集約化の結果、可能となったものである。中部の商品作物栽培は水田を舞台として展開しているのが特徴である。

南部では、コーヒーが主要な商品作物である。コーヒー栽培は一九八〇年代から拡大を始める。その収穫面積は、一九八〇年に六〇〇〇ヘクタール、一九九〇年に一万七〇〇〇ヘクタール、一九九五年に二万ヘクタール、二〇〇〇年に四万二〇〇〇ヘクタールと順調に増加し、近年は四万ヘクタール前後で推移している。コーヒーは、戦争と混乱の時代から経済発展の時代への転換を生き抜いたラオスで唯一の商品作物である。南部では、他の地域と比較して一足早く商品作物の導入が進んできたことは先に述べたが、それを牽引したのがコーヒーである。コーヒー以外にも水田乾季作や野菜類、そしてラッカセイの栽培が拡大している。

このように、コーヒーを除いて、ラオスの商品作物はいずれも九〇年代後半になって普及が進んでいる。インフラと流通システムの整備により、新たな市場、とりわけ近隣諸国の市場が開拓され、その市場の需要が商品作物を決定している。第三節では新たな商品作物の代表格である飼料用トウモロコシを、そして第四節では近年、普及が目覚しいパラゴムノキを取り上げて、商業的農業の導入過程を見ていこう。

二　飼料用トウモロコシ

❖輸入国から輸出国へ

既に述べたように、ラオスではトウモロコシはもともと自給用作物である。その長い歴史と比較すれば、飼料用トウモロコシの栽培はごく近年に始まったことである。飼料用トウモロコシは、当初はタイから輸入されていたが、自国でその生産をまかなうために、一九八六年、ヴィエンチャン平野において政府主導での栽培が始まった。ヴィエンチャン近郊のサイターニー郡にフランスの援助を受けて飼料工場が建設されたのは、それより少し早い一九八二年のことであった。飼料用トウモロコシの栽培は、外資系の民間企業に払い下げられたその飼料工場と工場近辺の農民との間の契約栽培として普及していったが、二〇〇〇年以降は生産量が工場の処理能力を上回るようになり、過剰生産が問題化しているという［荒木 二〇〇四、二七］。

一方、二〇〇〇年以降、北部のウドムサイ県やサイニャブリー県などでも飼料用トウモロコシの生産が拡大し、中国雲南省やタイへ向けて出荷されるようになった［同書、二九］。北部での飼料用トウモロコシの生産は、二〇〇三年以降、急増した。トウモロコシの収穫面積は二〇〇〇年から二〇〇六年までの六年間で六万二〇〇〇ヘクタール増加したが、その大部分が飼料用と考えられる（図3）。

❖生産と流通

飼料用トウモロコシの生産と流通の実態はどのようなものであったのか、北部における主要産地の一つであるウドムサイ県フーン郡の事例に基づいて紹介しよう［Fujita and Tomita 2005］。ウドムサイ県フーン郡における飼料用トウモロコシの作付面積は、二〇〇四年現在で約六〇〇〇ヘクタールであった。フーン郡における飼料用トウモロコシの栽培は一九九六年に始まり、それ以降栽培面積が急速に拡大した。フーン郡で生産された飼料用トウモロコシは、ほぼ全量が国境を越えて中国雲南省に輸出される。雲南省の飼料工場は省都の昆明市付近に集中しており、フーン郡産のトウモロコシは長距離を輸送されることになる。

農家からの集荷はラオス人商人が行ない、国境の町で中国人商人に売り渡され、そのまま昆明市まで運ばれる（写真1）。国境での通関は簡単で、関税もかからない。ただし昆明市までの輸送費はかさみ、フーン郡の農民は昆明市での販売価格の半分程度の収入しか得られない。しかし、それでもラオスの農民には十分な収入になり、また、だからこそ、輸出向けのトウモロコシの生産は増加し

写真1　ラオス人商人による飼料用トウモロコシの買い付け

つづけている。

飼料用トウモロコシの生産拡大を支えているもう一つの要因は、ラオス政府の支援である。フーン郡のみならず、ウドムサイ県全体について言えることだが、飼料用トウモロコシの生産過程に農林省が積極的に関与している。一つは政府がハイブリッド品種の種子の調達を主導しているという点である。ウドムサイ県でもっとも普及している品種はLVN10というベトナム品種であるが、農林省の地方組織である農林事務所がその必要量をあらかじめ調査し、政府間の取引で調達している。また、もう一つは、そうして調達したハイブリッド品種の種子を農業振興銀行の信用貸しで農民に配布しているという点である（写真2）。

北部では、既に述べたヴィエンチャン平原のケースとは異なり、飼料用トウモロコシの生産

写真2　ウドムサイ県フーン郡の農業振興銀行支店

はあくまで農民を含む民間セクターの主導で始まったものである。しかし、一定程度軌道に乗った段階で、農林省が種子の調達と配布に介入し、それによって生産が支えられている。品質の悪いハイブリッド品種の種子が出回るのを回避するのが主な目的であるという。農民もどちらかと言えば民間の種子商人をあまり信用しておらず、政府が配布する種子の方が品質的に安心できると考えているようである。種子代に対する銀行融資があることも農民が政府による配布を利用する誘因となっている。商品経済化が急速に進むラオスであるが、市場の発達というものは単なる自由放任主義では困難であることを示す一つの事例ではなかろうか。

飼料用トウモロコシはメコン川の支流であるベーン川沿いの細長い谷間平野で栽培されている。ベーン川の沖積地は水田として利用されて

写真3　ベーン川流域の飼料用トウモロコシ畑

いるので、トウモロコシが栽培されるのは、水田の両側に広がる、ゆったりと起伏する河岸段丘や山麓の傾斜地である（写真3）。焼畑に利用されている傾斜のきつい山肌では、飼料用トウモロコシの栽培は難しい。また、いうまでもなく、幹線道路に近い畑でないと出荷が困難である。トウモロコシの栽培適地は、農地の傾斜と道路へのアクセスを考えると、限られてしまう。

❖栽培の普及と農家への影響

フーン郡U村はベーン川沿いに立地し、県庁所在地であるサイとメコン川沿いの交通拠点であるパークベーンを結ぶ幹線道路が通る。一九七三年に、五キロメートルほど離れた山中の旧村から人々が自発的に移住してできた。二〇〇三年の時点で、総世帯数九一、人口六三八のカムーが暮らす標準的な規模の村である。人々は開村以降、豊富な未利用地を開拓して焼畑を行ない、それで米を自給し、またスイギュウ、ブタ、ニワトリ、アヒルを中心とする家畜を飼育して、主な現金収入源としてきた。

焼畑は、当初は十分な休閑期間をおくことができた。しかし、人口増加とともに次第に休閑期間が短縮し、一九九〇年代末までにはわずか二年ほどに縮まった結果、陸稲の収量が低下し、自給用の米が不足するようになったという。

そうした状況の中、政府の対外開放政策の影響もあって、村は商品経済の波に次第に巻き込まれていく。九〇年代半ば以降には、タイ市場向けのハトムギの栽培を試みたこともあった。一時は高値で販売できたが、ブームが去ると販売価格が下落し、栽培をやめた［中辻 二〇〇六］。また、中国人商人の買い付けに応じて、森林産物であるカジノキの樹皮の採取を始めたが、野生のカジノキが減少してきたので、その栽培が普及しつつある。そんな中で登場したのが、輸出需要が旺盛で販売価格が安定した飼料用トウモロコシであった。

U村における飼料用トウモロコシ生産は二〇〇〇年に六・八ヘクタールの畑で始まった。作付面積は、二〇〇一年に一九・八ヘクタール、二〇〇二年に四四・六ヘクタール、そして二〇〇二年に八〇・四ヘクタールと、瞬く間に増加した。トウモロコシは緩傾斜の焼畑の休閑地に導入された。したがって、トウモロコシの増加とともに焼畑の休閑期間はいっそう短縮され、ついには休閑期間がなくなって、焼畑が常畑化した。世帯によって少し差はあるが、一世帯当たり、およそ一ヘクタールの陸稲栽培地（常畑）と一ヘクタールのトウモロコシ栽培地（常畑）を経営するようになったのである。ただし、陸稲の収量は減少傾向で、米不足が激しくなり、トウモロコシの販売代金で米を購入することが増えている。

陸稲と飼料用トウモロコシはともに雨季作で、しかも農作業の時期がほぼ重なっている。従来は陸稲だけを栽培していたのに、トウモロコシが加わって作業量は倍増した。陸稲の栽培において休閑期間がなくなったので、雑草の繁茂も激しく、より頻繁に除草作業をする必要も出てきた。

飼料用トウモロコシの導入とほぼ同時期に耕耘機の導入が始まり、急速にその台数が増加した。労働負担を軽減するためであった。また、トウモロコシ栽培による現金収入が一ヘクタールあたり四〇〇万〜五〇〇〇万キープ（約四〇〇〜五〇〇ドル）に達するので、一台あたり中国製で八〇〇万キープ、タイ製で一四五〇万キープと高価な耕耘機の購入も可能になった。

また耕耘機の導入よりも少し早く、村には一〇〇万〜五〇〇万キープの中国製の小型精米機も普及している。女性の、特に除草作業の過重負担の問題が、焼畑の休閑期間の短縮とともに顕在化し、それがトウモロコシの導入で決定的になったということであろう。

さらに、飼料用トウモロコシの導入による現金収入の急増は、ラジカセ、ビデオ、CDプレーヤーなど娯楽用の電気製品の普及を促進している。また、テレビやモーターバイク、自動車の普及も始まっている。村の生活は、中国製やタイ製の工業製品の普及に伴って急速に変化しつつあるのだ。

こうした生活の変化の中で同じU村の世帯間での経済格差が広がっていることが一つの問題である。特に焼畑が常畑化するに伴い、トウモロコシや陸稲の栽培適地が急速に枯渇しつつあり、今後、格差が固定していくことが危惧される。さらに、より大きな問題は、飼料用トウモロコシを導入できた村とそうでない村との格差であろう。それは、家のつくりや耕耘機、精米機、モーターバイク、テレビなど耐久性の生産財や消費財の保有格差として、誰の目にもはっきりとわかるようになってくるであろう。

❖経済格差の拡大と生産の持続性

休閑期間の短縮により疲弊した焼畑で米をかろうじて自給し、森林産物や家畜の販売で必要な現金収入を得るという伝統的な生業構造では、一〇〇万キープ（約一〇〇ドル）くらいの現金収入がやっとである。これが、大部分の北部の農山村の現実の姿である。一方、ここで述べたU村のようにうまく商品作物を見つけることに成功した村では、その数倍の現金収入を享受するようになる。両者の格差は今後ますますはっきりとしてくるに違いない。

ただし、最後に危惧される点は、U村の農業体系がけっして持続的とは考えられないということである。トウモロコシがほぼ全村に拡大したのが二〇〇三年で、その時点で陸稲栽培地も含め、休閑期間がなくなり、焼畑が常畑化した。しかし、U村の農民は、調査を行なった二〇〇三〜〇四年の時点でも、化学肥料の存在すら知らないという状況にある。無施肥の連作がどれだけ持つか、注視されるところである［Saphangthong 2007］。

三　パラゴムノキ

❖急激な栽培の拡大

自動車のタイヤに代表されるように、天然ゴムは近代社会に必要不可欠な自然産物である。合成ゴムの製造技術は急速に進歩しているが、それでもパラゴムノキの樹液から生産される天然ゴムの替わりになることはできない。

天然ゴムに対する需要は、全世界で二〇〇〇年から二〇〇五年の五年間に七三二万トンから八七一万トンへと一・二倍に増加した。生産の中心は東南アジアにあり、タイ、インドネシア、マレーシアの三国で世界の総生産の約四分の三を占めている［Tavarolit 2006］。

ラオスに初めてパラゴムノキが植栽されたのは一九三〇年である。チャムパーサック県バチアンチャルーンスック郡のパークセーからボーラヴェン高原へ向かう道沿いの土地二ヘクタールに植えられた。このパラゴムノキは現存するが、当然ながら、既に樹液は採取されていない。

今日に続くゴム生産が開始されたのは一九九〇年である。タイの民間企業が中部のカムムアン県にパラゴムノキの苗木を持ち込み、一九九〇年にターケーク郡の八〇ヘクタールの土地に、そして一九九二年にはヒーンブン郡の二三ヘクタールの土地に植栽した。

また北部では、一九九四年に、中国の雲南省のゴム園で労働者として働いた経験を持つ農民が、ルアンナムター県のハットニャーオ村にゴム園を開設した。これに続いて、小規模なゴム園が散発的に開設され、二〇〇三年にはラオス全土でのパラゴムノキの栽培面積が六三〇ヘクタールにまで拡大した［Ketphanh *et al.* 2006］。

表1　パラゴムノキの作付実績と作付計画

県		作付面積（ヘクタール）	
		実績（2006年）	計画（2010年）
北部	ポンサーリー	13	14,000
	ルアンナムター	8,770	20,000
	ボーケーオ	701	15,000
	ウドムサイ	4,530	20,000
	サイニャブリー	66	50,000
	ルアンパバーン	2,467	2,000
	小計	16,547	121,000
中部	シエンクワン	n.a.	n.a.
	ヴィエンチャン	n.a.	10,000
	首都ヴィエンチャン	130	n.a.
	ボリカムサイ	1,026	n.a.
	カムムアン	1,447	n.a.
	サヴァンナケート	243	n.a.
	小計	2,846	10,000
南部	サーラヴァン	1,419	19,840
	チャムパーサック	6,719	13,000
	セーコーン	100	10,000
	アッタプー	500	10,000
	小計	8,738	52,840
合計		28,131	183,840

出典［Forestry Research Center 2006］に加筆修正

二〇〇四年になると、世界的なゴム需要の増加を背景に、北部では中国から、中部ではタイから、そして南部ではベトナムからと、近隣諸国の民間企業がラオスでのゴム生産に投資するようになった。その結果、ラオス全土におけるパラゴムノキの作付面積が急激に増加し、二〇〇六年には二万九〇〇〇ヘクタールに達した（表1）。このうち、北部が五八パーセントの一万七〇〇〇ヘクタール、南部が三一パーセントの九〇〇〇ヘクタールを占めている。

とりわけ北部でゴム生産が盛んになりつつあるのは、中国が日本やアメリカ合衆国と並んで世界の三大天然ゴム輸入国であり、自国への天然ゴムの安定供給源を必要としているからである。さらに、ラオスと国境を接する雲南省の省都昆明市とタイの首都バンコクを結ぶ昆明－バンコク・ハイウェイの建設に代表されるように、中国と東南アジア大陸部を結ぶ道路網が近年、急速に整備され、輸送コストが大幅に軽減されつつあるからである。

❖焼畑を代替するゴム生産

ラオス政府の環境保全政策の一つの柱は焼畑の禁止である。この政策目標は既に一九九〇年代から掲げられ、土地森林分配事業を通じて、焼畑を中心とする土地利用に対する規制を段階的に強化してきた。同時に、灌漑施設の整備などにより水田水稲作の生産力を向上して、国全体として米需給の均衡を保つとともに、焼畑民の低地への移住を促してきた。その結果、一九九〇年代半ばには一二万～一三万ヘクタールであった北部での陸稲収穫面積は、二〇〇〇年代初頭には約一一万ヘクタール、二〇〇〇年代半ばには八万ヘクタールへと減少した。

しかし、一方で、これまで焼畑に従事してきた人々のすべてが低地に移住することは現実的には不可能である。そこで、焼畑を根絶するためには、山地の多くの人々が従事することができる、焼

写真4　焼畑を代替するゴム園（富田晋介撮影）

畑に代わる生業を見つける必要がある。第三節で述べた飼料用トウモロコシの栽培は、その有力な候補の一つであるが、その適地は限られている。これに対して、パラゴムノキは傾斜地でも栽培が可能である。トウモロコシと比較すると、土壌の影響も受けにくく、さして肥沃ではない土地でも栽培することができる（写真4）。

このような背景から、ラオス政府はゴム生産を焼畑に替わる生業の有力な候補と位置づけ、その作付けを積極的に奨励するために、各県で生産拡大計画を策定している。それによると、二〇一〇年の目標作付面積は、全国で一八万四〇〇〇ヘクタールと、二〇〇六年の六倍以上に設定されている。しかも、その約三分の二に相当する一二万一〇〇〇ヘクタールが北部に集中している（表1、写真5）。この面積は、現在の北部における陸稲の栽培規模を超えるものであ

写真5　大規模なゴム園の造成（横山智撮影）

り、この計画が実現するならば、すべての陸稲がパラゴムノキに転換される可能性もある。

このように、ゴム生産は新たな商業的農業あるいは輸出産物としてのみならず、ラオス政府が実現しようとしている森林保全の切り札としても期待されているのである。

❖企業経営と農民経営

ゴム園はどのような形態で経営されているのか。大きく分けて、二つの経営形態が見られる。企業経営と農民経営である。

企業経営では、民間企業が中央政府や地方政府からコンセッション（許認可権）を取得してゴム農園を開設し、周辺の農民を労働者として雇用し、ゴムを生産する。民間企業が取得する土地の規模は数ヘクタールから数千ヘクタールと大きな幅があるが、後に述べるように、コンセッションの付与に関してラオス政府の制度に混乱が見られるために、その全貌を示す資料はまだ整備されていない。

農民経営は、さらに二つのタイプに分けることができる。契約栽培と独立経営である。契約栽培の場合には、農民が自らの土地で、民間企業によって提供される苗木などの資材を用いてパラゴムノキを植栽し、民間企業から示される作業工程に従って管理、ゴムを採取し、その民間企業に生産物を納品する。生産額から資材のコストなどを差し引いた額が農民の取り分となる。すなわち、農民が提供しなければならないのは土地と労働力である。

これに対して独立経営の場合には、農民は必要ならば政府系の農業振興銀行から融資を受けることができるが、資材を含めてすべて自ら用意しなければならない。その代わり、生産物を自由に販売することができる。

現時点での企業経営と農民経営の割合は、栽培面積に基づくと、前者が七七パーセント、後者が二三パーセントである［Forestry Research Center 2006］。南部では企業経営が主体だが、北部では両者が混在している。企業経営の場合には、後に述べるようにコンセッションに関する混乱が見られる。また農民経営のうち契約栽培の場合には、民間企業の契約不履行や契約に関する農民の不十分な理解に起因する問題が発生している。農民の独立経営の場合には、品質の悪い苗木の利用や未熟な技術による栽培管理の失敗や、生産物の一次加工に起因する問題が発生している［Douangsavanh and Ketpane 2007］。

❖農民経営の普及——条件と問題点

次に、北部の農民経営におけるパラゴムノキ栽培の導入過程を、ウドムサイ県ナーモー郡とルアンパバーン県ポーンサイ郡における事例調査に基づいて見ていこう［Vongkhamhor and Petersson 2007］。中国と国境を接するナーモー郡では、二〇〇三年にパラゴムノキ栽培が開始され、二〇〇六年には郡内の七七村のうち一四村で、合計六〇〇ヘクタールのゴム園が開設された。

一方、国境から三〇〇キロメートルほど離れたポーンサイ郡では、ナーモー郡より一年遅い二〇〇四年にパラゴムノキゴム栽培が開始されたが、これに従事しているのは郡内六〇村のうちの四村にしか過ぎず、合計作付面積も五〇ヘクタールと小規模である。ゴム園の経営規模は、両村とも、一〜二ヘクタールに集中していた。

農家がパラゴムノキ栽培を導入する要因を明らかにするために、導入した農家とそれ以外の農家の農地経営規模を分析した。その結果、ナーモー郡では前者の平均経営規模が四・九ヘクタールであるのに対して後者は二・七ヘクタール、ポーンサイ郡では前者が四・八ヘクタールであるのに対して後者は三・二ヘクタールと、導入した農家の経営規模は、それ以外の農家より顕著に大きかった。すなわち十分な経営農地を所有しており、米の自給生産を続けながらパラゴムノキも栽培できるという条件を兼ね備えた農家が導入していることが明らかになった。

農家にとって、パラゴムノキ栽培は現金収入源としてきわめて魅力的である。しかし、商品作物の収益性は販売価格に依存しており、それは自らコントロールできるものではない。契約栽培の相手である民間企業が契約を履行しなかった場合、とりわけそれが外国の民間企業の場合には、彼らがとりうる対抗措置はない。このような状況に自らが置かれていることを、農民はこれまでの経験や近隣での事例から十分に認識している。そのような状況下で、生存に必須の生活基盤を維持しながら新たな外部世界との関係性を構築しようとしているのである。

この調査から明らかになった農民経営によるゴム園のもう一つの問題は、土地の選定である。どのような土地がパラゴムノキ栽培に適しているのかに関して、農家は知識を持たない。これまで栽培した経験がないのだから当然である。一方、ラオス全体で考えても、パラゴムノキは新しい作物であり、どのような土地で栽培していくべきなのかに関する研究は始まったばかりである。農家経営を育成するために、農林省では、国立農林業研究所が中心となって、パラゴムノキの栽培適地をマッピングする作業が開始されている［Pilakone and Jones 2006］。

❖コンセッションをめぐる問題

パラゴムノキ栽培をめぐる最大の問題は、ラオス政府による外国の民間企業に対するコンセッションの付与にある。いったんコンセッションを付与すると、その土地の利用にラオス政府は介入することができないからである。現在、国内外の民間企業約二七〇社に合計で一〇〇万ヘクタールの農林業を目的とするコンセッションが付与されているという。しかし、実際に利用されている土地、すなわち作物が栽培されたり造林されたりしている土地は、その二〇パーセントに過ぎない［Bouahom 2007］。

民間企業に対するコンセッションの付与は、ラオスにとって、商業的農業を展開する上で強力な方策であることに異論はない。しかし一方で、土地管理制度が十分に整備されていない現状では、コンセッションとして付与された土地が、既に農地として利用している土地と重複している場合が少なからずあるし、コンセッションとして付与した土地をその本来の目的にしたがって利用させるための有効な手立てもない。農山村の生活基盤を尊重して、かつ土地を有効に活用するための制度の整備が望まれる。

おわりに

❖近隣諸国との協働

自給農業から商品作物栽培の導入、そして商業的農業への転換は、既に世界の多くの国や地域がたどってきた道のりである。ここで述べてきたように、ラオスがその道のりを本格的に歩み始めたのは一九九〇年代の半ばになってからである。世界諸地域での経験、とりわけ近隣諸国であるベトナムやタイ、そして中国雲南省の経験はラオスにとって有用なはずである。また、これら近隣諸国はラオスの農業を転換する原動力でもある。

このような状況を反映して、近年、ラオスとこれら近隣諸国は積極的に交流を進めている。そこでは、中央政府や地方政府、あるいは政策担当者や研究者のみがアクターではない。ＮＧＯや親族を介して農山村のリーダーや農民が近隣諸国を訪問する機会も増えてきたし、技術支援や商売のために多くの外国人が農山村に入り込んで活動している。これからのラオスの農山村を考えると、近隣諸国の人々との協働は不可欠である。国境を跨ぐ人と人のネットワークがその基盤となることは間違いない。

❖多様で豊かな自然と社会を生かす道

それとともに、ラオスの将来を自ら考える作業も必要である。いくら似ているとはいえ、ラオスの農山村の自然環境や歴史的な経験は、近隣諸国とまったく同じというわけではない。そこには、ラオス固有の状況がある。それでは、これからの商品作物栽培の導入を考える上で配慮すべきラオス固有の状況とは何だろうか。

第一は、焼畑休閑林を含めて、広大な森林が残されていることである。生物多様性保護区は、国レベルのものだけでも二〇ヵ所設定されており、その合計面積は三三一万ヘクタールと、国土面積の一四パーセントを占めている。また。国土面積の七〇パーセントが二次林を含めた森林である[FAO 2005]。この自然環境は、ラオスが世界に誇ることのできる貴重な財産である。

一方、先に述べたように、農地面積は国土面積の五パーセント未満でしかない。農業的土地利用という観点から見ると、どこの国や地域でも用いられているような標準化された農業技術による集約化は進んでいない。このことは、たとえば農業と森林利用や傾斜地と平坦地、そして自給農業と商業的農業を組み合わせるような、ラオスの自然と社会に適した土地利用システムを編み出すことにより、土地資源を有効に活用できる可能性が高いことを示している。

第二は、土地や森林などの資源を管理するための制度、農業資材や農産物の流通などを管理するための制度の整備が遅れており、かつ、農業技術の開発や普及のための人的資源が不十分な点である。これに関しては、ラオス政府も十分に認識している。政府が国家としての体制作りに本格的に取り組み始めてから二〇年余りしか経過していないことを考えると、ラオス政府がこれらの点を軽視してきたのではないことは十分に理解できる。

飼料用トウモロコシの普及に関しては、農業行政がうまく機能している例を示した。しかし、パラゴムノキ栽培におけるコンセッションに関しては、ラオス政府に混乱が見られる。ラオスの商品作物栽培が近隣諸国の市場をターゲットとして発達しようとしている現状を踏まえるならば、政府の制度整備や人的資源の状況に関する正確な認識を抜きにして、ラオスの農業や農山村の将来を考えるわけにはいかない。

第三は、農山村の住民が豊富な在来技術や知識を持つことである。ラオスの農山村は、その自然環境に関しても、村内の社会構造や近隣村との社会的な関係に関しても、多様である。人々は、それぞれが置かれた状況を活用して生活基盤を築いてきた。そのためには、標準化された農業技術ではなく、それぞれの村の植物相や動物相を利用する固有の技術と知識が役に立つ。その利用を社会的に認知してもらい、確実な生活基盤とするためには、村内そして村間のルール作りが必要である。このような経験をラオスの農山村は積んできた。外部世界からはその姿が十分に認識されていないが、ラオスの農山村には豊富な技術と知識がある。これはラオス政府の制度整備の遅れや人的資源の不足と対照的である。

ラオスの農山村は、外部世界との調和的な関係を構築するために、新たな生業構造や組織原理の構築に挑戦している。それを象徴する試みが商品作物栽培の導入である。商品作物栽培を円滑にかつ効果的に導入するためには、もちろん政府が担うべき役割がある。しかし、今日のラオスの状況を踏まえるならば、農山村の人々の持つ潜在力をできるだけ活用するような方策や、農山村が主役となってそれを政府が支援するという姿勢が、多様で豊かなラオスの自然と社会を生かす道である。

引用文献

荒木康紀　二〇〇四　「ラオスの市場経済化の進展と農業開発の方向」夏秋啓子、板垣啓四郎編『離陸した東南アジア農業』農林統計協会、一八一―四八頁。
菊池陽子　二〇〇三　「現代の歴史」ラオス文化研究所編『ラオス概説』めこん、一四九―一七〇頁。
竹内正右　二〇〇四　『ラオスは戦場だった』めこん。

富田晋介、河野泰之、小手川隆志、ムタヤ・ベムリ・チューダリー　二〇〇八　「東南アジア大陸山地部の土地利用の技術と秩序の形成」ダニエルス C.編『モンスーン・アジアの生態史――地域と地球をつなぐ　第二巻　地域の生態史』弘文堂。

中辻　享　二〇〇六　「高地と低地のいいとこ取り――ラオス北部焼畑民の土地利用戦略」『地理』五一（一二）、二四―三〇頁。

増原善之　二〇〇六「「伝える人」になるために――ラオス地方文書探究の旅から」『東南アジア研究』四四、四一八―四二二頁。

山田健一郎　二〇〇二　『ラオス北西部の世帯レベルのフードセキュリティにおける天然生物資源の役割について』京都大学大学院農学研究科修士論文。

横山　智　二〇〇七　『東南アジア大陸部におけるヒト・モノ・情報の流動と生業構造変化に関する空間分析』平成一六～一八年度科学研究費補助金 基盤研究（C）研究成果報告書、熊本大学文学部。

Bouahom, B. 2007. Lao agriculture in transition: from sub-sistance to commodity production. A paper presented at the International Workshop on Sustainable Natural Resources Management of Mountainous Regions in Laos. Nov. 2007. Luang Nam Tha.

Committee for Planning and Investment. 2005. *Statistics 1975-2005*. Vientiane: National Statistics Center.

———. 2007. *Statistical Yearbook 2006*. Vientiane: National Statistics Center.

Douangsavanh L. and S. Ketpane. 2007. Rubber investment in Lao PDR. A paper presented at the International Workshop on Sustainable Natural Resources Management of Mountainous Regions in Laos. Nov. 2007. Luang Nam Tha.

FAO. 2005. *Global Forest Resources Assessment 2005*. Rome: FAO

Forestry Research Center. 2006. *Para-Rubber Situation in Lao PDR*. Vientiane: Ministry of Agriculture and Forestry.

Fujita, K. and S. Tomita. 2005. Expansion of maize cultivation and its impact on rural finance in northern Laos. In *Macroeconomic Policy Support for Socio-Economic Development in the Lao PDR Phase 2 Main Report Volume 2.* CPI Lao People's Democratic Republic and JICA eds, pp. 237-270.

Ketphanh, S., K. Mounlamai and P. Siksidao. 2006. Rubber planting status in Lao PDR. A paper presented at the Workshop on Rubber Development in Laos: Exploring Improved Systems for Smallholder Production. May 2006. Vientiane.

Kono, Y. and A. T. Rambo. 2004. Some key issues relating on sustainable agro-resources management in the mountainous region of mainland Southeast Asia, *Southeast Asian Studies* 41: 550-565.

Pilakone, P. and P. Jones. 2006. Indicative rubber suitability zoning for smallholder rubber production in northern provinces of Lao PDR. A paper presented at the Workshop on Rubber Development in Laos. May 2006. Vientiane.

Pravongvienkham, P. P. 2004 Upland natural resources management strategies and policy in the Lao PDR. In *Ecological Destruction, Health, and Development: Advancing Asian Paradigms,* Furukawa *et al* eds., pp.481-501, Kyoto: Kyoto University Press and Melbourne: Trans Pacific Press.

Saphangthong, T. 2007. *Dynamics and Sustainability of Land Use Systems in Northern Laos.* 京都大学大学院アジア・アフリカ地域研究研究科博士論文。

Schiller, J. M. 2006. A history of rice in Laos, In *Rice in Laos,* Schiller, J. M. *et al.* eds., pp.9-28. Los Banos: International Rice Research Institute.

Tavarolit, Y. 2006. Trends and lessons in rubber production in the region. A paper presented at the Workshop on Rubber Development in Laos. Vientiane.

Vongkhamhor, S. and Pettersson, E. 2007. Key issues in smallholder rubber planting. A paper presented at the International Workshop on Sustainable Natural Resources Management of Mountainous Regions in Laos. Nov. 2007. Luang Nam Tha.

小論5　農村から観光地へ

横山　智

ラオス北部、中国国境に近いルアンナムター県シン郡（通称ムアンシン）には、アカ、ヤオ、カムーなどの少数民族が多く住んでいる。少数民族との出会いを目的としたエスニック・ツーリズムと称される観光形態で、ムアンシンは今、多くの旅行者を集めている。その旅行者とは、主にバックパッカーと呼ばれるタイプの人たちである。

私は二〇〇一年と二〇〇七年にムアンシンを訪れ、観光地化の影響を調査してきた。ムアンシンはラオスではごく普通の水田稲作農村であるが、バックパッカーをはじめとする多様な人々の訪問によってさまざまな影響を受けている。現在、ラオス国境周辺の農村がどのような変化を経験しているのか、その一端をここで紹介したい。

❖二〇〇一年アヘン？事件

二〇〇一年七月、私はラオス国立大学の先生と共にムアンシンで最初の調査を行なった。ムアンシンにはバックパッカーを受け入れるためのゲストハウスと呼ばれる簡易宿泊施設が一二軒もオープンしていた。そして、その一つのゲストハウスに滞在した六日の間に、ある事件に遭遇した。

私たちが宿泊したのは、築七〇年の民家を改築した一泊一万五〇〇〇キープ（約一・五ドル）のゲストハウスであった。二〇〇四年からは電気が二四時間供給されているムアンシンだが、当時は夜七〜一〇時の三時間しか電気が使えず、毎日夜一〇時に寝て朝六時に起きるという規則正しい生活を繰り返していた。

事件は四日目の夜に起こった。その晩、隣の部屋から話し声が聞こえていたのを覚えているが、私たちはいつもどおり夜一〇時にベッドに入り、眠りについた。突然、誰かが叫びながらドアを叩く音が聞こえた。夢なのか現実なのか、寝ぼけた状態では区別がつかない。一緒の部屋で寝ていた先生が目覚め、立ち上がった瞬間、ドアを叩く音が止まった。すると、今度は隣の部屋のドアが叩かれ、そして再び声があがった。完全に目を覚ました私はこれが現実であることを知り、同時に何を叫んでいるのかはっきり聞こえた。

「警察だ、動くな、ドアを開けろ！」

目は覚めたものの、何が起こったのかまったく理解できなかった。懐中電灯を点して時計を見ると、夜中の一時半であった。警官が隣の部屋に入る。私たちも、とりあえず隣の部屋に行った。

二人の警官のうち一人が手にパイプを持っていた。警官は私たちに向かって「彼らはアヘンを吸っていた」と告げた。部屋にいた三人の欧米人バックパッカーたちは、「パイプは買っただけで使っていない」、「タバコを吸っていただけだ…」と英語で反論している。しかし、まもなく強制的にどこかに連れられていった。

その翌日、ゲストハウスのオーナーから話を聞くと、彼らは昨夜、警察署でパスポートを没収された後ゲストハウスに戻ってきたとのことである。そして早朝にオーナーと一緒に警察署に出向き、パスポートと引き換えに一人二〇〇ドルを支払った後、ムアンシンから追放された。ちなみに、彼らの所持品を調べてもアヘンや大麻は出てこなかったらしい。オーナーによれば、ムアンシンでは毎晩、私服警官が街を見回り、電気が止まった後でも起きている人がいると、アヘンや大麻を吸っているのではないかと疑いをかけられ、部屋までチェックしに来るのだという。

今回警官に踏み込まれた時、彼らがアヘンを吸っていたのかどうかは不明である。だがどちらにしても、夜中の一時半に起きていたのは非常識だった。ラオスでは旅行者といえども現地の生活リズムに合わせた行動が求められるのである。

❖バックパッカーの功罪

残念なことではあるが、アヘンを目的にムアンシンを訪れるバックパッカーが多いのは事実である。また、ラオス中部のヴァンヴィエンのように、大麻を吸うバックパッカーが多く、それが地元の青少年へと蔓延し、大きな問題となっているところもある。

このように、バックパッカーの行動にはマイナスの面が強調されることが多いが、ラオスにとってはプラスの面もある。なぜなら、バックパッカーは一日あたりの消費額は少ないが、旅行が長期に及ぶため、滞在全体での消費額は他の旅行者と比較して同程度かむしろ高くなるとされているからである。国家の視点からバックパッカーを見ると、観光産業の振興と観光収入の増加をもたらすお客様であるが、地元の視点から見ると、農村社会にさまざま悪影響をおよぼすやっかい者とも捉えられる。バックパッカーの受け入れは、途上国が抱える観光開発のジレンマなのかもしれない。

ルアンナムター県では、このような現状を少しでも改善するために、一九九九年にアカとカムーの村落から五二名の代表者を集めてワークショップを開催し、旅行者にしてもらいたいこと、してもらいたくないことを議論した。県は、そこで出された意見をもとに、「地元からのメッセージ」と題したポスターを作成し観光関連施設に配布した（図1）。

そのポスターには、英語とラオス語の二言語にイラストを交えて二三項目のメッセージが掲載されている。当然のことながらアヘンや大麻の吸引は禁止であるが、公の場所で抱擁したりキスしたりするのはマナー違反、勝手に人の家に上がりこまないなど、人としてあたりまえのことを守ってほしいといった内容が多い。一般常識に欠けたバックパッカーと住民の間に摩擦が生じていることが、メッセージから推測できる。

二〇〇一年の調査では、アカの村を二村、ヤオ、モン、タイ・ヌア、黒タイの村を各一村訪問して、

図1 「地元からのメッセージ」（1999年）

バックパッカーが村に来るようになってどのような変化が起こったのかを村人に聞いてみた。タイ・ヌアや黒タイのような、ラオスでマジョリティを占めるタイ系諸民族の村では、バックパッカーたちは村落や水田の写真を撮影するぐらいで、特に大きな影響はないという。しかし、少数民族であるアカの村では、バックパッカーが村人にとって重要な宗教的意味を持つゲートを触ったり、突然家の中をのぞき込んだり、また民族衣装を着た女性を勝手に写真撮影したりする例が多いと村長はこぼしていた。

❖第二・第三の波

二〇〇七年八月、再びムアンシンを訪れる機会を得た。六年前と比較すると、街の中心部に位置していた市場とバスターミナルが郊外に移転した程度で、景観はほとんど変わっていない。

しかし、六年前には見られなかった人々の姿があった。それは、旅行者にしつこく土産物を売るアカの女性たちである。自給自足的な農業を生業の中心に据えていたアカの人々が、日々の農作業を犠牲にして、現金収入を目的に土産物を販売するようになった。彼女らは必死である。旅行者を見るやいなや、獲物を見つけたハイエナのように走って詰め寄り、商品を押しつけていた。わずか数年で、タイ有数の観光地であるチェンマイのナイトバザールさながらの状況になっていたのである。

彼女たちをかわしながら街を歩いていると、六年前にはなかった観光局の事務所を見つけた。入ってみると、最初に目に飛び込んできたのは、英語で「ムアンシンでは、アヘン、大麻、そして非合

写真1　薬物使用に関する注意（2007年8月、ムアンシンの観光事務所にて）

法薬物を購入したり使用したりしないでください」と書かれた貼り紙であった（写真1）。やはり、六年経っても薬物を目的にムアンシンを訪れる旅行者がいるらしい。また、「ラオスにおける『べし・べからず集』（Do's & Don'ts in Laos）」と題された新しいポスターが壁に貼られていた。一九九九年のポスターにあった二三項目のメッセージは、一二項目に減っていた。しかし、相変わらずアヘンの吸引に関する注意は残されていた。事務所の人は、以前のポスターはバックパッカーに向けたメッセージであったが、新しいポスターは近年欧米人に人気のエコツアー参加者へのメッセージも含まれていると述べていた。私がこのポスターを一枚譲ってくれるよう頼むと、残部がないのでルアンナムター県観光局の本部事務所に行くように言われた。

　ムアンシンの調査を終え、帰りにルアンナムターに寄った際、県観光局の本部事務所にポスターをもらいに行った。事務所にいた役人は、非常に親切で、すぐにポスターを持ってきてくれた。しかし、そのポスターは私がムアンシンで見たものとは違っていた。ムアンシンで見たポスターは英語とラオス語の二言語で作成されていたが、それは英語と中国語の二言語であった（図2）。なぜ、中国語が併記されているのか尋ねると、今はビジ

図2　ラオスにおける『べし・べからず集』英語・中国語版（2007年）

ネスでラオスを訪れる中国人の行動が大きな問題になっているとの答えが返ってきた。地理的に中国と接しているルアンナムター県では、二〇〇〇年以降パラゴムノキ植林や商品作物栽培のプロジェクトが多数実施され、中国人ビジネスマンが訪れるようになった。そうした人々に対して、ラオスでやって欲しくない最低限のことを伝えるために、中国語併記のポスターが必要になったというのである。

国の開放によって、農村に訪れた第一の波がバックパッカー、第二の波がエコツーリスト、そして第三の波は中国人であった。わずか一〇年ほどの間に、ムアンシンのような国家の周縁に位置する農村に住む人たちは、全く性格が異なる外国人たちを受け入れることになったのである。それに伴う農村の文化と社会の変容は、われわれが想像する以上に大きかったに違いない。

❖農村における観光地化の将来

ムアンシンの人々の生活は、観光地化によって物質的には豊かになった。外国人の来訪によって、いろいろな情報も入るようになった。しかし、アカの土産物売りの例で示したように、観光地化と引き替えに平穏な普通の生活や伝統的な生業が失われつつあることも事実である。

ポスターのメッセージがどれだけの効果を持つのかわからない。しかし、英語や中国語を話すことができない住民が、次々と押し寄せてくる新たなアウトサイダーたちに対して、やって欲しいこと、やって欲しくないことを伝えようと努力していることには大きな意味がある。なぜなら、政府の観光開発のヴィジョンが何も示されていない状態で、旅行者だけはどんどんと入ってきており、それに対して県や郡などの地方自治体と住民が、現在の生活を必死に守ろうとしているからである。

しかし同時に、観光地化したことを積極的に利用し、土産物を売ることによって現金収入を得ようとする人もいる。農村では、観光地化によって恩恵を受ける住民と、受けることができない住民が同じ地域で一緒に暮らしているため、何がベストな対応策なのかもわからない。旅行者といかに関わるべきかの判断は、すべて個々の住民に委ねられているのが現状と言えよう。

途上国における農村の観光地化に関する研究は緒に就いたばかりである。われわれ研究者に与えられた課題は、このような現象が見られる地域の事例を収集し、住民たちにとって納得のできる観光地化のオプションを提示することであろう。あと何十年か経った時、住民たちが「昔は良かったなぁ」と悔やまないようにするための変化の方向性を示すことができる研究が求められているのである。

あとがき

落合雪野

フィールドワークに出かける前には、家族や知人にそのことを告げる。その時、行き先がタイやインドネシアであれば、元気で行ってきてね、いつ戻るのと、ふつうに会話が弾む。しかし、ラオスの場合はそうはいかない。まず、一瞬の沈黙がよぎる。次に、どこにあるのと聞かれるのならまだよいほうで、それって何とまで言われたこともあった。ラオスの知名度の低さを実感する瞬間である。

それでも最近では、ラオスを訪れる観光客が増えている。ヴィエンチャンやルアンパバーンには、おしゃれなゲストハウスやカフェが建ち並び、人々を迎え入れている。観光地としてすっかりメジャーになったバンコクやバリではなく、あえてラオスを選んだ人たちは、豊かな自然やのんびりとした時間を求めて、この地に足を運ぶ。先進国と呼ばれるような場所では置き去りにされた手わざやふるまいが、たしかにラオスにはある。それにじかに触れ、心と体を癒した人たちは、ゆるゆると都会へと戻っていくのである。

しかし、ラオスはいつまでも素朴なままではない。ごく最近まで素朴であったがために、一足飛びにやってきた変化のショックがいっそう強く感じられ、成りゆきが気にかかるのかもしれない。変わりゆくラオス、そして、それでも変わらないラオスを記録にとどめ、また、多くの人に知ってもらうためにこの一冊の本を世に送り出すことにした。

筆者の多くは、大学や研究機関に所属する研究者である。このような立場にいる私たちは、ふだん学生を相手に講義をしたり、専門分野の論文を書いたりすることはあっても、社会に向けて研究の成果を伝える機会を持つことは少ない。しかし、全員がフィールドワークでラオスにひたってきたという点では一致している。そこでは、地元の人たちに研究を受け入れてもらい、泊まる場所や食事を提供され、時には酒をごちそうになるなど、物心両面にわたって迷惑をかけ続けてきた。その人たちに対して、もし少しでも恩返しができるとするならば、それは研究を通じて得た発見や経験を、より多くの人が共有できる状態をつくることではないだろうか。

このような思いに端を発し、私たちは本書の計画から刊行までおよそ一年間のプロセスに取り組んできた。ラオスという地域を知る手がかりのひとつとして本書が活用されることを、編者としてまた執筆者の一人として願ってやまない。

本書で紹介した研究の多くは、総合地球環境学研究所の研究プロジェクト「アジア・熱帯モンスーン地域における地域生態史の統合的研究：一九四五―二〇〇五」（平成一五〜二〇年度）によって行なわれたものである。プロジェクト・リーダーの秋道智彌教授に、まず感謝の意を表したい。また、ラオスでのフィールドワークにあたっては、ラオス国立農林業研究所前所長のブントン・ボアホム(Bounthong Boahom)博士以下、県や郡の農林局のみなさんに、終始あたたかいご支援とご協力をいただいた。

最後に、本書をまとめる過程では、株式会社めこんの桑原晨さんにご尽力をいただいたことを記しておきたい。桑原さん自身に長期間にわたるラオス滞在経験があり、一方ならぬ親愛の情をラオスに抱いておられる。そのような方と協働したおかげで、私たちは編者という大役を初めて果たすことができたのである。

二〇〇八年二月、フイリソシンカ満開の花咲く、チェンマイにて

ら行

わ行

ん

ま行

や行

な行

は行

た行

さ行

か行

索引

あ行

田中耕司（たなか・こうじ）「小論 2」
1947 年生まれ。京都大学地域研究統合情報センター教授。京都大学大学院農学研究科博士後期課程中退。農学修士。
専門：熱帯農学。

名村隆行（なむら・たかゆき）「第 6 章」
1971 年生まれ。国際協力機構（JICA）ラオス森林管理・住民支援プロジェクト専門家（参加型資源管理分野）。東京大学大学院農学生命科学研究科博士課程単位取得退学。修士（農学）。
専門：森林政策学。

百村帝彦（ひゃくむら・きみひこ）「第 7 章」
1965 年生まれ。地球環境戦略研究機関（IGES）研究員。三重大学大学院生物資源学研究科修士課程修了。博士（農学）。
専門：森林政策学、森林社会学。

竹田晋也（たけだ・しんや）「第 8 章」
1961 年生まれ。京都大学大学院アジア・アフリカ地域研究研究科准教授。京都大学大学院農学研究科博士後期課程中退。農学博士。
専門：森林資源学、熱帯農学。

福田恵（ふくだ・さとし）「小論 3」
1974 年生まれ。大谷大学文学部助教。神戸大学大学院文化学研究科博士課程修了。博士（学術）。
専門：農村社会学、環境社会学。

櫻井克年（さくらい・かつとし）「小論 4」
1957 年生まれ。高知大学理事（総務担当）、副学長、農学部教授。京都大学大学院農学研究科博士後期課程修了。農学博士。
専門：熱帯土壌学、土壌生態環境学。

藤田幸一（ふじた・こういち）「第 11 章」
1959 年生まれ。京都大学東南アジア研究所教授。東京大学大学院農学系研究科修士課程修了。農学博士。
専門：農業経済学。

横山智（よこやま・さとし）「第1章、第9章、第10章、小論5」
1966年生まれ。熊本大学文学部准教授。筑波大学大学院地球科学研究科博士課程中退。博士（理学）。
専門：地理学、文化生態学。

落合雪野（おちあい・ゆきの）「第1章、第9章、第10章」
1967年生まれ。鹿児島大学総合研究博物館准教授。京都大学大学院農学研究科博士後期課程修了。博士（農学）。
専門：民族植物学。

河野泰之（こうの・やすゆき）「第1章、第11章」
1958年生まれ。京都大学東南アジア研究所教授。東京大学大学院農学系研究科博士課程修了。農学博士。
専門：土地・水資源管理。

高井康弘（たかい・やすひろ）「第2章」
1956年生まれ。大谷大学文学部教授。神戸大学大学院文化学研究科博士課程単位取得退学。文学修士。
専門：社会学、文化人類学。

中田友子（なかた・ともこ）「第3章」
1960年生まれ。神戸市外国語大学外国語学部准教授。総合研究大学院大学文化科学研究科博士課程修了。博士（文学）。
専門：社会人類学。

増原善之（ますはら・よしゆき）「小論1」
1963年生まれ。京都大学大学院アジア・アフリカ地域研究研究科研究員。チェンマイ大学人文学部歴史学科修士課程修了。MA（歴史学）。
専門：歴史学。

富田晋介（とみた・しんすけ）「第4章」
1973年生まれ。東京大学大学院農学生命科学研究科助教。京都大学大学院農学研究科博士後期課程修了。博士（農学）。
専門：熱帯農業生態学。

小坂康之（こさか・やすゆき）「第5章」
1977年生まれ。京都大学東南アジア研究所研究員。京都大学大学院アジア・アフリカ地域研究研究科博士課程修了。博士（地域研究）。
専門：民族植物学。

ラオス農山村地域研究

初版第1刷発行　2008年3月21日
定価3500円＋税

編者　横山智・落合雪野
装丁　菊地信義
発行者　桑原晨
発行　株式会社めこん
〒113-0033　東京都文京区本郷3-7-1
電話03-3815-1688　FAX03-3815-1810
ホームページ　http://www.mekong-publishing.com

組版　字打屋
印刷　モリモト印刷株式会社
製本　三水舎

ISBN978-4-8396-0213-0　C3030 ¥3500E
3030-0803213-8347

ヴィエンチャン平野の暮らし――天水田村の多様な環境利用
野中健一編
定価三五〇〇円＋税

不安定で貧しそうに見えるラオス農村には巧みな環境利用のノウハウがあった。ヴィエンチャン近郊の一農村で長期にわたって続けられた観察研究の集大成。

ブラザー・エネミー――サイゴン陥落後のインドシナ
ナヤン・チャンダ　友田錫・滝上広水訳
定価四五〇〇円＋税

ベトナム戦争終結後もインドシナに平和が訪れなかったのはなぜか。中国はなぜポルポトを支援したのか。綿密な取材と卓越した構成力で最高の評価を得たノンフィクション大作。

変容する東南アジア社会――民族・宗教・文化の動態
加藤剛編・著
定価三八〇〇円＋税

「民族間関係」、「移動」、「文化再編」をキーワードに、周縁地域に腰を据えてフィールドワークをしてきた人類学・社会学の精鋭による最新の研究報告。

メコン
石井米雄・横山良一(写真)
定価二八〇〇円＋税

ルアンプラバン、ヴィエンチャン、パークセー、コーン、シエムリアップ…東南アジア研究の碩学三〇年の思いを込めた歴史紀行と七九枚のポップなカラー写真のハーモニー。

入門東南アジア研究
上智大学アジア文化研究所編
定価二八〇〇円＋税

東南アジアを基礎から学ぶにはまずこの一冊から。自然、歴史、建築、民族、言語、社会、文学、芸能、経済、政治、国際関係、日本とのかかわりなど、ほぼすべての分野を網羅。

学生のためのフィールドワーク入門
アジア農村研究会編
定価二〇〇〇円＋税

アジア各地でフィールドワークを始める時には何が必要か？　調査方法は？　トラブルを避けるには？　成果をまとめるには？　長年の蓄積をマニュアルと体験記にまとめました。